高等学校计算机基础教育教材精选

界面设计与
Visual Basic（第4版）

梁爱华　齐华山　主编

徐歆恺　李红豫　孙力红　编著

清华大学出版社

北　京

内 容 简 介

本书是以 Visual Basic(简称 VB)程序设计零起点读者为主要对象的程序设计教材,2004 年 8 月、2009 年 12 月、2014 年 8 月分别出版了第 1 版、第 2 版和第 3 版。第 1 版和第 2 版被评为北京市高等教育精品教材,本次再版进一步强化了编程能力的培养,增加了项目综合实战内容并提高了趣味性。

全书选用趣味性、针对性强的例题组织内容,并将语法介绍和控件使用融为一体,克服了语法知识的枯燥性。全书共分 9 章,分别是 Visual Basic 概述(使用窗体、标签等)、顺序结构程序设计(使用图像框、多窗体等)、分支结构程序设计(使用单选按钮、复选框、菜单等)、循环结构程序设计(使用列表框、PSet 等)、数组(使用形状、控件数组等)、过程(使用标准模块等)、文件(使用文件系统控件等)、访问数据库(使用 ADO 等)和 VB 综合实战。全书各章内容分成基础部分和提高部分,并在各章首部提供本章主要内容和知识要点,每章末尾有章节练习,最后一章提供完整项目实战案例,通过具体实例分阶段介绍调试程序的方法。附录提供对象和基本语法的索引、上机考试样题、单号习题答案。本书配有电子教案和源代码等素材。

本书可作为高等院校 Visual Basic 程序设计课程的教材,也可作为自学者的指导书。

图书在版编目(CIP)数据

界面设计与 Visual Basic/梁爱华,齐华山主编. —4 版. —北京:清华大学出版社,2018
(高等学校计算机基础教育教材精选)
ISBN 978-7-302-49660-1

Ⅰ. ①界…　Ⅱ. ①梁…②齐…　Ⅲ. ①BASIC 语言—程序设计—高等学校—教材　Ⅳ. ①TP312.8

中国版本图书馆 CIP 数据核字(2018)第 033866 号

责任编辑:谢　琛　李　晔
封面设计:何凤霞
责任校对:时翠兰
责任印制:沈　露

出版发行:清华大学出版社
　　　　网　　　址:http://www.tup.com.cn,http://www.wqbook.com
　　　　地　　　址:北京清华大学学研大厦 A 座　　　　　　邮　　编:100084
　　　　社 总 机:010-62770175　　　　　　　　　　　　邮　　购:010-62786544
　　　　投稿与读者服务:010-62776969,c-service@tup.tsinghua.edu.cn
　　　　质量反馈:010-62772015,zhiliang@tup.tsinghua.edu.cn
　　　　课件下载:http://www.tup.com.cn,010-62795954
印 装 者:北京泽宇印刷有限公司
经　　销:全国新华书店
开　　本:185mm×260mm　　　　印　张:19.25　　　　字　数:442 千字
版　　次:2004 年 8 月第 1 版　2018 年 6 月第 4 版　　　印　次:2018 年 6 月第 1 次印刷
印　　数:1~1500
定　　价:49.00 元

产品编号:078377-01

出版说明

在教育部关于高等学校计算机基础教育三层次方案的指导下,我国高等学校的计算机基础教育事业蓬勃发展。经过多年的教学改革与实践,全国很多学校在计算机基础教育这一领域中积累了大量宝贵的经验,取得了许多可喜的成果。

随着科教兴国战略的实施以及社会信息化进程的加快,目前我国的高等教育事业正面临着新的发展机遇,但同时也必须面对新的挑战。这些都对高等学校的计算机基础教育提出了更高的要求。为了适应教学改革的需要,进一步推动我国高等学校计算机基础教育事业的发展,我们在全国各高等学校精心挖掘和遴选了一批经过教学实践检验的优秀的教学成果,编辑出版了这套教材。教材的选题范围涵盖了计算机基础教育的三个层次,包括面向各高校开设的计算机必修课、选修课以及与各类专业相结合的计算机课程。

为了保证出版质量,同时更好地适应教学需求,本套教材将采取开放的体系和滚动出版的方式(即成熟一本、出版一本,并保持不断更新),坚持宁缺毋滥的原则,力求反映我国高等学校计算机基础教育的最新成果,使本套丛书无论在技术质量上还是文字质量上均成为真正的"精选"。

清华大学出版社一直致力于计算机教育用书的出版工作,在计算机基础教育领域出版了许多优秀的教材。本套教材的出版将进一步丰富和扩大我社在这一领域的选题范围、层次和深度,以适应高校计算机基础教育课程层次化、多样化的趋势,从而更好地满足各学校由于条件、师资和生源水平、专业领域等的差异而产生的不同需求。我们热切期望全国广大教师能够积极参与到本套丛书的编写工作中来,把自己的教学成果与全国的同行们分享;同时也欢迎广大读者对本套教材提出宝贵意见,以便我们改进工作,为读者提供更好的服务。

我们的电子邮件地址是 xiech@tup.tsinghua.edu.cn。联系人:谢琛。

清华大学出版社

前言

学习 Visual Basic 的目的是利用其可视化的编程工具,开发应用程序。为此需要做两方面的工作:设计用户界面和编写程序代码。由于设计界面相对容易,因此开发 Visual Basic 应用程序的关键是如何编写能够实现相应功能的程序代码。

本书 2004 年 8 月、2009 年 12 月、2014 年 8 月分别出版了第 1 版、第 2 版和第 3 版,第 1 版和第 2 版被评为北京市高等教育精品教材,本次再版进一步强化了编程能力的培养,增加了项目综合实战内容并提高了趣味性。

本书采用独特、灵活的内容组织形式,深入浅出地介绍了界面设计和代码编写的思想方法,在着力增加趣味性的前提下,强化本课程的实践性,以期达到事半功倍的教学效果。目前,许多高等院校将"Visual Basic 程序设计"作为非工科专业的第一门程序设计课程。本书是作者在围绕"教师方便教,学生容易学"的主题,开展一系列的探索与实践活动后,以零起点读者为主要对象编写的程序设计教材,因此可作为高等院校,尤其是应用型本科院校的教材,也可作为自学者的参考书。

本书具有如下特点:

(1) 每章内容分成基础部分和提高部分。将常用对象的属性、事件、方法以及语法知识等必须掌握的内容放在基础部分中;将具有扩展性和提高性的内容安排在提高部分中。通过基础部分的学习,掌握常用对象的使用方法和基本语法,初步建立可视化程序设计的思维方式,具备编写一般应用程序的能力。提高部分可根据学生能力或课时安排等因素自主选学,但其不影响后续章节的学习。

(2) 所有教学内容组织成例题。根据知识要点精心编写例题,提供大量、有趣的规范化程序。通过对例题的分析和讲解,强化语法知识,归纳对象的使用特点。

(3) 涉及算法的例题增设编程点拨。针对学生"设计界面易,编写代码难"的情况,书中凡涉及算法的例题,在给出其代码之前,都增设了编程点拨。

(4) 在各章开头提供本章主要内容和例题的知识要点列表,在各章末尾提供章节练习环节。每道练习题均包含题目基本要求,根据题目难度有的增加了提示和拓展模块。在附录 B 中提供对象、基本语法的索引。

(5) 分阶段介绍调试方法。为了培养学生调试程序、排除错误的能力,本书分阶段通过具体例题介绍了调试程序的方法。

(6) 提供项目实战案例。本书以"繁花似锦"为实例,围绕花卉的相关知识,综合运用多种控件以及文件、数据库等，从界面设计到代码编写，由浅入深，逐步完善整个系统。通过项目实战，不但可以巩固所学的内容，而且可以训练学生的综合设计能力，培养严谨的设计思维。

（7）习题形式新颖，提供单号习题答案。与教材内容相对应，各章习题也分为基础和提高两部分。为了逐步提高学生的编程能力，精心编写了形式新颖的习题，并提供单号习题答案，以方便学生自测和教师布置作业。

（8）配备课件。提供包括电子教案、全部例题代码及习题可执行文件在内的学习资料。为了减轻教师备课负担，本书将基础部分中的所有内容制作成生动的电子教案。通过运行习题的可执行文件，使读者在着手做题前充分了解习题的功能要求和运行效果。

使用建议：

（1）基础部分必学。基础部分是学生必须掌握的知识，在教学过程中教师可将部分例题留给学生自学。

（2）提高部分选学。书中的提高部分是为了帮助读者更上一层楼，教师可以根据实际情况，选择其中部分内容进行介绍。为了提高学生的上机编程和调试能力。

（3）章节练习中提供的提示仅供参考，有余力的学生应继续完成拓展功能。

（4）单、双号习题成对做。单号习题提供参考答案，双号习题则在类型上与前一单号习题相同，知识点也接近。基础部分中提供的习题都是最基本的，题量也不多，建议读者全部完成，提高部分中的习题可根据情况选做。

本书中的所有程序均在 Visual Studio 6.0 版本下运行通过。

全书由北京联合大学的梁爱华、齐华山主编和统稿，徐歆恺、李红豫和孙力红参加了部分章节的编写。

由于工作变动等原因，本书前三版的主编崔武子教授不再参加本书的改版工作。本书得到崔老师授权改版，在此特向崔老师对本书的贡献表示感谢。

在使用前三版教材和编写第 4 版的过程中，得到了多年共同参加精品课程建设的全体团队成员的大力支持和帮助，在此表示衷心的感谢。

限于作者水平，书中难免有错误和疏漏之处，恳请读者批评和指正。

作　者
2018 年 2 月

目录

第 1 章 Visual Basic 概述

本章将介绍的内容

基础部分：

- Visual Basic 的概念及特点、VB 集成开发环境简介。
- 设计 Visual Basic 程序的基本步骤。
- 对象的属性和事件。
- 窗体、命令按钮和标签等控件的简单使用。

提高部分：

- VB 集成开发环境的进一步介绍。
- 对象和类的概念，对象的属性、事件和方法。

各例题知识要点

例 1.1　VB 集成开发环境；窗体、标签和命令按钮；Click 事件。

例 1.2　设计 VB 程序的基本步骤；控件命名方法。

例 1.3　图形化按钮；MouseMove 与 DblClick 事件；End 语句；添加注释。

1.1　什么是 Visual Basic

要使计算机能够按照人的意志去实现某些功能，人就必须要与计算机进行信息交换，这就需要语言工具，这种语言就称为计算机语言。用计算机语言编写的代码称为程序。

最初，计算机中使用的是以二进制代码表达的语言——机器语言，后来又采用了与机器语言相对应、借助于助记符表达的语言——汇编语言（上述两种语言都称为低级语言）。由于用低级语言编写的程序代码很长，又都依赖于具体的计算机，因此编码、调试和阅读程序都很困难，通用性也差，所以人们又开始使用更接近于人类自然语言的表达语言——

高级语言,BASIC 语言就是其中一种。用高级语言编写的程序,其功能强大、可读性强,但早期的高级语言采用面向过程的程序设计方法。在这种编程方法中,要求编程者必须详细指出每一时刻计算机所要执行的任务,以及完成该任务的具体操作步骤。也就是说,编程者必须编写出符合语法规则且逻辑结构严谨的程序代码,这无疑对编程人员提出了很高的专业要求。另一方面,由于在这种编程方法中代码和数据是分离的,因而增加了程序的调试难度,也降低了程序的可维护性。这就推动了面向对象语言的发展,Visual Basic 便是一种面向对象的高级程序设计语言。

Visual Basic 即可视化 BASIC 语言,简称 VB,它既保留了 BASIC 语言简单和易用的特点,又扩充了可视化设计的工具,因此使用 Visual Basic 可以轻松地设计出界面美观、使用方便和功能强大的应用程序。

1.2　安装 Visual Basic 程序

安装 VB 的步骤与安装其他应用程序相同,即下载 VB 安装文件,单击路径下 SETUP.EXE 文件,按照提示步骤一步步完成安装即可。这里仅就 Windows 10 系统下需进行的设置进行说明。

首先进入安装程序文件夹,找到 SETUP.EXE 文件,右击,选择"属性"命令,如图 1-1 所示。

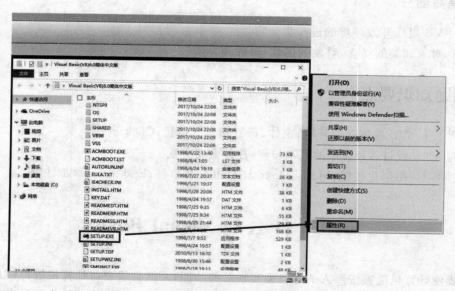

图 1-1　Windows 10 下 VB 程序安装第一步

在属性界面选择兼容性——选中"以兼容模式运行这个程序"复选框,选择 Windows XP(Service Pack 2),单击"应用"按钮,如图 1-2 所示。

继续右击 SETUP.EXE,选择"以管理员身份运行"命令,如图 1-3 所示。

界面设计与 Visual Basic(第 4 版)

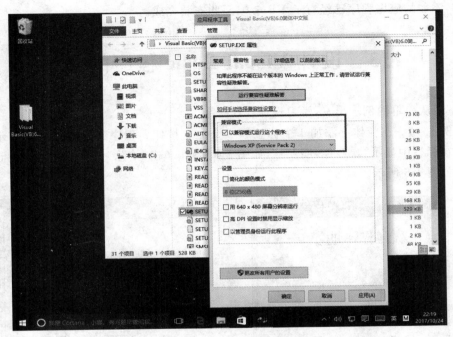

图 1-2　Windows 10 下 VB 程序安装第二步

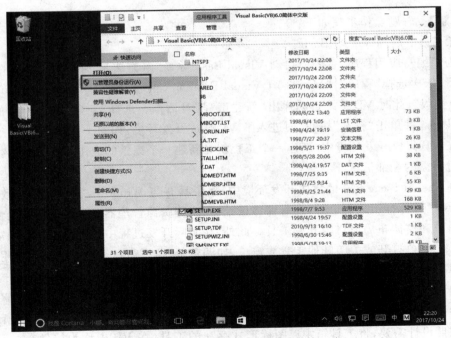

图 1-3　Windows 10 下 VB 程序安装第三步

　　进度条到 100％后,界面可能会卡住,其实程序已经安装完成了。这时按下 Ctrl＋Alt＋Del 键,选择任务管理器,结束安装任务。打开"开始"菜单,选择"应用程序",可以看到新添加的应用程序已经有了 VB 6.0,至此安装完成。

1.3　设计 Visual Basic 程序的步骤

下面从简单的例子出发,学习设计 VB 程序。

【例 1.1】　在窗体上添加 1 个标签和 2 个命令按钮。程序运行时,单击"显示"命令按钮,在标签中显示"欢迎你,朋友!",如图 1-4 所示;单击"清除"命令按钮,清除标签中的文字,如图 1-5 所示。

图 1-4　单击"显示"按钮时的运行结果　　　图 1-5　单击"清除"按钮时的运行结果

【解】　解题操作步骤如下:

第 1 步:启动 Visual Basic。

为了编写应用程序,首先应启动 Visual Basic 系统,其方法是:在 Windows 的"开始"菜单下,依次选择"程序"|"Microsoft Visual Basic 6.0 中文版"|"Microsoft Visual Basic 6.0 中文版",此时 VB 系统自动弹出"新建工程"对话框。选择"新建"选项卡中的"标准EXE"图标,并单击"打开"按钮,便进入了 VB 集成开发环境,如图 1-6 所示。

在 VB 集成开发环境中,新建一个工程就是新建一个完整的应用程序,它包含了程序运行时所需的全部信息。

在 Visual Basic 6.0 的集成开发环境中,除了具有与 Windows 窗体风格一致的标题栏、菜单栏等标准组成部分外,还有窗体设计器、工程资源管理器、工具箱、对象属性窗口、立即窗口和窗体布局窗口等开发工具。此外,在实际开发过程中还可以根据不同需要,通过"视图"菜单打开或关闭其他工具或窗口,如调色板、监视窗口等。下面仅就常用工具进行简单介绍,更详细的内容将在 1.5.1 节中介绍。

(1) 窗体设计器。所谓窗体,就是程序运行时显示在屏幕上的图形界面,即 Windows系统中的"窗口"。窗体设计器就是程序开发人员设计、构造这些程序窗口的场所。开发人员按照设计需要,将工具箱中以图标形式存在的工具(在 VB 中称为控件)一一摆放到窗体设计器中,并对这些控件的位置、大小等外观特征进行必要的设置和修改,直至达到满意的显示效果为止。一个工程中可包含多个窗体,每个窗体都拥有自己的窗体设计器。窗体就是一个容器,其中可以放置其他控件。

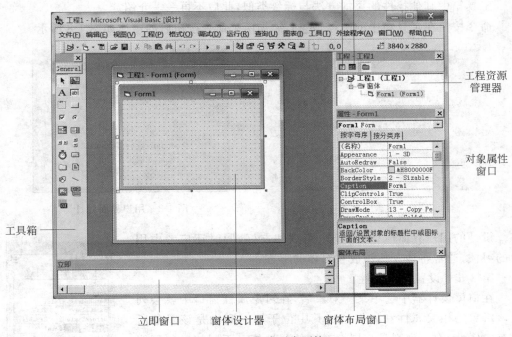

图 1-6　VB 集成开发环境

（2）工具箱。工具箱中包含了设计窗体所需的常用工具，即控件，这些控件属于标准控件。用户还可以根据需要向工具箱内添加其他扩展的工具（参见 1.5.1 节）。

（3）工程资源管理器。简称工程管理器，其作用类似于 Windows 中的资源管理器，以树形结构列出程序中所包含的所有工程、窗体及模块等。

（4）对象属性窗口。在 VB 中，窗体和窗体上的控件统称为对象，每一对象都具有多种属性，通过设置其属性值来描述对象的特性和外观。对象属性窗口就是以列表的形式显示一个对象的相关属性及属性值，设计人员可以在设计阶段通过此窗口设置或修改各对象的属性值。

（5）"查看代码"按钮和"查看对象"按钮。设计一个 VB 应用程序，通常需要同时完成两方面的任务，即在对象窗口中设计用户界面和在代码窗口中编写程序代码。通过"查看对象"按钮和"查看代码"按钮可以快速地在对象窗口和代码窗口之间进行切换。

第 2 步：设计用户界面。

根据题目要求，首先在窗体上添加一个标签，操作方法是：单击工具箱中的标签图标 **A**，然后在窗体设计器中按下鼠标左键并进行拖动，当拖拽出的标签大小满足要求后释放鼠标即可。此外，通过双击工具箱中的标签图标也可以快捷地在窗体中央添加一个标签。标签控件常用于显示数据。

单击窗体设计器中的标签，其四周出现控制柄（如图 1-7 所示），表明该标签已处于选中状态，此时在标签内按下鼠标左键并拖动，可调整其位置，用鼠标拖动某控制柄可以改变标签的大小和形状。注意，在 VB 中，必须选中一个对象（也称"激活对象"）后才能对该对象进行修改或操作。

工具箱中其他控件的添加方法与标签类似,此后不再一一介绍。

命令按钮在工具箱中的图标是▭,添加两个命令按钮后的窗体如图1-8所示。

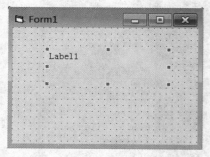

图1-7 选中标签

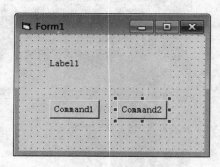

图1-8 用户界面设计

设计的用户界面应做到简洁、美观和友好,同时还应考虑用户的习惯,通常将命令按钮放在窗体的下方。

第3步:设置常用属性。

在窗体设计器中选中某一对象后,在对象属性窗口中就会列出该对象的相关属性和属性值。其中位于第一列的是该对象所具有的属性,第二列则是与属性对应的属性值。不同的对象可能具有相同或不同的属性及属性值。

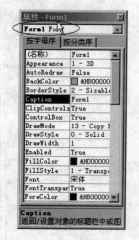

图1-9 对象属性窗口

根据图1-4所示,应将窗体的标题Form1更改为"欢迎",同时清除标签中的文字Label1,并将两命令按钮上的文字Command1、Command2分别更改为"显示"和"清除"。操作步骤如下:

(1) 单击窗体以选中该窗体,此时在对象属性窗口的标题栏下方显示Form1 Form(如图1-9所示),表明当前选中的是名为Form1的对象,其类型为Form(即窗体)。属性窗口中显示的是该窗体的相关属性。在对象属性窗口的第一列中找到Caption属性,将其右侧的当前属性值Form1修改为"欢迎"。通过窗体的Caption属性可以设置窗口的标题。

(2) 单击窗体设计器中的标签,此时对象属性窗口标题栏下方显示Label1 Label,表明当前选中的是名为Label1的对象,其类型为Label(即标签)。在对象属性窗口中找到Caption属性,选中并删除其属性值Label1(即属性值为空)。通过标签的Caption属性可设置或返回其上显示的文本。

(3) 单击选中Command1命令按钮,对象属性窗口标题栏下方显示Command1 CommandButton,表明当前选中的是名为Command1的对象,其类型为CommandButton(即命令按钮)。在对象属性窗口中找到Caption属性,将其属性值修改为"显示"。用同样的方法,将Command2命令按钮的Caption属性值修改为"清除"。命令按钮的Caption属性用于指定按钮上所显示的文字。

在建立一个新对象时,系统将为其大多数属性提供默认值。一般情况下,只需对其中的部分属性进行必要的设置或修改即可。

第 4 步:运行程序。

虽然当前仅完成了窗体界面的搭建,但这时该工程已经可以运行了。

单击工具栏中的"启动"按钮 ▶,运行该程序,显示如图 1-5 所示的窗口,但单击命令按钮时,程序没有任何反应,未出现图 1-4 所示的运行结果。这是因为还没有编写相应的程序代码。单击"结束"按钮 ■,停止工程运行。

第 5 步:编写代码。

(1) 编写程序代码,实现单击"显示"命令按钮时的功能。

编写程序代码,需要在代码窗口中完成。单击"查看代码"按钮或双击窗体可以进入当前窗体所对应的代码窗口(如图 1-10 所示),其标题栏下有两个下拉列表。位于左边的框称为对象下拉列表,当鼠标停于该框之上时,显示提示信息"对象"。单击其右侧的下拉箭头,其中列出了窗体及窗体中所

图 1-10　代码窗口

包含的所有对象名称(如图 1-11 所示),其中 Command1 和 Command2 是两个命令按钮,Form 是窗体,Label1 是标签。位于右边的称为过程下拉列表,当鼠标停于该框之上时,显示提示信息"过程"。单击其右侧的下拉箭头,其中列出了对象框当前所选对象能识别的所有事件(如图 1-12 所示)。

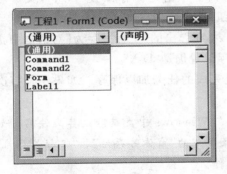

图 1-11　对象框

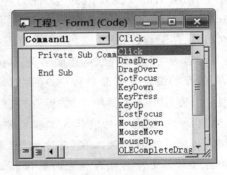

图 1-12　过程框

在对象框和过程框的下面是编写代码的代码区。

为了实现单击"显示"命令按钮时的程序功能,在对象框中选择 Command1,在过程框中选择 Click(单击),此时代码区中出现如下框架:

```
Private Sub Command1_Click()


End Sub
```

在框架内添加代码如下:

```
Private Sub Command1_Click()
    Label1.Caption="欢迎你,朋友!"
End Sub
```

其中新加语句 Label1. Caption= "欢迎你,朋友!"的功能是在标签中显示字符串"欢迎你,朋友!",即把该标签的 Caption 属性值设为"欢迎你,朋友!"。在 VB 中,绝大多数的控件属性既可以在对象属性窗口中设置,也可以在代码中设置,但有些控件的个别属性却只能在属性窗口或代码中设置。

再次运行程序并单击"显示"命令按钮,可以验证代码的正确性。

（2）编写程序代码,实现单击"清除"命令按钮时的功能。

在代码窗口的对象框中选择 Command2,在过程框中选择 Click,此时代码区中又出现新的框架:

```
Private Sub Command2_Click()

End Sub
```

在框架中添加语句 Label1. Caption＝"",即可实现单击"清除"命令按钮时的功能。在 VB 中,""表示空字符串。

第 6 步:保存程序。

保存程序时必须分别保存窗体文件和工程文件,具体步骤是:

（1）保存窗体。在工程资源管理器中,单击 Form1(Form1),执行菜单命令"文件"|"保存 Form1. frm",在弹出的"文件另存为"对话框中指定保存位置"D:\",文件名为 Form1(默认扩展名为 frm),然后单击"保存"按钮。

（2）保存工程。执行"文件"|"保存工程"命令,在弹出的"工程另存为"对话框中指定工程文件名为"工程 1"(默认扩展名为 vbp),保存位置仍是"D:\"。

在程序的设计和修改过程中,应随时对已经完成的任务加以保存。如果不是首次保存,则可以直接单击工具栏中的"保存"按钮 📳。

注意:对于已保存的窗体或工程文件,不能在 Windows 中直接修改其文件名。如需重命名,必须再次打开该工程,通过执行"文件"菜单中的"窗体另存为"和"工程另存为"命令,分别以新的文件名保存相应的窗体和工程文件。

需要指出的是,一个工程中应包含与该工程有关的所有文件,如本例的工程包含窗体文件和工程文件,窗体文件中含有构成该窗体的所有相关信息,工程文件中含有与该工程有关的所有文件和对象的清单以及环境设置方面的信息。每次保存工程时,这些信息都要被更新。

为了便于工程的管理和维护,建议将同一工程的所有相关文件保存在同一文件夹中。

第 7 步:退出 Visual Basic。

执行"文件"|"退出"命令,或单击集成环境中右上角的"×"号按钮都可关闭程序,退出 Visual Basic 6.0。

程序说明:

（1）用 VB 开发一个项目，其主要的任务就是设计用户界面和编写程序代码。

（2）VB 中的所有对象，如窗体、命令按钮等都有自己的属性。窗体的常用属性有：（名称）、Caption、ControlBox、Font、MaxButton、MinButton、Picture 等；命令按钮的常用属性有：（名称）、Caption、Enabled、Font、Visible 等。属性的进一步讨论请参见 1.5.3 节。设置对象属性时一定要先选中该对象（如命令按钮），然后在对象属性窗口中选择相应的属性名（如 Caption），以修改其属性值（如"显示"）。

（3）实现功能的语句必须写在合适的位置。

在 VB 中，将发生在一个对象上、且能被该对象所识别的动作称为事件。例如，单击命令按钮时，就会产生该命令按钮的 Click 事件。而对于 VB 中的每个控件或窗体，系统都已为其提供了预定义事件集。

当一个对象发生了某一事件后，所要执行的代码称为该对象的这一事件过程。

与 C 语言等其他高级语言不同，VB 采用的是事件驱动的运行机制。在程序运行过程中，一旦系统识别出在某个对象上发生了某个事件，VB 系统就会立即在代码窗口中搜索是否存在该对象的这一事件过程，若存在，则执行该过程中的代码。鉴于 VB 的这一运行特点，在编写程序代码时首先要明确的问题就是应将实现功能的操作代码书写在什么位置，即写在哪个对象的哪个事件过程中。具体步骤是：第一，在代码窗口的对象框中选定对象（即确定对哪个对象进行操作）；第二，在过程框中选定事件（即确定对该对象执行何种操作）；第三，在自动生成的事件过程框架中编写操作代码（即实现具体功能）。以本例中的"显示"命令按钮为例，题目要求单击该按钮时在标签中显示"欢迎你，朋友！"，因此在对象框中选定 Command1，在过程框中选定 Click 事件，编写事件过程代码如下：

```
Private Sub Command1_Click()
    Label1.Caption="欢迎你,朋友!"
End Sub
```

（4）为了提高程序的可读性，在编写程序代码时建议采用如下的缩进格式。

```
Private Sub cmdFirst_Click()
    Dim i As Long, j As Long
    For i=1 To 10
        For j=1 To 10
            Print " * ";
        Next j
        Print
    Next i
End Sub
```

功能强大的程序其编码量相应也会增加，各语句间的层次、嵌套关系错综复杂。采用上述逐层缩进形式，能使语句间的层次、包含关系一目了然，不仅有助于阅读和理解程序，而且便于日后的调试和纠错。本书采用规范格式，以供学习效仿。

（5）鉴于 VB 的运行特点，在编写代码时可采取"逐过程编写、逐过程测试"的方法及时对已完成的编码进行测试。

例如,本例中在编写完"显示"命令按钮的单击事件过程后,便可运行程序以测试该过程代码是否正确。运行程序并单击"显示"按钮,在标签中显示"欢迎你,朋友!",验证了代码的正确性。接下来,继续编写"清除"命令按钮的单击事件过程。随后再次运行程序并单击"清除"按钮,测试新编代码的正确性。

由于本例功能简单,在测试时仅需考虑单击两命令按钮时的操作情况就可以了。但随着所学知识的不断丰富,开发出来的程序将愈加复杂。此时对程序的测试就要考虑全面,应该对程序运行时所有可能出现的情况加以分析,有针对性地选取测试用例,直到程序通过了所有测试,达到了预期的全部功能为止。绝不能只测试了部分功能就主观地判定整个程序的正确性。

【例 1.2】 在窗体上添加 1 个标签和 2 个命令按钮。要求窗体无最大化、最小化按钮,标签为蓝色文字、黄色背景、文字居中对齐,且"正常"按钮处于无效状态,程序运行时的初始界面如图 1-13 所示。单击"下凹"按钮,标签边框凹陷,同时"下凹"按钮无效而"正常"按钮有效,如图 1-14 所示;单击"正常"按钮,窗体恢复图 1-13 所示的状态。

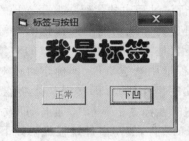

图 1-13 程序运行时的初始界面

图 1-14 单击"下凹"按钮后的运行结果

【解】 操作步骤:

在 VB 集成环境中,执行"文件"|"新建工程"命令,并在弹出的"新建工程"对话框中选择"标准 EXE"后,单击"确定"按钮即可建立新的工程。

第 1 步:设计界面。

在窗体上添加 1 个标签和 2 个命令按钮,如图 1-15 所示。

第 2 步:设置对象属性。

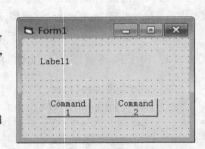

图 1-15 例 1.2 的窗体初始界面

(1) 选中窗体,在属性窗口中设置窗体的如下属性:

将 Caption 属性设置为"标签与按钮";

将 MaxButton 属性设置为 False(作用:窗体右上角没有最大化按钮);

将 MinButton 属性设置为 False(作用:窗体右上角没有最小化按钮)。

(2) 选中 Label1 标签,在对象属性窗口中设置其如下属性:

将"(名称)"属性设置为 LblShow;

将 Caption 属性设置为"我是标签";

将 BackColor 属性设置为黄色(选中 BackColor 属性,单击属性值右侧的 ▼ 按钮,并在下拉对话框的"调色板"选项卡中单击"黄色"色块即可);用同样方法设置 ForeColor 属性为蓝色;

将 Alignment 属性设置为 2-Center(作用:文字居中对齐);

将 Font 属性设置为"华文琥珀、常规、一号"(选中 Font 属性,单击属性值右侧的 ⋯ 按钮,在弹出的"字体"对话框中选择相应的字体、字形和大小,单击"确定"按钮退出)。

(3) 选中 Command1 命令按钮,在属性窗口中设置其如下属性:

将"(名称)"属性设置为 Cmd1;

将 Caption 属性设置为"正常";

将 Enabled 属性设置为 False(作用:命令按钮无效)。

(4) 选中 Command2 命令按钮,在属性窗口中设置其如下属性:

将"(名称)"属性设置为 Cmd2;

将 Caption 属性设置为"下凹"。

VB 中的窗体和控件都具有"(名称)"属性,它是编写代码时为引用一个对象而使用的标识名称,一定要注意该属性与 Caption 属性的区别。对象的 Caption 属性通常是显示在该对象上的提示性内容,运行程序时用户根据其内容可以区分各对象;而"(名称)"属性只在代码中才会出现,运行程序时用户是看不到的,该属性用于使程序识别各对象。简单地说,Caption 属性是显示在界面中给用户看的,而"(名称)"属性则是提供给开发者编程使用的。

为了直观地反映出一个控件的类型和功能,控件的名称通常由两部分构成,其中第一部分表示控件的类型,也称"控件前缀";第二部分表示控件的功能。以标签 LblShow 为例,其中 Lbl(首字母一般大写)表示控件的类型为标签,Show 表示该标签用于显示功能。建议在今后的程序设计中均采用上述控件命名规则,即控件前缀加英文单词或拼音。附录 B 中给出了系统推荐使用的常用控件前缀。

第 3 步:编写代码并运行。

(1) 编写"正常"命令按钮的"单击"事件过程。

切换到代码窗口,在对象框中选择 Cmd1,过程框中选择 Click 事件,并在自动生成的事件过程框架中编写如下代码:

```
Private Sub Cmd1_Click()
    LblShow.BorderStyle=0
    Cmd1.Enabled=False
    Cmd2.Enabled=True
End Sub
```

标签的 BorderStyle 属性用于设置其边框样式,值 0 表示正常边框,值 1 表示下凹边框。语句 LblShow.BorderStyle = 0 的作用就是将标签的边框设置为正常样式。

命令按钮的 Enabled 属性用于设置其是否响应用户事件,它的值只能为 True(真)或 False(假)。属性值为 True 时,表示该按钮能够对用户产生的事件做出反应(即按钮有效),而值为 False 时,则不能(即按钮无效)。语句 Cmd1.Enabled = False 和 Cmd2.

Enabled= True 分别使"正常"按钮无效、"下凹"按钮有效。

(2)编写"下凹"命令按钮的"单击"事件过程。

在窗体设计器中双击"下凹"命令按钮可以直接切换到代码窗口,且系统会自动生成所需事件过程的代码框架。类似地,编写"下凹"按钮的"单击"事件过程如下:

```
Private Sub Cmd2_Click()
    LblShow.BorderStyle=1
    Cmd1.Enabled=True
    Cmd2.Enabled=False
End Sub
```

至此,已完成本例题所要求的全部功能,单击工具栏中的"运行"按钮即可得到运行结果。

第 4 步:产生可执行程序。

当完成一个 VB 程序的测试与调试,并达到预期目标后,可以进一步将该工程编译为能够脱离 VB 环境而独立运行的可执行程序(EXE 文件)。

生成可执行程序的方法是:执行"文件"|"生成工程 1. exe"命令,在弹出的"生成工程"对话框中指定程序的存储位置和文件名。

退出 VB 环境,并在 Windows 资源管理器中找到刚刚生成的可执行程序,双击该文件名即可运行。

程序说明:

大多数的属性不仅能在窗体设计阶段通过对象属性窗口进行设置,还可以通过代码进行设置。在程序代码中设置对象属性的语句格式为

[对象名.]属性名=属性值

本书中"[ ]"表示其中的内容可以省略。省略"对象名"时,系统默认对象名为当前窗体。

从例 1.1 和例 1.2 可以看出,设计 Visual Basic 程序的一般操作步骤如下:

第 1 步:设计用户界面的布局。利用工具箱中的控件,设计出满足用户操作需要的程序运行界面。

第 2 步:设置对象属性。完成界面布局的设计后,还需要通过对象属性窗口分别对窗体及窗体上的控件进行属性设置,以使用户界面达到满意的显示效果。需要说明的是,此时设计完成的窗体即为程序运行时窗体的最初显示效果。程序运行时往往会因用户的某些操作而引发执行相应的事件过程,从而改变窗体的显示内容,甚至改变窗体的布局等。

第 3 步:编写程序代码。为了使程序运行时能够对用户的操作做出反应,接下来就需在代码窗口中编写相应的事件过程。对象可以识别多种事件,但编程人员只需要编写对用户的操作有所反应的那些相关事件过程。在编写代码时,必须要明确两件事:一是如何用具体的 VB 语句实现指定的功能;二是实现这些功能的语句应写在哪个对象的哪个事件过程中。

第 4 步:保存窗体和工程。在程序设计和修改的过程中,应随时对已经完成的任务

加以保存。

第 5 步：测试和调试程序。通过以上步骤设计程序后，还应根据题目要求，客观、全面地测试程序，尽可能发现程序中存在的错误及不足，通过调试程序快速、准确地定位错误并加以修改或完善。正是在这种反复的测试和修改中才能使程序最终达到满意的运行结果。

当确信程序正确无误后，还可将程序编译成可执行程序，以使其能够脱离 VB 环境而独立运行。

例 1.3 是参照以上操作步骤编写的一个应用程序。

【例 1.3】 在窗体上添加 1 个标签和 1 个命令按钮。要求窗体无控制按钮，标签上居中显示文字"你一来我就走"，命令按钮制作为图形化按钮，窗体运行效果如图 1-16 所示。程序运行时，当鼠标移动到标签上时，标签消失，同时窗体标题显示为"双击窗体显示标签"（如图 1-17 所示）；双击窗体时标签重现；单击"退出"按钮，结束整个程序的运行。

图 1-16　窗体运行效果

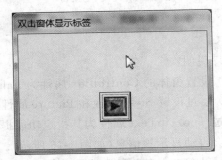
图 1-17　鼠标移动至标签时的程序界面

【解】 按题目要求在窗体上添加 1 个标签和 1 个命令按钮并按照表 1-1 给出的内容设置各对象的属性。

表 1-1　例 1.3 对象的属性值

对　象	属 性 名	属 性 值	作　用
窗体	Caption	图形化按钮	窗体的标题
	ControlBox	False	窗体上是否显示控制按钮
标签	（名称）	LblShow	标签的名称
	Alignment	2-Center	文字对齐方式（居中）
	Caption	你一来我就走	标签上显示的文字
	Font	宋体、常规、三号	设置字体、字形、字号
命令按钮	（名称）	CmdExit	命令按钮的名称
	Caption	（清空）	命令按钮上显示的文字
	Picture	指定图形文件	按钮上显示的图片
	Style	1-Graphical	图形化命令按钮
	ToolTipText	退出	鼠标悬浮时的提示信息

程序代码如下：

```
Private Sub LblShow_MouseMove(Button As Integer, Shift As Integer, X As
Single, Y As Single)                    '鼠标在标签上移动时
    LblShow.Visible=False               '使标签处于不可见状态,即隐藏标签
    Form1.Caption="双击窗体显示标签"      '设置窗体标题为"双击窗体显示标签"
End Sub


Private Sub Form_DblClick()             '双击窗体时
    LblShow.Visible=True                '使标签处于可见状态,即显示标签
End Sub


Private Sub CmdExit_Click()
    End                                 '结束程序运行
End Sub
```

程序说明：

（1）设置窗体的 ControlBox 属性为 False,使窗体右上角不出现控制按钮组。

（2）通过设置 Style 属性和 Picture 属性可以将命令按钮制作成图形化形式,并可进一步通过 ToolTipText 属性为其指定功能提示信息。程序运行时,当鼠标停留在命令按钮上时会自动显示该信息(如图1-16所示)。

（3）程序包含多个事件过程时,先编写哪个过程没有特别规定。本书的代码是按照题目要求中所提到的功能顺序编写的。

（4）大多数对象均有 Visible 属性,用于指定该对象是否可见,即是否显示在窗体上,值为 True 可见,为 False 不可见。

（5）在一个对象上移动鼠标时,将产生该对象的 MouseMove 事件。本例题中,一旦鼠标移动到标签上,将触发该标签的 MouseMove 事件,执行 LblShow_MouseMove 事件过程,使标签不可见,同时改变窗体的标题。

（6）程序中"'"后面的内容(如"结束程序运行")是注释部分,对程序运行不产生任何影响。为了提高程序的可读性和可维护性,编写程序代码时应尽可能多地添加注释。注意注释前是英文状态下的单引号。

也可使用 Rem 语句注释,有关该语句,请参阅参考书籍。

（7）双击窗体时产生窗体的 DblClick 事件,触发执行 Form_DblClick 事件过程,使标签可见。

（8）End 语句。End 语句可以出现在过程中的任何位置,用于结束程序的执行。

1.4 Visual Basic 的特点

下面介绍 Visual Basic 最基本的特点。

1. 面向对象

VB 采用了面向对象的程序设计方法。它把数据和处理这些数据的子程序封装在一起,作为一个整体对象进行处理。在编写程序时,编程人员只要将所需的对象添加到程序中,就可直接调用该对象的子程序实现有关功能。以窗体为例,为了在窗体的标题栏中显示指定的文字,只需在对象属性窗口中修改其 Caption 属性;而为了在窗体中输出文字,只要调用窗体的 Print 方法就可以简单地实现。至于该对象是如何被建立的,子程序中又是如何一步一步实现具体功能的则不需要做任何解释,这就大大简化了程序的开发工作,使得非专业编程人员也可以加入到编程者的行列,尽情享受编程所带来的乐趣。

2. 事件驱动

在 VB 中采用了事件驱动的运行机制。所谓"事件驱动",是指当某个对象发生了某一事件后,就会驱动系统去执行预先编好的、与这一事件相对应的一段程序。例如,在程序运行时如果单击命令按钮,系统就会自动搜索并执行该命令按钮的 Click 事件过程。

当面对一个较大的 VB 程序时,用户往往要通过多个不同对象的对应事件,驱动系统连续执行一个个相应的子程序,以便完成整个程序的运行操作。

3. 数据库

在 VB 中,除了它自身带有一个完整的数据库系统,提供数据库的全部功能外,还提供了较好的数据库接口,能够访问包括 Access、FoxPro 等在内的多种格式的数据库。另外,也可以通过它的 ODBC(Open Data Base Connectivity,开放的数据连接)功能实现对后台大型网络数据库的操作。如今,VB 已被广泛地应用于数据库管理软件的开发之中。

4. 帮助

VB 中提供了强大的帮助系统。在 VB 开发环境中,设计任何一个 VB 应用程序时,均可随时进入 VB 的联机帮助系统。通过帮助系统,可以系统地学习 VB 知识,方便地查找有关信息,解决编程过程中所遇到的疑难问题。它是学习和使用 VB 的强有力助手,希望学习者在学习过程中充分利用该功能。

1.5 提 高 部 分

1.5.1 可视化集成开发环境

在 1.3 节中已简单介绍了 VB 集成开发环境,并在此开发环境中设计出几个简单的应用程序。有了这些感性认识之后,这里再进行补充介绍,以使操作更加自如。

启动 VB 时弹出的"新建工程"对话框中有"新建""现存"和"最新"选项卡。

（1）"新建"选项卡。

在"新建"选项卡中列举了可以创建的所有工程类型。选择不同的图标可以建立不同类型的新工程。在例 1.1～例 1.3 中，均选用了标准 EXE ![图标]图标，这是在实际应用中使用最多的选项，它用于创建一个标准的可执行文件。

（2）"现存"选项卡。

选择"现存"选项卡，可以打开一个已经存在的工程，其功能与执行 VB 中的"文件"|"打开工程"相同。

（3）"最新"选项卡。

在"最新"选项卡中列举了近期曾打开过的工程文件列表及文件所在位置，操作者只需选择某一文件并单击"打开"按钮，就可快速地将其打开或添加到工程中。

通过"新建工程"对话框创建或打开一个工程后，便进入如图 1-6 所示的 VB 集成环境。下面针对该环境中的一些重要组成部分做进一步的功能介绍。

（1）窗体设计器。

位于屏幕中间部位的窗体设计器用来设计程序运行时的用户操作界面。窗体设计器的大小可改变，而且其中可以放置其他控件。

（2）工具箱。

VB 中的控件共分为 3 类：标准控件、ActiveX 控件和可插入对象。在默认状态下，工具箱中只提供标准控件（也称为内部控件）。ActiveX 控件（也称为外部控件）可根据需要适时地添加到工具箱中使用。向工具箱中添加 ActiveX 的方法参见例 3.6。可插入对象是指那些由其他应用程序生成的文件，VB 提供了 OLE（Object Link and Embedding，对象链接与嵌入）功能，能够将 Word、Excel 等其他应用程序所生成的文件，以对象的形式直接链接或嵌入到 VB 程序中。有关可插入对象的内容本书不做介绍。

（3）代码窗口。

大多数的程序代码都是在代码窗口中编写的，一个窗体对应一个代码窗口，双击窗体可快速地进入该窗体的代码窗口。

VB 所提供的编码辅助功能为输入程序代码提供了极大的方便。例如，每当在代码中输入了正确的对象名及连接符"."后（注意：对象名和连接符之间无空格），就会出现下拉列表，其中列出了该控件当前可用的所有属性和方法。输入属性名或方法名的前几个字母，系统就会立即定位到列表中相应位置，按空格键或双击列表中所需属性或方法名即可将它们添加到代码中。使用这种自动列表功能的好处是：

① 确保属性或方法名的正确输入；

② 提高代码输入速度；

③ 自动检测对象名输入是否正确。当输入的对象名有误时，不会出现下拉列表。

此外，当输入了合法的 VB 函数名和"（"之后，也会立即出现相应的语法提示。

通过"工具"|"选项"命令可设置或修改代码窗口的编码辅助功能。

（4）工程资源管理器。

列举了当前工程包含的所有窗体和模块。图 1-18 详细标注出工程管理器各组成部分的名称及作用。

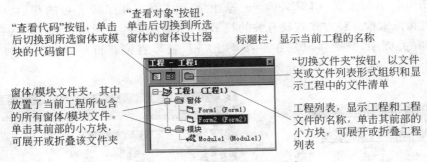

"查看代码"按钮,单击后切换到所选窗体或模块的代码窗口

"查看对象"按钮,单击后切换到所选窗体的窗体设计器

标题栏,显示当前工程的名称

"切换文件夹"按钮,以文件夹或文件列表形式组织和显示工程中的文件清单

窗体/模块文件夹,其中放置了当前工程所包含的所有窗体/模块文件。单击其前部的小方块,可展开或折叠该文件夹

工程列表,显示工程和工程文件的名称,单击其前部的小方块,可展开或折叠工程列表

图 1-18　工程资源管理器的组成

(5) 对象属性对话框。

列举出所选对象(窗体或控件)的属性及属性设置值。图 1-19 所示为窗体 Form1 的"属性"对话框,图中给出"属性"对话框中各组成部分的说明。

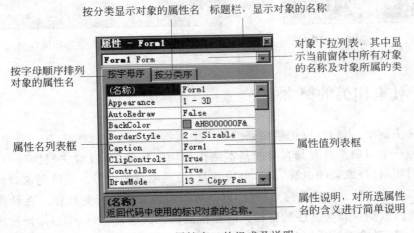

按分类显示对象的属性名　标题栏,显示对象的名称

按字母顺序排列对象的属性名

对象下拉列表,其中显示当前窗体中所有对象的名称及对象所属的类

属性名列表框

属性值列表框

属性说明,对所选属性名的含义进行简单说明

图 1-19　属性窗口的组成及说明

在对象"属性"对话框中可以设置各属性值,不同的属性,其设置方法有所不同。

① 只能由用户从键盘输入[如窗体的(名称)和 Caption 属性]。在属性名列表框中单击属性名,然后在属性值列表框的对应栏中直接输入属性值。

② 只能在系统已列出的选项中选择(如窗体的 BorderStyle 和 Enabled 属性)。单击属性名,此时在该属性值的最右侧出现▼标记,单击▼打开属性值下拉列表,即可选择所需属性值(如图 1-20 所示)。

③ 在系统提供的对话框中选择(如窗体的 Font 和 Picture 属性)。单击属性名,此时在该属性值的最右侧出现▦标记,单击▦打开"字体"属性对话框即可选择(如图 1-21 所示)。

以上介绍了 VB 集成环境,在这里开发人员可以执行并完成所有的开发任务。

(6) 帮助系统。

执行"帮助"菜单中的"内容""索引"或"搜索"命令,都可以启动 MSDN Library Visual Studio 帮助系统。MSDN(Microsoft Developer Network,微软公司开发网络)为

使用 Microsoft 开发工具(如 VB、VC++ 等)的编程人员提供了强有力的帮助,可以采用目录、索引和搜索这 3 种方式查找有关的技术信息,甚至是程序示例。对于出现在代码窗口中的所有关键字,只要将其选中并按下 F1 键,就可直接获得与其相关的帮助信息。MSDN 的安装与使用在此不做介绍,请查阅相关资料。

图 1-20　选择属性值

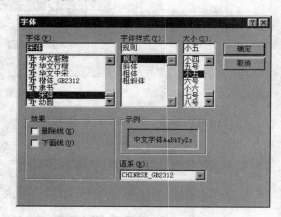

图 1-21　在对话框中选择属性值

1.5.2　对象和类的概念

在日常生活中,人们可以把接触到的每一个实物都看作一个对象,如一台电视机或一张桌子。每一个对象都具有其自身的基本结构和功能特性,可以对它们执行一定范围内的操作。例如,打开或关闭电视、调节电视音量、更换电视频道等。这就是说,每一个对象都具有两方面的特征:对象的构造特性,以及可以对该对象执行的操作。在计算机中,把一组有关联的数据及其与这些数据相关的操作集成到一起,作为一个整体处理,称之为对象。简单地说,对象就是数据和数据操作的集合。在 VB 中,使用工具箱中的工具在窗体中创建的每一个控件都是一个独立的对象,它们具有自身的属性、事件和方法。

一个对象所从属的类型称为类,类代表了某一类对象的总体特征,是对对象进行抽象化的结果。例如,一台 25 英寸的电视和一台 29 英寸的电视是两个不同的对象,它们具有不同的屏幕尺寸,但是它们却有着相同的构造特点和操作范围,都属于同一个类型——电视。

由此可见,对象是类的具体实现,是被赋予了特殊含义的实体。每个对象都属于一个特定的类。VB 工具箱中所提供的各种工具就是一个个的控件类,使用工具在窗体上创建控件的过程就是类的实现过程,并最终生成一个类的具体实例——对象。

1.5.3　属性、事件和方法

属性、事件和方法是对象的三大要素,前面已经介绍并在程序中运用。鉴于它们在 VB 程序中的重要性,在此再做进一步的说明。

属性就是对象的特性。同一类对象具有相同的属性,不同类对象,某些属性相同(如都具有"名称"属性),某些属性不同(如标签具有 Caption 属性,文本框具有 Text 属性)。对象的属性都有默认值,在设计 VB 程序时,只需选择性地修改部分属性值即可。

通常情况下,对象的属性既可以在设计阶段设置,也可以在运行阶段设置,只有个别对象的个别属性,只能在设计阶段或者运行阶段设置。例如,窗体的 MaxButton 和 MinButton 属性就只能在设计阶段进行设置,而窗体的 CurrentX 和 CurrentY 属性(指定下一次输出位置)就只能在代码中设置(如 Form1.CurrentX= 300)。

此外,在对象的众多属性中,有些属性间还存在着制约关系。以命令按钮的 Style 属性和 Picture 属性为例,只有将命令按钮的 Style 属性值设置为 1-Graphical 时,才可以进一步设置按钮的 Picture 属性值,为该命令按钮指定一个图形文件并显示到按钮上。若设置命令按钮的 Style 属性值为 0-Standard,则对按钮 Picture 属性值的设置就变得没有任何实际意义,不会对按钮产生任何效果。对象属性间的这种相互制约关系是普遍存在的。

事件就是发生在一个对象上,能够被该对象识别的动作。VB 中采用事件驱动的运行机制,其好处是:编程者只需要编写响应具体动作的小程序(如单击某命令按钮时的代码),不受各小程序编写顺序的限制,每编写完一个事件过程就可独立地先行测试。

方法就是系统提供的一个特殊的过程(参见第 6 章)。调用对象的一个方法,实际上就是调用系统提供的一个特殊过程,但是调用方法与调用过程的形式不同。

1.6　章节练习

【练习 1.1】　如图 1-22 所示设计窗体(1 个标签和 2 个命令按钮),要求标签为黄色背景、红色文字、居中对齐、字体为"宋体、常规、四号"。程序运行时,单击"学号"按钮,在标签中显示本人学号(如图 1-23 所示);单击"姓名"按钮,在标签中显示本人姓名(如图 1-24 所示);双击窗体,结束程序。

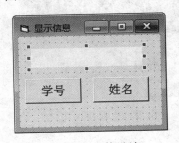

图 1-22　窗体设计

图 1-23　单击"学号"按钮

图 1-24　单击"姓名"按钮

【练习 1.2】　如图 1-25 所示设计窗体(2 个标签),要求窗体无最大、最小化按钮,2 个标签均为黑色背景、白色文字、居中对齐、字体为"宋体、常规、小三"。程序运行时,双击右侧标签,窗体变化如图 1-26 所示;双击左侧标签,窗体恢复图 1-25 所示状态。

图 1-25　窗体设计

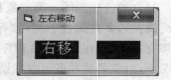

图 1-26　双击右侧标签后的窗体

【练习 1.3】　如图 1-27 所示设计窗体(1 个标签和 1 个图形化命令按钮),要求窗体无控制按钮,标签边框下凹、黄色背景、黑色文字、居中对齐、字体为"宋体、粗体、三号"且鼠标在标签上的指针形状为小老鼠图标(如图 1-28 所示),为图形化按钮设置提示信息"退出"。程序运行时,单击标签其上显示文字"我叫标签";单击命令按钮结束整个程序。

图 1-27　窗体设计

图 1-28　鼠标在标签上的指针形状

提示:通常情况下,显示在窗体上的鼠标指针是一个白色箭头。通过设置对象的 MousePointer 属性和 MouseIcon 属性可以改变鼠标在一个对象上停留或经过时的指针形状。本题中,需设置标签的 MousePointer 属性为 99-Custom(用户自定义指针形状),并在 MouseIcon 属性中选择 Mouse. ico 文件作为指针图标。

【练习 1.4】　如图 1-29 所示设计窗体(2 个标签和 2 个命令按钮),要求位于下面的标签为黑色背景,位于上面的标签中显示黄色文字"趣味 VB"、字体为"宋体、粗体、二号","显示"按钮处于无效状态。程序运行时,单击"隐藏"按钮,黄色文字消失,"显示"按钮有效而"隐藏"按钮无效,如图 1-30 所示;单击"显示"按钮,则黄色文字出现,且"显示"按钮无效而"隐藏"按钮有效,如图 1-31 所示。

图 1-29　窗体设计

提示:为了使显示文字的标签不会完全遮挡住黑色标签,可将其 BackStyle 属性设置为 0-Transparent,即背景样式"透明"。此时若标签中无显示文字,则感觉不到该标签的存在。也可通过将上面标签的 BackColor 属性设置为黑色,实现相同的显示效果。

拓展:如果窗体中仅限使用 1 个标签和 2 个命令按钮,如何实现原程序功能?

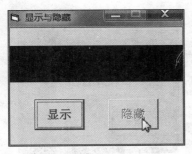
图 1-30　单击"隐藏"按钮时

图 1-31　单击"显示"按钮时

习　题　1

基础部分

1．下面关于 Visual Basic 的叙述中，哪些是正确的？哪些是错误的？

① VB"面向对象"的特点就是指在编写程序代码时应以对象为主体，指出对象所需完成的操作以及执行操作的具体步骤。

② 完成 VB 程序的编写后，需要分别保存窗体和工程文件。

③ 开发 VB 程序主要包括两方面任务：设计用户界面和编写程序代码。

④ Visual Basic 虽然具有界面设计简单、代码编写量少等优点，但是使用它开发出的程序却无法脱离 VB 环境而单独运行，这在一定程度上限制了 VB 的应用范围。

2．下面关于 Visual Basic 的叙述中，哪些是正确的？哪些是错误的？

① 对象的"事件"是指发生在一个对象上的动作，此动作能够被该对象所识别。

② 进入 Visual Basic 集成环境后，工具箱中包含了 VB 所提供的全部控件工具，用户可方便地使用它们。

③ 在 Windows 资源管理器中可以直接修改 VB 程序的文件名。

④ 在对象属性窗口中列出了当前所选对象的全部属性及属性值，可以对该对象的任一属性进行设置。

3．编写程序。如图 1-32 所示设计窗体（1 个标签和 2 个命令按钮），要求窗体为绿色背景，标签为白色背景、红色文字、字体为"华文彩云、粗体、一号"、居中对齐，"中文"按钮处于无效状态。程序运行时，单击"英文"按钮，标签中显示文字 Hello，同时"英文"按钮无效而"中文"按钮有效，如图 1-33 所示；单击"中文"按钮，窗体恢复为图 1-32 所示状态。

4．编写程序。如图 1-34 所示设计窗体（1 个标签和 2 个命令按钮），要求窗体无最大化、最小化按钮，标签为天蓝色背景、蓝色文字、居中对齐、字体"隶书、粗体倾斜、四号""清除"按钮不可见。程序运行时，单击"显示"按钮，标签中显示文字"欢迎进入 Visual Basic 世界"，同时"显示"按钮消失、"清除"按钮出现，如图 1-35 所示；单击"清除"按钮，则清空标签中所有文字，且"清除"按钮消失、"显示"按钮出现，如图 1-36 所示；双击窗体结束程序运行。

图 1-32 程序运行初始界面

图 1-33 单击"英文"按钮时

图 1-34 窗体设计

图 1-35 单击"显示"按钮时

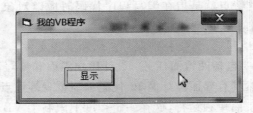
图 1-36 单击"清除"按钮时

提高部分

5. 下面有关对象的论述中,哪些是正确的? 哪些是错误的?

① 不同类的对象具有不同的属性,它们不可能存在相同的属性名。

② 类是对象的抽象,对象是类的具体实例;没有类就没有对象,没有对象也就没有类。

③ 在属性窗口中可以找到对象的全部属性,并可在那里为对象的所有属性赋值。

6. 下面有关对象的论述中,哪些是正确的? 哪些是错误的?

① 同一类型的对象具有相同的属性,但它们会具有不同的属性值。

② 类就是对象的类型,每一个对象都属于某一特定的类。

③ 对象的所有属性均可在属性窗口中设置,也均可在过程代码中设置。

7. 编写程序。如图 1-37 所示设计窗体(1 个标签和 1 个命令按钮),要求鼠标在标签和命令按钮上停留时指针形状为"手指"图标(point02.ico)并显示相应提示信息"标签"或"命令按钮",标签的背景为白色、文字居中对齐。程序运行时,单击标签,标签中显示"我是标签"，同时标签变为无效状态，而命令按钮有效且其上不显示任何内容，如图 1-38 所示；单击命令按钮，按钮上显示文字"我是按钮"，同时按钮变为无效，而标签有效且标签内容为空，如图 1-39 所示；双击窗体结束程序运行。

图 1-37　窗体设计

图 1-38　单击标签时

图 1-39　单击命令按钮时

8. 编写程序。如图 1-40 所示设计窗体（1 个标签和 2 个图形化命令按钮），要求标签文字颜色为蓝色、字体"幼圆、常规、二号"、初始状态为"不可见""隐藏"按钮 处于无效状态。程序运行时，单击"显示"按钮 ，标签出现，同时"隐藏"按钮有效，如图 1-41 所示；单击"隐藏"按钮，则标签消失且"隐藏"按钮无效，如图 1-42 所示。

图 1-40　窗体设计

图 1-41　单击"显示"按钮时

图 1-42　单击"隐藏"按钮时

第 2 章　顺序结构程序设计

本章将介绍的内容

基础部分：

- 3 种基本结构的概念；顺序结构及流程图；VB 语句书写规则；常量和变量的概念；VB 常用数据类型。
- 算术运算符与表达式；字符串连接符；数据的赋值、输入和输出。
- 文本框、图像框、消息框、输入框、计时器和滚动条的使用；设计多窗体程序。
- 数据交换、产生指定范围内的随机整数、调用 RGB 函数合成颜色。

提高部分：

- 再论窗体和常用控件：文本框、标签、命令按钮、图像框、图片框、计时器和滚动条。
- 消息框和输入框。
- 常用数据类型的进一步讨论；常用内部函数汇总；文件路径的概念。

各例题知识要点

例 2.1　顺序结构及流程图表示；常量和变量的概念；变量的定义与命名；Val 函数；Long 数据类型；文本框。

例 2.2　算术表达式。

例 2.3　赋值语句；数据交换算法；String 数据类型。

例 2.4　图像框；图像框 Stretch 属性；LoadPicture 函数。

例 2.5　字符串处理函数：UCase、LCase；文本框的 Change 事件；SetFocus 方法。

例 2.6　字符串处理函数：Mid、Left、Right；字符串连接符 &；文本框 MaxLength 属性；MsgBox 方法。

例 2.7　使用计时器实现动画；对象的 Left、Top 属性。

例 2.8　产生随机数；多窗体设计；Show 和 Hide 方法；引用其他窗体中控件的方法。

例 2.9 用文本框输入数据；使用复制/粘贴的方法快速添加控件；RGB 函数；TabStop 与 TabIndex 属性。

例 2.10 用滚动条输入数据；滚动条的 Max、Min、LargerChange、SmallChange、Value 属性；Scroll 和 Change 事件。

例 2.11 用 InputBox 函数输入数据；Double 数据类型；Format 函数。

2.1　结构化程序设计的三种基本结构

要使计算机按确定的步骤进行操作，需要通过程序的控制结构实现。计算机语言提供三种基本控制结构——顺序结构、分支结构和循环结构。使用这三种基本控制结构可以解决很多复杂的问题。

1. 顺序结构

在第 1 章中介绍的例题都是通过顺序结构实现的。顺序结构的特点是：程序按照语句在代码中出现的顺序自上而下逐条执行；顺序结构中的每一条语句都被执行，而且只能被执行一次。顺序结构是程序设计中最简单的一种结构，本章中所有例题均属于顺序结构。

2. 分支结构

分支结构的流程是根据判断项的值有条件地执行相应语句，分支结构也称选择结构。分支结构将在第 3 章介绍。

3. 循环结构

循环结构的流程是根据判断项的值有条件地反复执行程序中的某些语句。循环结构将在第 4 章介绍。

2.2　VB 语言基础

2.2.1　VB 语句的书写规则

用 VB 编写程序时，有一定的书写规则：

（1）通常一行书写一条语句，每行语句可以从任意列开始，但一行内不能超过 255 个字符。

（2）在一行内可以书写多条语句，但各语句间需使用"："分隔。例如：

```
a=3 : b=4 : c=a +b
```

（3）一条语句可以写在连续的多行上，在每行行尾处需使用续行符。续行符由一个空格和一个下画线"_"组成。

（4）不区分大小写字母。

对于初学者建议每行只写一条语句，每行语句的起始位置应根据需要适当缩进，同时在程序的关键地方可增加注释，这对读懂程序和调试程序很有帮助。本书中的所有程序均采用上述规范格式书写。

2.2.2 常量、变量及变量定义

【例 2.1】 在窗体上添加 5 个标签、1 个文本框和 1 个命令按钮，如图 2-1 所示。程序运行时，在文本框中输入青蛙只数后，单击"计算"按钮，则计算出所有青蛙的眼睛及腿的数量，分别显示在对应的标签中，如图 2-2 所示。

图 2-1 例 2.1 的界面设计

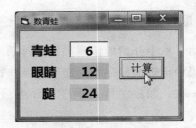

图 2-2 单击"计算"按钮后

【解】 在窗体上添加所需控件后，按照表 2-1 给出的内容设置各对象的属性。

表 2-1 例 2.1 对象的属性值

对 象	属性名	属性值	作 用
窗体	Caption	数青蛙	窗体的标题
文本框	（名称）	TxtNum	文本框的名称
	Alignment	2-Center	文字居中对齐
	Font	微软雅黑、粗体、四号	文字的字体、字形、大小
	Text	（置空）	文本框中显示的内容
标签 1、2、3	Caption	青蛙、眼睛、腿	各标签上显示的内容
	Font	微软雅黑、粗体、四号	标签中文字的字体
标签 4、5	（名称）	LblEye、LblLeg	标签的名称
	Alignment	2-Center	文字居中对齐
	BackColor	绿色、天蓝色	各标签的背景色
	Caption	（置空）	标签上显示的内容
	Font	微软雅黑、粗体、四号	文字的字体、字形、大小

对　象	属性名	属性值	作　　用
命令按钮	（名称）	CmdCal	命令按钮的名称
	Caption	计算	命令按钮上的标题

程序代码如下：

```
Private Sub CmdCal_Click()
    Dim n As Long              '定义长整型变量 n,用于存放用户输入的青蛙只数
    Dim t As Long              '定义长整型变量 t,用于存放计算结果
    n=Val(TxtNum.Text)         '将文本框 TxtNum 中的数字字符串转换成数值后赋给变量 n
    t=2 * n                    '计算 n 的 2 倍数,结果放在变量 t 中
    LblEye.Caption=t           '将变量 t 中的结果显示在标签 LblEye 中
    t=4 * n                    '计算 n 的 4 倍数,结果再次放在变量 t 中
    LblLeg.Caption=t           '将变量 t 中的结果显示在标签 LblLeg 中
End Sub
```

程序说明：

（1）添加文本框。文本框控件在工具箱中的图标是 $\boxed{\text{abl}}$,常用于数据的输入、编辑或显示。

（2）本例题中同时使用了文本框和标签两种控件,二者在使用上既有相同之处,也有不同之处。文本框和标签都可以用于显示信息,但文本框还可以实现输入和编辑文本的功能。程序运行时,用户通过单击文本框可以直接在框内输入文本或对框内已有文本进行编辑,同时框内的文本将作为字符串保存到文本框的 Text 属性中,而标签则只能用于数据的显示。在本例题中,因为青蛙的只数需要由用户输入,所以采用了文本框控件,而用于显示说明信息及计算结果的控件选用的则是标签。在文本框中输入或显示的数据均以字符串的形式存于其 Text 属性中。例如,当用户在文本框中输入 6 后,文本框的 Text 属性值就是字符串"6",而不是数值 6。注意：标签的显示信息则是由其 Caption 属性决定。

（3）Val 是 VB 提供的内部函数,其功能是将数字字符串转换成对应的数值(有关内部函数将在 2.6.4 节中介绍),如 Val("123")的值为 123。语句 n= Val(TxtNum. Text)的作用是将文本框 TxtNum 中的数字字符串转换为数值(去掉双引号),并赋值给变量 n。执行语句 LblEye. Caption= t 时,系统先将 t 中的值自动转化为数字字符串,然后再赋给标签 LblEye 的 Caption 属性。数据赋值方法将在 2.3 节介绍。

（4）代码中出现的整数 2 和 4 代表固定的数值,在整个程序运行过程中其值始终不会发生改变,称为常量。

（5）代码中出现的 n 和 t,在程序运行过程中它们的值随时变化。例如,程序运行时,用户在文本框中输入 6 并单击"计算"按钮后,n 中的值为 6,执行语句 t= 2 * n 后,t 中的值为 12,所以绿色标签中显示 12;继续执行语句 t= 4 * n 后,t 中的值变为 24,因此天蓝色标签中显示 24。如果再次运行程序,并在文本框中输入 5,则单击"计算"按钮后,n 中的值为 5,执行语句 t= 2 * n 后,t 的值为 10,而执行语句 t= 4 * n 后,t 的值又变为

20。这种在程序运行过程中,其值可以改变的量称为变量。变量的命名规则如下:

① 变量名必须由字母、数字和下画线组成,且以字母开头,其中不能含有小数点和空格等字符。例如,answer、b1、x_3 等是合法的变量名,而 x.y(含小数点)、x-3(含减号)、my program(含空格)和 2ab(数字开头)等都是不合法的变量名。

② 变量名中的字符个数不能超过 255 个。

③ 不能使用 VB 的保留字作为变量名。VB 的保留字是指 VB 已定义的语句、函数名和运算符名等,如 End、Val、Dim。

为了增加程序的可读性,变量名应尽可能简单明了、见名知意。例如,用于存放最大值的变量可用 max,而存放最小值的变量可用 min。

(6) 变量就像一个存放"物品"的容器,而"物品"就是数据。一个变量只能存放一个数据,向变量中存放数据的操作称为赋值。可以给同一个变量多次赋值,但每进行一次赋值操作后,变量中原有的数据就会被新数据所替代,因此变量中存放的总是最后一次赋予它的值。在 VB 中,未经赋值的变量,其默认值为 0。

容器有类型和大小之分,在使用时应根据存放物品的种类及数量多少进行适当选择。类似地,变量也有类型和大小之分。根据变量中所能存放数据的种类不同,可将变量分为整型、实型和字符型等多种类型(数据类型的详细说明见 2.6.3 节)。语句 Dim n As Long 的作用是:定义一个变量 n,其类型为 Long(长整型),用于存放整数。Long 类型的变量在内存中占用 4 个字节,可存放 $-2\ 147\ 483\ 648 \sim 2\ 147\ 483\ 647(-2^{31} \sim 2^{31}-1)$ 范围内的整数。程序运行时,假设用户在文本框中输入 4 500 000 000,则单击"计算"按钮后将弹出错误提示框。这是因为在执行语句 n= Val(TxtNum.Text)时,因 4500000000 超出了变量 n 所能容纳的数值范围而导致"溢出"。同理,语句 Dim t As Long 的作用是:定义长整型变量 t,用于存放[$-2147483648,2147483647$]范围内的一个整数。

VB 中并不强制要求所有的变量都要进行定义,但在此建议在使用变量前先进行定义,以利于程序的后续调试与维护。

(7) CmdCal_Click 事件过程中含有 7 条语句,当程序执行此过程时将从第一条语句开始,由上到下按顺序逐条执行,因此是顺序结构。在编写代码时,各语句书写位置应符合逻辑顺序。例如,将 7 条语句的顺序改写成以下形式是错误的。

```
Dim n As Long
Dim t As Long
t=2 * n
LblEye.Caption=t
t=4 * n
LblLeg.Caption=t
n=Val(TxtNum.Text)
```

为便于理解,给出 CmdCal_Click 事件过程的流程图,如图 2-3 所示。在程序流程图中,开始和结束

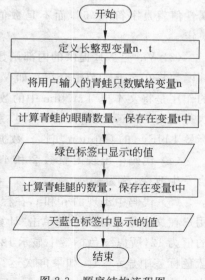

图 2-3 顺序结构流程图

框用圆角矩形表示,输入输出框用平行四边形,处理框用矩形,各框之间的流程则用带箭头的流程线表示。在编写较复杂程序时,应根据对问题的分析,先精心设计流程图,然后再严格按流程图所表示的算法编写程序。由于本书中的程序示例较简单,所以只提供部分代码的流程图。

2.2.3 算术运算符与表达式

1. 算术运算符

VB 中提供的算术运算符有 8 个,如表 2-2 所示。

表 2-2　算术运算符

运算符	含　义	举　例
+	加	5+3.2 的结果为 8.2
-	减	15-5.0 的结果为 10.0
*	乘	2.5 * 3 的结果为 7.5
/	除	1/2 的结果为 0.5
\	整除	1\2 的结果为 0
Mod	求余	6 Mod 4 的结果为 2
-	负号	-12.3
^	乘方	2^3 的结果为 8

说明:

(1) VB 中的"+""-"" * ""/"作用与数学中的"+""-""×""÷"相对应。

(2) "\"与"/"的区别是:"\"用于整数除法,结果为商的整数部分。在进行整除时,如果参加运算的数据含有小数部分,则先按四舍五入的原则将它们转换成整数后,再进行整除运算。如 17\3=5,18\3.5=4;而 17/3=5.66666666666666。

(3) 使用算术运算符时应注意:运算符左右两边的操作数应是数值型数据,如果是数字字符或逻辑型数据,需要将它们先转换成数值型数据后,再进行算术运算。如"10"+10 的值为 20,True-4 的值为-5(在 VB 中,True 对应数值-1,False 对应数值 0)。

在进行算术运算时不要超出数据取值范围,对于除法运算,应保证除数不为零。

2. 算术表达式

由算术运算符、小括号和运算对象(包括常量、变量、函数、对象等)组成,且符合 VB 语法规则的表达式称为算术表达式,如 2^3+(a mod 7) * 3。由于一个算术表达式中可以有多个运算符,所以在求解算术表达式时,要注意运算的先后顺序。算术运算符的优先级如下:

$$^\land \quad -（负号）\quad *、/ \quad \backslash \quad \text{Mod} \quad +、-$$
高 ———————————————————————————————→ 低

表 2-3 给出了算术表达式的计算过程。

表 2-3 算术表达式的计算过程

算术表达式	运 算 过 程	单步执行后的结果	算术表达式的值
$18\backslash3*5$ Mod 8	第一步：$3*5$	15	1
	第二步：$18\backslash15$	1	
	第三步：1 Mod 8	1	
$((4+(-2)*3)/4)^\land a$（假设 a 的值为 2）	第一步：$(-2)*3$	-6	0.25
	第二步：$(4+(-6))$	-2	
	第三步：$(-2)/4$	-0.5	
	第四步：$(-0.5)^\land2$	0.25	

说明：

（1）算术表达式中所使用的变量必须有确定的值。

（2）在 VB 中，多层表达式可采用嵌套小括号形式，不能使用数学中的中括号和大括号。

（3）为了保证数据的运算结果不超过数据范围，运算之前先正确估计结果的取值范围，并选择合适的数据类型。

【例 2.2】 将 $\dfrac{\pi}{a^2+\sqrt{b}}$ 数学式改写成 VB 的算术表达式。

【解】 VB 的算术表达式为 $3.14159/(a^\land2+\text{Sqr}(b))$，其中 Sqr 是系统提供的求平方根函数。

说明：

（1）在 VB 表达式中，不能出现 π，必须根据所需的精度用 3.14159 或 3.14 等常量表示。

（2）在 VB 中用嵌套的()代替数学中的{ }、[ ]，在$(a^\land2+\text{Sqr}(b))$中的小括号不能省略，而且要成对匹配。

2.3 数 据 赋 值

在前面已经使用过数据赋值语句，例如 n= Val(TxtNum. Text)，下面再看一些例子。

【例 2.3】 在窗体上添加 2 个标签和 1 个命令按钮，如图 2-4 所示。程序运行时，单击"交换"按钮则将两个标签中的内容进行交换，如图 2-5 所示。

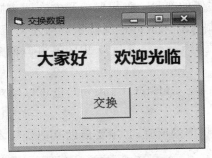

图 2-4 例 2.3 的界面设计

图 2-5 单击"交换"按钮后

【解】 在窗体上添加所需控件后,按照表 2-4 给出的内容设置各对象的属性。

表 2-4 例 2.3 对象的属性值

对　象	属性名	属性值	作　用
窗体	Caption	交换数据	窗体的标题
标签 1、2	(名称)	LblStr1、LblStr2	标签的名称
	Alignment	2-Center	文字居中对齐
	BackColor	黄色	标签背景为黄色
	Caption	大家好、欢迎光临	标签中显示的信息
	Font	微软雅黑、粗体、三号	标签的字体、字形、字号
命令按钮	(名称)	CmdSwap	命令按钮的名称
	Caption	交换	命令按钮上的标题

程序代码如下:

```
Private Sub CmdSwap_Click()
    Dim t As String              '定义字符串类型变量 t,用于存放字符串数据
    t=LblStr1.Caption            '将 LblStr1 中的内容赋值给临时变量 t
    LblStr1.Caption=LblStr2.Caption  '将 LblStr2 中的内容赋值给 LblStr1
    LblStr2.Caption=t            '将 t 中的内容赋值给 LblStr2
End Sub
```

程序说明:

(1) 语句 Dim t As String 定义了 t 是字符型变量,它只能用于存放字符串。字符串是指用双引号括起来的一串字符,可以包含所有的西文字符、数字和汉字。

(2) 在本例题和前面的程序示例中都使用到一个最基本的语句:赋值语句。赋值语句的一般形式是

[Let] 变量名=表达式

其中 Let 表示赋值,通常省略。"="称为赋值号。赋值语句的执行过程是:先计算

赋值号右侧表达式的值,然后把计算结果赋给左侧的变量。如果赋值号左右两边同为数值型(如整型、实型),仅其精度不同,则系统强制将右侧值的精度转换成与左侧值相同。例如,若有定义语句 Dim x As Long,则执行赋值语句 x= 2.6 后,x 中的值为 3(四舍五入后的结果)。

(3)赋值语句既可以给普通的变量赋值(如 t= LblStr1. Caption),也可以给对象的属性赋值(如 LblStr2. Caption= t)。

(4)通过本例代码,可以知道在交换两个变量中的值时,必须要借助其他变量才能完成,不能简单写成 a= b : b= a。

(5)下列语句不是合法的赋值语句:

x +y=a(原因:赋值号左边不是变量,而是表达式)

假设变量 a 为 Long 类型,a= ""(原因:数据类型不匹配)。

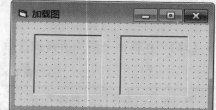

图 2-6　例 2.4 的界面设计

【例 2.4】　在窗体上添加 2 个图像框,如图 2-6 所示。运行程序时,鼠标在某图像框上移动时该图像框加载相应图片,而另一图像框卸载图片,如图 2-7 和图 2-8 所示。

图 2-7　鼠标在左侧图像框上时

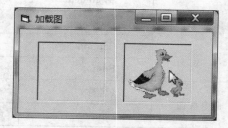

图 2-8　鼠标在右侧图像框上时

【解】　图像框控件在工具箱中的图标是 ▦。在窗体上添加所需控件后,按照表 2-5 给出的内容设置各对象的属性。

表 2-5　例 2.4 对象的属性值

对　象	属性名	属性值	作　用
窗体	Caption	加载图	窗体的标题
图像框 1、2	(名称)	ImgCock、ImgDuck	图像框名称
	BorderStyle	1-Fixed Single	设置边框样式
	Stretch	True	图片自动调节大小

使用图像框或图片框可以显示图片,本例题使用了图像框。根据题意,应在各图像框的 MouseMove 事件中编写程序代码,由于其代码类似,下面只给出图像框 ImgCock 的 MouseMove 事件过程,程序代码如下:

```
Private Sub ImgCock_MouseMove(Button As Integer, Shift As Integer, X As
```

```
Single, Y As Single)
    ImgCock.Picture=LoadPicture("cock.gif")        '加载图
    ImgDuck.Picture=LoadPicture("")                '卸载图
End Sub
```

程序说明：

(1) 可以显示在图像框控件中的图形文件有位图文件(.bmp)、图标文件(.ico)、GIF文件(.gif)、压缩位图文件(.jpg)和 Windows 图元文件(.wmf)等。

(2) 图像框的 Stretch 属性用于确定图像框与加载图片之间的匹配方式,值为 True时,所加载的图片能自动调节大小以适应图像框的尺寸;当值为 False(默认值)时,图像框将自动调节大小以适应图片的尺寸。

(3) 语句 ImgCock.Picture= LoadPicture("cock.gif")的作用是在图像框 ImgCock中加载当前文件夹中的 cock.gif 图片。若 cock.gif 文件本身存放于其他位置,如"D:\MyPath"路径,则需将语句改写为 ImgCock.Picture= LoadPicture("D:\MyPath\cock.gif")。

(4) 语句 ImgDuck.Picture= LoadPicture("")的作用是在图像框 ImgDuck 中加载一个空文件,即卸载其原有图片。

(5) 若将语句 ImgCock.Picture = LoadPicture("cock.gif")改写成 Picture = LoadPicture("cock.gif"),则图片被加载到窗体上。这是因为在给对象属性赋值时,若省略对象名,则系统默认为窗体。

2.4 数 据 输 出

用计算机解决问题后,应将处理结果显示给用户,这就需要进行数据的输出操作。前面介绍的用标签或文本框显示计算结果、在图像框中显示图片等均属于数据输出操作。下面再举几个数据输出的应用实例。

2.4.1 用标签输出数据

【例 2.5】 在窗体上添加 3 个标签、1 个文本框和 1 个命令按钮。运行程序,在文本框中输入字符串时,立即在黄色标签中同步显示该字符串,并将其中的所有小写字母转换成对应的大写字母,如图 2-9 所示;单击"清除"按钮,清空文本框和标签中的原有内容,并将光标置于文本框中。

【解】 在窗体上添加所需控件后,按照表 2-6 给出的内容设置各对象的属性。

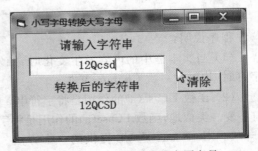

图 2-9 小写字母转换成大写字母

表 2-6　例 2.5 对象的属性值

对　象	属性名	属性值	作　用
窗体	Caption	小写字母转换大写字母	窗体的标题
文本框	(名称)	TxtIn	文本框的名称
	Alignment	2-Center	居中对齐
	Font	宋体、常规、小四	文字的字体、字形、字号
	Text	(置空)	文本框中显示的内容
标签 1	Caption	请输入字符串	标签的标题
标签 2	Caption	转换后的字符串	标签的标题
标签 3	(名称)	Lb1Out	标签的名称
	Alignment	2-Center	居中对齐
	BackColor	黄色	标签背景颜色
	Font	宋体、常规、小四	文字的字体、字形、字号
	Caption	(置空)	标签的标题
命令按钮	(名称)	CmdCls	命令按钮的名称
	Caption	清除	命令按钮上的标题

程序代码如下：

```
Private Sub TxtIn_Change()
    Dim x As String
    x=UCase(TxtIn.Text)          '将文本框中所有字母转换成大写
    LblOut.Caption=x
End Sub


Private Sub CmdCls_Click()
    TxtIn.Text=""
    LblOut.Caption=""
    TxtIn.SetFocus               '设置焦点
End Sub
```

程序说明：

（1）当文本框中的内容发生变化时，触发文本框的 Change 事件，每输入或删除一个字符时，均触发一次 Change 事件。

（2）函数 UCase(a) 的作用是将字符串 a 中的所有字母转换成对应的大写字母，其他字符不变。类似地，函数 LCase(a) 的作用是将字符串 a 中的所有字母转换成对应的小写字母。

（3）SetFocus 是 VB 提供的一个方法。语句 TxtIn.SetFocus 的作用是将光标定位到文本框 TxtIn 上（使文本框成为焦点），以方便用户在文本框中直接输入（无须再单击选中文本框）。与事件相似，VB 中的每一个对象都具有自己的方法集，一个方法实现一个具体的功能。调用对象的一个方法,实际上就是调用系统提供的一个特殊过程(将在第 5 章中介绍)。用户并不需要了解这个方法是如何实现的,只需事先知道该方法的具体功能并按照一定的调用格式去调用即可。方法只能在代码中调用,其调用格式为:

　　[对象名.]方法名 [参数表]

注意区分属性赋值与方法调用的语句格式。

　　属性赋值:

　　[对象名.]属性名=属性值

　　方法调用:

　　[对象名.]方法 [参数表]

　　当在程序代码中通过语句给对象属性赋值时,必须给出确定的属性值,并且通过赋值运算符"="将属性值赋予对象的相应属性;而在调用对象的方法时,参数表不是必选项,有些方法不需要参数,并且在方法名和参数表之间必须使用空格加以分隔。

2.4.2　用消息框输出数据

　　【例 2.6】　在窗体上添加 1 个标签、1 个文本框和 1 个命令按钮。程序运行时,在文本框中输入 18 位身份证号码后单击"推算生日"按钮(如图 2-10 所示),弹出如图 2-11 所示的消息对话框显示生日信息。

图 2-10　输入身份证号码

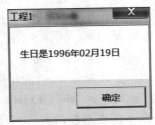

图 2-11　消息对话框

　　【解】　在窗体上添加所需控件后,按照表 2-7 给出的内容设置各对象的属性。

表 2-7　例 2.6 对象的属性值

对　象	属性名	属性值	作　用
窗体	Caption	推算生日	窗体的标题
标签	Caption	请输入身份证号	标签中显示的信息
文本框	(名称)	TxtID	文本框的名称
	Alignment	2-Center	文字居中对齐
	MaxLength	18	最多字符个数
	Text	(置空)	文本框中显示的内容

对　象	属性名	属性值	作　用
命令按钮	（名称）	CmdCal	命令按钮的名称
	Caption	推算生日	命令按钮上的标题

程序代码如下：

```
Private Sub CmdCal_Click()
    Dim y As String
    Dim m As String
    Dim d As String
    Dim s As String
    y=Mid(TxtID.Text, 7, 4)          '从身份证号中提取出生年份
    m=Mid(TxtID.Text, 11, 2)         '从身份证号中提取出生月份
    d=Mid(TxtID.Text, 13, 2)         '从身份证号中提取出生日期
    s="生日是" & y & "年" & m & "月" & d & "日"
    MsgBox s                          '弹出消息框,其中显示变量 s 中的数据
End Sub
```

程序说明：

（1）文本框的 MaxLength 属性用来设置文本框中允许输入的最大字符数，默认值为 0，表示可以输入任意长度的字符串。本例中设置文本框的 MaxLength 属性值为 18，限制用户输入的字符个数最多不超过 18 位。

（2）代码中使用 Dim 语句分别定义了 4 个字符型变量 y、m、d、s。上述 4 条 Dim 语句也可简写为：Dim y As String, m As String, d As String, s As String。在一条 Dim 语句中可以同时定义多个变量，但注意不能写成：Dim y, m, d, s As String。

（3）函数 Mid(a,m,n)的作用是从字符串 a 中的第 m 个位置开始截取连续的 n 个字符。执行语句 y= Mid(TxtID. Text，7，4)后，变量 y 中的值为字符串"1996"（根据图 2-10 所示的文本框内容）。类似地，函数 Left(a,n)的作用是从字符串 a 的左边截取连续的 n 个字符；函数 Right(a,n)的作用是从字符串 a 的右边截取连续的 n 个字符。

（4）& 是 VB 中的字符串运算符，其作用是将两个字符串进行连接。如"My" & "Name"的结果为"MyName"，"123" & "456"的结果为字符串"123456"。需要注意的是，运算符 & 与其前、后两个运算对象间必须用空格隔开。此外，还应注意区分"a"与 a 的不同，它们是两个不同的对象，有着不同的含义。"a"是一个字符串常量，它的值是固定的，即由一个小写字母 a 构成的字符串；而 a 是一个变量名，它的值是不定的，由存放在它里面的数据决定。假设变量 a 中当前存放的数据是字符串"abc"，则 a 的值就是字符串"abc"，此时"123" & a 的值就是"123abc"，而"123" & "a" 的值则是"123a"。

VB 中常用字符串处理函数介绍参见 2.6.4 节。

（5）语句 MsgBox s 的作用是弹出消息框，并在其中显示变量 s 中的字符串。其中 MsgBox 是 VB 提供的一个方法，其功能是弹出消息框。通过为 MsgBox 方法设置不同的参数，可以弹出如图 2-12 所示的带有不同图标及命令按钮的消息框。此外，VB 中还提

供了 MsgBox 函数,该函数返回用户在消息框中所单击命令按钮的相应代码,从而可将其作为继续执行程序的依据。MsgBox 方法及函数的详细介绍参见 2.6.2 节。

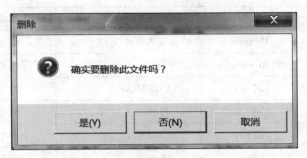

图 2-12　带有图标及 3 个命令按钮的消息框

2.4.3　用图像框输出图形数据

【例 2.7】　在窗体上添加 1 个计时器、1 个图像框和 2 个命令按钮,如图 2-13 所示。程序运行时,单击"开始"按钮,汽车向前行驶;单击"停止"按钮,汽车停止行驶。

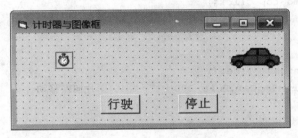

图 2-13　例 2.7 的界面设计

【解】　编程点拨:

实现小车向前行驶的思路是:每隔 0.1s,将显示小车的图像框向窗体左边水平移动一定距离。由于小车移动的时间间隔很短,因而感觉它在连续前进。

计时器控件在工具箱中的图标是 ⏱。在窗体上添加所需控件后,按照表 2-8 给出的内容设置各对象的属性。

表 2-8　例 2.7 对象的属性值

对　　象	属性名	属性值	作　　用
窗体	Caption	计时器与图像框	窗体的标题
计时器	(名称)	TmrMove	计时器的名称
	Enabled	False	关闭计时器
	Interval	100	计时器的时间间隔

对　象	属性名	属性值	作　用
图像框	（名称）	ImgCar	图像框的名称
	Picture	所选图片文件	加载图片
	Stretch	True	图片自动调节大小
命令按钮1	（名称）	CmdMove	命令按钮的名称
	Caption	行驶	命令按钮的标题
命令按钮2	（名称）	CmdStop	命令按钮的名称
	Caption	停止	命令按钮的标题

程序代码如下：

```
Private Sub CmdMove_Click()
    TmrMove.Enabled=True            '启动计时器
End Sub


Private Sub CmdStop_Click()
    TmrMove.Enabled=False           '关闭计时器
End Sub


Private Sub TmrMove_Timer()
    ImgCar.Left=ImgCar.Left-100     '图片向左移动
End Sub
```

程序说明：

（1）在图像框中加载图片时，一定要确保选中图像框后再设置其 Picture 属性，否则有可能误将图片加载到窗体。为了删除窗体上的图片，应单击窗体并在其属性窗口中选中其 Picture 属性值（如（Bitmap）），然后按 Delete 键删除。

（2）计时器的功能是：每隔指定的时间间隔，自动触发执行 Timer 事件，其中时间间隔由 Interval 属性设定，单位为毫秒。Interval 属性的默认值是 0，此时计时器无效，通常情况下应修改此属性值。Interval 属性值越小，触发执行 Timer 事件的频率越快，动画效果越逼真。在本例题中，设置计时器的 Interval 属性值是 100（即 0.1s），因此每隔 0.1s 自动执行一次 Timer 事件。

（3）在程序运行阶段，计时器控件不可见。

（4）在计时器的 Timer 事件中，执行语句 ImgCar.Left= ImgCar.Left −100，使图像框的 Left 属性（该属性表示图像框左边界与窗体左边界的距离）值每隔 0.1s 减少 100，以此实现图像框向左移动 100 个 twip（长度单位，1twip=1/1440 英寸）。

语句 ImgCar.Left= ImgCar.Left ＋ 100 使图像框向右移动；语句 ImgCar.Top= ImgCar.Top ＋ 100 使图像框向下移动；语句 ImgCar.Top= ImgCar.Top － 100 使图像框向上移动。图像框的 Top 属性表示图像框上边界与窗体上边界的距离。

请思考：如何使图像框向窗体左上角移动？

图像框的移动操作也可以使用 Move 方法，将语句 ImgCar. Left＝ ImgCar. Left － 100 改为 ImgCar. Move ImgCar. Left －100，其效果完全相同。

（5）通过 Enabled 属性可以设定计时器是否工作。值为 True 时，表示开启计时器，每到指定的时间间隔自动执行 Timer 事件；值为 False 时，表示关闭计时器，计时器不起作用。本例题中，单击"行驶"按钮时开启计时器；而单击"停止"按钮时关闭计时器。

（6）本例中，小车从窗体左侧移出后，将一去不返。为了实现小车在窗体中从左向右循环移动，需要用到第 3 章的知识，相关内容参见例 3.4。

2.4.4 用窗体输出数据

【例 2.8】 在窗体 1 上添加 1 个标签和 2 个命令按钮；在窗体 2 上添加 1 个图像框、1 个标签和 2 个命令按钮。程序运行时，单击"产生号牌"按钮，随机产生"京 B"开头的出租汽车号牌并显示在上面的标签中，如图 2-14 所示；单击"确认"按钮，切换到图 2-15 所示的第 2 个窗体，显示悬挂号牌后的出租汽车；单击"返回"按钮，返回至第 1 个窗体；单击"退出"按钮，结束整个程序的运行。

图 2-14 窗体 1 中单击"产生号牌"按钮后　　　图 2-15 窗体 2 中显示悬挂号牌后的出租汽车

【解】 添加 2 个窗体及所需控件后，按照表 2-9 给出的内容修改和设置各对象的属性。

表 2-9 例 2.8 对象的属性值

对　象	属性名	属性值	作　用
窗体 1	（名称）	Form1	窗体 1 的名称
	Caption	产生出租车号牌	窗体 1 的标题
标签	（名称）	LblCode	标签的名称
	Alignment	2-Center	居中对齐
	Caption	（置空）	标签中显示的信息
	Font	微软雅黑、粗体、三号	字体、字形、字号

对　象	属性名	属性值	作　用
命令按钮1、2	（名称）	CmdCode、CmdOk	命令按钮的名称
	Caption	产生号牌、确认	命令按钮上的标题
窗体2	（名称）	Form2	窗体2的名称
	Caption	效果图	窗体2的标题
图像框	（名称）	ImgTaxi	图像框名称
	Picture	出租车图片	图像框中显示的图片
	Stretch	True	调整图片大小以适应图像框
标签	（名称）	LblShow	标签的名称
	Alignment	2-Center	标签对齐方式
	BackColor	蓝色	标签背景颜色
	Caption	（置空）	标签中显示的内容
	Font	微软雅黑、常规、小四	字体、字形、字号
命令按钮1、2	（名称）	CmdBack、CmdExit	命令按钮的名称
	Caption	返回、退出	命令按钮上的标题

窗体1中的程序代码如下：

```
Private Sub CmdCode_Click()
    Dim a As Long
    Randomize                          '初始化随机数生成器
    a=Int(Rnd * 90000)+10000           '产生[10000,99999]范围内的随机整数
    LblCode.Caption="京 B " & a
End Sub


Private Sub CmdOk_Click()
    Form1.Hide                         '隐藏窗体1
    Form2.Show                         '显示窗体2
    Form2.LblShow.Caption=LblCode.Caption      '为窗体2中的标签赋值
End Sub
```

窗体2中的程序代码如下：

```
Private Sub CmdBack_Click()
    Form2.Hide
    Form1.Show
End Sub


Private Sub CmdExit_Click()
```

```
    End
End Sub
```

程序说明：

（1）一个工程中可以含有多个窗体，本例就属于多窗体操作。通过以下 3 种方法可以在工程中添加新的窗体。

① 执行"工程"|"添加窗体"命令。

② 单击工具栏中的"添加窗体"按钮 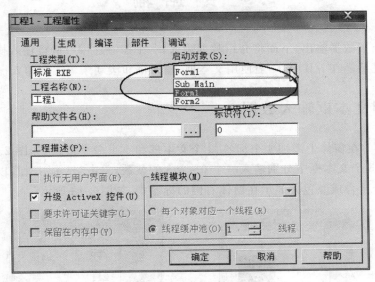。

③ 在工程资源管理器的空白位置右击，执行快捷菜单中的"添加"|"添加窗体"命令。

（2）程序运行时，第一个显示在屏幕上的窗体称为"启动窗体"。默认情况下，系统将第一个创建的窗体视为启动窗体。通过"工程"|"属性"命令，可以打开如图 2-16 所示的对话框，在"启动对象"下拉列表中人为设定启动窗体。

图 2-16　设置启动窗体

（3）本例中使用了系统提供的 Rnd 函数和 Int 函数，其中 Rnd 函数的功能是产生一个 $(0,1)$ 范围内的随机小数。Int(x) 的功能是求不超过 x 的最大整数，如 Int(2.6) 的值为 2，而 Int(-2.6) 的值为 -3。表达式 Int（Rnd ＊ 90000）＋10000 的值是一个 $[10000, 99999]$ 范围内的随机整数。该表达式的执行顺序如下：

① Rnd 产生开区间 $(0,1)$ 内的随机数，该数为实数；

② Rnd ＊ 90000 产生开区间 $(0,90000)$ 内的实数；

③ Int（Rnd ＊ 90000）产生闭区间 $[0,89999]$ 内的整数；

④ Int（Rnd ＊ 90000）＋10000 产生闭区间 $[10000,99999]$ 内的整数，即 5 位整数。

产生指定范围 $[M,N]$ 内随机整数的方法是：Int（Rnd ＊ $(N-M+1)$）＋M。

（4）语句 Randomize 的作用是初始化随机数生成器。每次运行程序时会产生不同的随机数序列。为了了解 Randomize 的作用，不妨将该语句改为注释，然后再多次单击"产生号牌"按钮，可以看到每次运行程序时所产生的随机数序列相同。

（5）Show 和 Hide 是窗体的两个方法。Show 的作用是将窗体调入到内存并显示出来，而 Hide 的作用是暂时将窗体隐藏起来。通过 Show 和 Hide 方法可以实现不同窗体之间的切换。

（6）在一个窗体中引用另一窗体上的控件时，必须要连同该控件所在的窗体名一起表示。例如，在 Form1 窗体中，单击"确认"按钮时，为了将标签 LblCode 中显示的内容赋给 Form2 窗体上的标签 LblShow，语句必须写成 Form2. LblShow. Caption＝ LblCode. Caption，不能省略 LblShow 所在的窗体名 Form2。

（7）在多窗体程序中，一个窗体对应一个窗体文件，在保存时需分别保存各窗体，而工程文件则只需保存一个。

2.5 数据输入

前面介绍了数据输出，下面将介绍数据输入，一个能够让用户进行输入操作的程序应用起来更加灵活。在 VB 中，一般使用文本框、输入框和滚动条等实现输入操作。

2.5.1 用文本框输入数据

【例 2.9】 在窗体上添加 4 个标签、3 个文本框和 1 个命令按钮，如图 2-17 所示。程序运行时，在 3 个文本框中分别输入一个 0～255 的整数，单击"显示"按钮，以输入值作为红、绿、蓝三分量合成颜色并显示在窗体右侧的标签中，如图 2-18 所示。

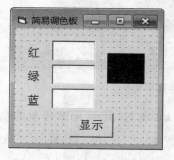
图 2-17 例 2.9 的界面设计

图 2-18 单击"显示"按钮后

【解】 在窗体上添加所需控件后，按照表 2-10 给出的内容设置各对象的属性。

表 2-10 例 2.9 对象的属性值

对　象	属性名	属性值	作　用
窗体	Caption	简易调色板	窗体的标题
文本框 1,2,3	（名称）	TxtR、TxtG、TxtB	文本框的名称
	Alignment	2-Center	文本框对齐方式

对　象	属性名	属性值	作　　用
文本框1,2,3	TabIndex	0、1、2	焦点移动顺序
	TabStop	True	可通过 Tab 键选中
	Text	（置空）	文本框中显示的内容
标签1,2,3	Caption	红、绿、蓝	标签的标题
标签4	（名称）	LblShow	标签的名称
	BackColor	黑色	标签的背景颜色
	Caption	（置空）	标签中显示的内容
命令按钮	（名称）	CmdShow	命令按钮的名称
	Caption	显示	命令按钮上的标题

程序代码如下：

```
Private Sub CmdShow_Click()
    Dim r As Long                           '分别存放红、绿、蓝色分量值
    Dim g As Long
    Dim b As Long
    r=Val(TxtR.Text)
    g=Val(TxtG.Text)
    b=Val(TxtB.Text)
    LblShow.BackColor=RGB(r, g, b)          '合成颜色,并赋给标签的背景色
End Sub
```

程序说明：

（1）通过复制/粘贴的方法可以在窗体中快速复制具有相同外观的控件。以本例题中的文本框为例,首先在窗体中添加第 1 个文本框并设置好其相关属性,随后选中该文本框并依次单击工具栏中的"复制"和"粘贴"按钮,此时将弹出如图 2-19 所示的对话框,选择"否"按钮,在窗体左上角产生一个外观完全相同的文本框,将其移动到合适位置并修改"（名称）"属性为 TxtG 即可；多次执行"粘贴"操作,则可产生外观相同的多个文本框。

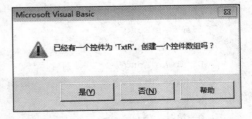

图 2-19　单击"粘贴"按钮时打开的对话框

（2）当控件的 TabStop 属性值为 True 时,表示在程序运行中可以通过 Tab 键选定它,值为 False 时则不能。通常,TabStop 与 TabIndex 属性一起使用。TabIndex 属性用于设置对象响应 Tab 键的顺序,其值从 0 开始。本例题中,将 3 个文本框的 TabStop 属性设置成 True,且将它们的 TabIndex 属性值依次设置为 0、1、2,其目的是在程序运行过程中,通过按 Tab 键,使光标（焦点）依次在 3 个文本框上跳转。

（3）RGB 是根据红、绿、蓝三原色产生合成色的处理函数。其格式为

```
RGB(red,green,blue)
```

其中，red、green、blue 是 RGB 函数的参数，其取值范围均是 0～255，代表红、绿、蓝三原色的成分。RGB(0，0，0)表示黑色，RGB(255，255，255)表示白色。

2.5.2 用滚动条输入数据

【例 2.10】 修改例 2.9，将 3 个文本框改为水平滚动条，如图 2-20 所示。程序运行时，通过拖动滚动条输入红、绿、蓝三原色的值。单击"显示"按钮，在窗体右侧的标签中显示合成的颜色。

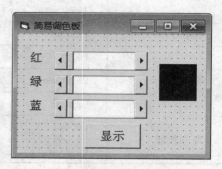

图 2-20 用滚动条输入数据

【解】 水平滚动条控件在工具箱中的图标是。在窗体上添加所需控件后，按照表 2-11 给出的内容设置滚动条的属性。

表 2-11 例 2.10 对象的属性值

对　象	属性名	属性值	作　用
水平滚动条 1～3	（名称）	HsbR、HsbG、HsbB	滚动条名称
	LargeChange	5	单击滚动条区域时的改变量
	Max	255	滚动条最大取值
	Min	0	滚动条最小取值
	SmallChange	1	单击滚动条箭头时的改变量

程序代码如下：

```
Private Sub CmdShow_Click()
    Dim r As Long
    Dim g As Long
    Dim b As Long
    r=HsbR.Value          '滚动条滑块当前位置所代表的值
    g=HsbG.Value
    b=HsbB.Value
    LblShow.BackColor=RGB(r, g, b)
End Sub
```

程序说明：

（1）本例题中用到滚动条控件，它是 Windows 应用程序常用的窗口元素，也是浏览信息的一种有效工具。滚动条有水平滚动条和垂直滚动条两种。

（2）滚动条控件的常用属性有：

Min　滚动条的最小取值，即滑块处于滚动条最小位置时所代表的值，其默认值为 0。

Max 滚动条的最大取值,即滑块处于滚动条最大位置时所代表的值,默认值为 32 767。

本例题中,设置 3 个滚动条的 Min 属性和 Max 属性值分别为 0 和 255,这就限定了滚动条的输入范围是 0~255。注意:属性 Min 的值可以比 Max 的值大,因此也可将 Min 属性理解为代表水平滚动条的最左侧值,而 Max 代表最右侧值。

Value 滚动条滑块当前位置所代表的值,即滚动条的当前值。程序运行时,执行以下 3 种操作均可改变滚动条的 Value 属性值:

① 单击滚动条左右两端的黑色箭头;

② 单击滑块与黑色箭头间的白色区域;

③ 直接拖动滚动条滑块。

SmallChange 单击滚动条左右箭头时,Value 值的改变量。

LargeChange 单击滚动条白色区域时,Value 值的改变量。

(3) 滚动条控件响应的主要事件有:

Scroll 事件 用鼠标直接拖动滚动条滑块时触发。

Change 事件 滚动条 Value 属性值发生变化时触发。

由此可知,在前述 3 种改变滚动条 Value 值的操作中,都会触发 Change 事件,而只有其中的"直接拖动滚动条滑块"操作才触发 Scroll 事件。只要发生了 Scroll 事件,就一定也产生 Change 事件。

(4) 如修改程序,将"显示"命令按钮删除,且题目要求为:拖动滚动条时在标签中即时显示当前合成颜色,则可将程序代码修改如下:

```
Private Sub HsbB_Change()
    Dim r As Long
    Dim g As Long
    Dim b As Long
    r=HsbR.Value
    g=HsbG.Value
    b=HsbB.Value
    LblShow.BackColor=RGB(r, g, b)
End Sub

Private Sub HsbG_Change()
    Dim r As Long
    Dim g As Long
    Dim b As Long
    r=HsbR.Value
    g=HsbG.Value
    b=HsbB.Value
    LblShow.BackColor=RGB(r, g, b)
End Sub
```

```
Private Sub HsbR_Change()
    Dim r As Long
    Dim g As Long
    Dim b As Long
    r=HsbR.Value
    g=HsbG.Value
    b=HsbB.Value
    LblShow.BackColor=RGB(r, g, b)
End Sub
```

可以看到,添加了 3 个滚动条的 Change 事件。一旦某滚动条的值发生变化,就立即触发执行该滚动条的 Change 事件,在得到各滚动条的当前值后,调用 RGB 函数重新合成颜色,显示在标签中。

如果将 Change 事件改用 Scroll 事件,则移动滚动块时才可以看到合成颜色的变化情况。

2.5.3 用输入框输入数据

【例 2.11】 在窗体上添加 8 个标签、1 个图像框和 2 个命令按钮,如图 2-21 所示。程序运行时,单击“华氏转摄氏”按钮,弹出如图 2-22 所示的输入框,输入华氏温度并单击“确定”按钮后,显示温度转换结果,如图 2-23 所示。类似地,单击“摄氏转华氏”按钮,则弹出输入框输入摄氏温度,单击“确定”按钮后,在窗体右侧的标签中显示温度转换结果。

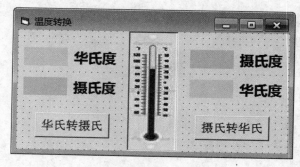

图 2-21　例 2.11 的界面设计

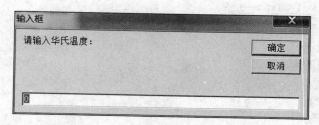

图 2-22　输入框

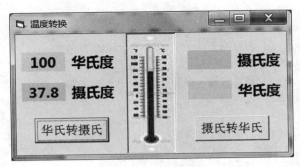

图 2-23　显示温度转换结果

【解】　在窗体上添加所需控件后,按照表 2-12 给出的内容设置各对象的属性。

表 2-12　例 2.11 对象的属性值

对　象	属性名	属性值	作　用
窗体	Caption	温度转换	窗体的标题
标签 1～4	Alignment	2-Center	文字居中对齐
	Caption	华氏度、摄氏度、摄氏度、华氏度	标签的标题
	Font	微软雅黑、粗体、四号	字体、字形、字号
标签 5～6	（名称）	LblFL、LblCL、LblCR、LblFR	标签的名称
	Alignment	2-Center	标签对齐方式
	BackColor	天蓝、绿色、绿色、天蓝	标签背景色
	Caption	（置空）	标签的显示内容
	Font	微软雅黑、粗体、四号	字体、字形、字号
图像框	BorderStyle	1-Fixed Single	边框下凹
	Picture	温度计.JPG	图像框中显示的图形
	Stretch	True	调整图形至合适大小
命令按钮 1、2	（名称）	CmdFtoC、CmdCtoF	命令按钮的名称
	Caption	华氏转摄氏、摄氏转华氏	命令按钮上的标题

程序代码如下:

```
Private Sub CmdFtoC_Click()
    Dim f As Long
    Dim c As Double                           '定义双精度实型变量 c,用于存放实数
    f=Val(InputBox("请输入华氏温度: ", "输入框", 0))    '弹出输入框
    c=5 * (f-32) / 9
    LblFL.Caption=f
    LblCL.Caption=Format(c, ".0")              '格式化输出
End Sub
```

```
Private Sub CmdCtoF_Click()
    Dim c As Long
    Dim f As Double
    c=Val(InputBox("请输入摄氏温度：","输入框",0))
    f=9 * c / 5 +32
    LblCR.Caption=c
    LblFR.Caption=Format(f, ".0")
End Sub
```

程序说明：

（1）语句 Dim c As Double 定义了 c 为双精度实型变量。Double 型变量用于存放带有小数点的实型数据，其在内存中占据 8 个字节，提供 15 位有效数字，基本上可以满足存放所有数值数据的需要，但因其存在误差而无法精确地保存数据。此外，VB 中还提供了 Single 单精度实型，该类型的变量也用于存放实型数据，具体说明参见 2.6.3 节。

（2）InputBox 函数的功能是产生输入对话框，并可以接受和返回用户所输入的信息。例如，执行语句 x= InputBox("aaa","bb","c")时，将弹出如图 2-24 所示的输入框，输入数据并单击"确定"按钮，将输入的数据以字符串形式返回给变量 x；如果单击"取消"按钮，系统返回空字符串。由于 InputBox 函数的返回值是字符串，所以本程序中需使用 Val 函数将返回的数值字符串转换成对应的整数。

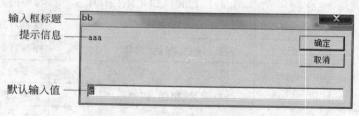

图 2-24　InputBox 函数中各参数示例

（3）在温度转换（特别是华氏转摄氏）过程中，因涉及除法操作而导致计算结果存在多位小数，语句 LblCL. Caption＝Format(c, ".0")的作用是将变量 c 中的值保留 1 位小数后显示在标签 LblCL 中。格式输出函数 Format 的具体使用方法参见 2.6.4 节。

2.6　提　高　部　分

2.6.1　窗体与常用控件的进一步介绍

到目前为止已经初步学习了有关窗体和标签、文本框、命令按钮、图像框、计时器、滚动条等控件的使用方法，下面将对它们的常用属性、事件和方法做进一步介绍。

1．窗体

1）属性

窗体除了前面介绍的属性外，还有如下常用属性：

BackColor 属性　设置窗体的背景颜色，可在弹出的调色板中选色。该属性也适用于大多数控件。

BorderStyle 属性　设置窗体边框的形式，有 6 个可选值（0～5）。当其值为 1 时，固定窗体的大小，此时 MaxButton 属性和 MinButton 属性自动变为 False。如果需要最小化按钮，可再设置 MinButton 属性为 True。

ControlBox 属性　设置窗体有无控制菜单。该属性值为 True 时，表示窗体设有控制菜单；为 False 时，表示窗体没有控制菜单，同时 MaxButton 属性和 MinButton 属性自动设为 False。该属性只适用于窗体。

CurrentX，CurrentY 属性　指定下一次窗体的输出位置，注意：此属性只能在代码中设置，也适用于图片框控件。

Enabled 属性　设置窗体是否可用。该属性值为 True 时表示窗体可用，否则不可用。该属性也适用于其他控件。

Font 属性　设置窗体中文字显示的字体、字体样式和字号。该属性也适用于大多数控件。

ForeColor 属性　设置窗体中文字和图形的显示颜色。可在弹出的调色板中选色。该属性也适用于大多数控件。

Height，Width 属性　设置窗体的高度和宽度，默认单位是 twip，1 twip＝ 1/1440 英寸。该属性也适用于其他控件。

Icon 属性　返回运行时窗体最小化所显示的图标。

Left，Top 属性　设置窗体的左边框距屏幕左边界的距离和窗体的上边框距屏幕顶边界的距离。该属性也适用于其他控件，但这时它们表示控件左、上边框与容器左、上边界的距离。

Picture 属性　设置窗体中要显示的图片。可以显示以 ico、bmp、wmf、gif、jpg、cur、emf、dib 为扩展名的图形文件。该属性的默认值是 None。通过单击 Picture 属性栏右侧的"…"按钮，在打开的对话框中选择要加载的图片后，Picture 属性值变为所加载的图形属性（如："（Bitmap）"）；如果要去掉窗口中的图片，选中该属性值并按 Delete 键即可。该属性也适用于图片框和图像框控件。

如果需要通过代码加载图片，可以使用 LoadPicture 函数，其格式为

```
[对象名.]Picture=LoadPicture("图形文件名")
```

ScaleMode 属性　返回或设置对象坐标的度量单位。

Visible 属性　设置窗体是否可见。值为 True 时表示窗体可见，否则不可见。该属性也适用于大多数控件。

说明：

① 窗体和其他控件的很多属性,其基本含义和用途是相同的。例如,High、Width 属性,Left、Top 属性,Enabled、Visible 属性等,在以后介绍控件的属性时,不再介绍这些属性。

② 不同的属性,其设置方法也有所不同,有些属性值只能由用户输入(如 Caption 属性);有的只能在系统已列出的选项中选择(如 Enabled 属性的 True 与 False,BorderStyle 属性的 0~5);有的在对话框中选择(如 Font 属性)。

③ 在设计阶段设置的有些属性值可以在代码中修改,如语句:

```
Form1.BackColor=RGB(255,0,0)   重新设置窗体的背景颜色。
Form1.Picture=LoadPicture("图形文件名")   重新设置要显示的图形文件名
```

④ 在设计阶段要了解某属性的含义,可在对象属性窗口中单击该属性,这时在属性窗口的底部立即显示该属性的简单提示。

2) 事件

窗体除了前面介绍的事件外,还有如下常用事件:

Activate 事件　当单击窗体或使用 Show 方法显示某个窗体,使窗体处于激活状态并成为当前窗体时触发 Activate 事件。

DblClick 事件　双击窗体时触发并调用该事件过程。

KeyDown 事件　按下键盘上任意键时触发。

KeyPress 事件　敲击键盘时触发,该事件能识别键盘上的字母、数字、标点、Enter、Tab、BackSpace 等。

KeyUp 事件　释放键盘上任意键时触发。

Load 事件　启动窗体时触发,同时进行对象的属性与变量的初始化操作。

MouseDown 事件　在窗体上按下鼠标键时触发。

MouseMove 事件　在窗体上移动鼠标时触发。

MouseUp 事件　在窗体上释放鼠标键时触发。

Unload 事件　程序运行后,单击窗体右上角的"关闭窗体"按钮时触发。

说明:一种操作可能触发多个事件,以单击窗体为例,先后触发 MouseDown、MouseUp、Click 事件,因此在编写程序时应根据实际需要,选择恰当的触发事件,尽量避免产生多个相同的事件过程。

3) 方法

窗体可以执行的主要方法有:

Cls 方法　清除用 Print、Line 等方法在窗体上产生的所有文本和图形。Cls 方法的一般形式为

```
[对象名.]Cls
```

其中对象名可以为窗体或图片框,省略时表示窗体。

Move 方法　移动窗体,在移动窗体的同时可以改变其大小。Move 方法的一般形式为

```
[对象名.]Move 左边距离[,上边距离[,宽度[,高度]]]
```

其中对象名可以是窗体或其他控件(除计时器控件外);"左边距离"和"上边距离"以屏幕的左边界和上边界为基准;"宽度"和"高度"用于设置窗体在移动过程中大小的变化。

如执行语句 Form. Move　　Form. Left－100,Form. Top＋50,可使窗体向左移动100、向下移动 50 个度量单位。

Show 和 Hide 方法　　显示或隐藏窗体。调用 Show 方法与设置 Visible 属性为 True 等价,调用 Hide 方法与设置 Visible 属性为 False 等价。

Print 方法　　在窗体上输出字符串或表达式的值。Print 方法的一般形式为:

```
[对象名.]Print [表达式列表]
```

其中,输出的表达式可以是数值型或字符型表达式。对于数值型表达式,先进行计算,后输出结果;对于字符型表达式,则直接输出。

表达式列表可以是一个或多个表达式,当输出多个表达式时,使用";"或","作为表达式之间的分隔符。使用";"时,各表达式之间没有间隔地连续输出(即"紧凑格式")。使用","时,各表达式以 14 列为一个单位分段输出(称"标准格式")。

Print 方法还可以和 Tab、Spc 等函数配合使用,使数据按指定的位置输出在窗体上。如执行语句:

```
Print Tab(5); "Visual"; Spc(3); "Baisc"
```

表示从窗体第 5 列开始输出字符串 Visual,在插入 3 个空格后再输出字符串 Baisc。Print 方法也适用于图片框。

2. 文本框

1) 属性

文本框除了前面介绍的属性外,还有如下常用属性:

Locked 属性　　设置文本框是否可编辑。默认值为 False,表示在文本框中可输入、可修改信息;当值为 True 时,文本框不能输入,此时等同于标签的使用。

MultiLine 属性　　设置文本框是否可以多行输入。值为 True 时,可以向文本框中输入多行文本;值为 False 时,文本框为单行文本。该属性通常与 ScrollBars 属性匹配使用。

PasswordChar 属性　　设置文本框中文本显示的替代符,默认值为"空",即在文本框中原样显示文本字符。若将该属性值设置成某一确定字符,则文本框中输入或显示的任何字符均以该确定字符代替,不再显示原字符。该属性多用于密码框设置。

ScrollBars 属性　　在 MultiLine 属性为 True 的前提下,设置文本框是否显示滚动条,有 4 个可选项:0-None 不显示滚动条;1-Horizontal 显示水平滚动条;2-Vertical 显示垂直滚动条;3-Both 同时显示水平和垂直滚动条。

必须在设置文本框的 MultiLine 属性为 True 的前提下,才能设置此属性,否则无效。由此可以了解到,在某些对象的多个属性间有时存在相互制约关系。

SelLength 属性　　返回或设置选定文本的长度。

SelStart 属性　返回或设置选定文本的起始位置,若未选中文本,则表示插入点的位置,第一个字符的位置为 0。

SelText 属性　返回或设置选定的文本内容。

例如,有两个文本框 Text1 和 Text2。其中 Text1 中的 Text 属性为"这是文本框中的一个属性",执行下列语句:

```
Text1.SelStart=0              '设置 Text1 中起始字符位置
Text1.SelLength=5             '设置 Text1 中选定字符的长度
Text2.Text=Text1.SelText      '将 Text1 中选中的字符赋给 Text2 的 Text
```

结果是 Text2 中显示字符串"这是文本框"。

又如,在程序运行时,选中 Text1 中的 5 个字符,则执行 a= Text1.SelLength 后,a 的值为 5。

2) 事件和方法

文本框除了前面介绍的事件和方法外,还有如下常用事件和方法:

Change 事件　文本框 Text 属性值发生变化(在文本框中输入、删除或通过代码重新赋 Text 属性值)时触发。每当输入或删除一个字符时都会触发该事件。

GotFocus 事件　通过 Tab 键或鼠标操作使文本框成为激活状态(即获得焦点)时触发该事件。

LostFocus 事件　通过 Tab 键或鼠标操作使光标离开文本框(即失去焦点)时触发该事件。

SetFocus 方法　设置焦点。只有焦点定位到文本框后,才能对其进行输入、编辑等操作。

3. 标签

1) 属性

标签除了前面介绍的属性外,还有如下常用属性:

AutoSize 属性　设置标签能否按照 Caption 属性的内容长度自动调节大小。该属性为 True 时,表示能自动调整标签大小,并且不换行。

WordWrap 属性　设置标签能否按照 Caption 属性的内容自动换行。当 AutoSize 属性和 WordWrap 属性同时为 True 时,标签的大小可根据 Caption 属性的内容沿垂直方向变化。

2) 事件和方法

除了前面介绍的事件和方法外,标签还有如下常用事件:

Change 事件　标签的 Caption 属性值发生变化时触发 Change 事件。

DblClick 事件　双击标签时触发并调用该事件过程。

MouseDown 事件　在标签上按下鼠标键时触发。

MouseMove 事件　在标签上移动鼠标时触发。

MouseUp 事件　在标签上释放鼠标键时触发。

4. 命令按钮

Cancel 属性　值为 True 时,表示该按钮为"取消按钮"。程序运行时,按下键盘上的 Esc 键即等同于单击该命令按钮;当值为 False 时,Esc 键无效。在一个窗体中只能设置一个取消按钮。

Default 属性　值为 True 时,设置该命令按钮为"默认活动按钮"。程序运行时,按下键盘上的回车键即等同于单击该命令按钮。在一个窗体中,只能设置一个默认活动按钮。

Enabled 属性　值为 True 时该按钮可用;反之,按钮呈浅灰色,暂时不可用。

说明:

① 在设置控件属性时,必须要先选中该控件,才能进行设置。忽略这一点有时会引发意想不到的麻烦。例如,题目要求将命令按钮的 Enabled 属性值设为 False,但操作中,如果误对选中的窗体进行了这一设置,由于窗体处于不可用状态,就会导致在窗体上无法执行任何操作(读者不妨一试)。

② 命令按钮不提供 DblClick 事件。

5. 图像框与图片框

图像框与图片框是 VB 提供的图形控件,它们都可以用于显示图片。图片框控件在工具箱中的图标是 ▨。图像框具有 Stretch 属性,值为 True 时,图片将自动调整大小以适应框体;反之,框体会自动调整大小以适应图片。而图片框是由 AutoSize 属性决定其框体是否随图形的变化而自动调节大小。图片框的功能远比图像框强大,它是一个容器控件,其上可以再放置其他控件(如文本框、命令按钮等)并形成一个整体,支持较多的属性、事件和方法。但因其所占系统资源多、显示速度慢,仅用于显示图片时一般不推荐使用。

6. 计时器

计时器控件可在确定的时间间隔内自动触发 Timer 事件。在设计阶段,计时器控件显示在窗体上,程序运行时不可见。

计时器控件的特有属性 Interval 用于设置触发事件的时间间隔,单位为 ms(毫秒)。

计时器控件只响应 Timer 事件。

7. 滚动条

滚动条分为水平滚动条和垂直滚动条两种。当从左到右(或从上到下)移动水平(或垂直)滚动条上的滑块时,其 Value 值由 Min 逐渐变化到 Max。VB 规定,滚动条的最大取值范围为 -32 768~32 767,并且允许 Min 的值比 Max 大。需要注意的是,滚动条与多行文本框中出现的滚动条不同,前者是一个控件,可以独立存在,而后者是文本框的一部分。

滚动条的基本属性有 Name、Max、Min、Value、SmallChange、LargeChange,常用事件有 Scroll 和 Change。

2.6.2 消息框与输入框

例 2.6 和例 2.11 已经介绍了消息框与输入框的基本使用,下面再做进一步的说明。

1. 消息框

通过 MsgBox 方法或 MsgBox 函数都可以产生消息框。MsgBox 方法的调用格式是:

```
MsgBox  提示信息[,图形样式参数[,消息框标题]]
```

其中,第 1 个参数(提示信息)给出了要显示在对话框中的提示性文本;第 2 个参数(图形样式参数)给出了显示的图标类型(参见表 2-13);第 3 个参数(消息框标题)规定了消息框标题栏中显示的信息。

表 2-13 图标形式及对应值

符 号 常 量	图形样式代码	图 标 形 式
VbCritical	16	停止图标❌
VbQuestion	32	问号图标❓
VbExclamation	48	警告信息图标⚠
VbInformation	64	信息图标ℹ

例如,执行语句:MsgBox "这里是提示信息…",48,"消息框示例",弹出的消息框如图 2-25 所示。

MsgBox 函数的调用格式为:

```
变量=MsgBox(提示信息 [,样式参数 [,消息框标题]])
```

其中,第 2 个参数(样式参数)是一个整数,其值包含了 3 项信息,即消息框中显示的图标类型(参见表 2-13)、按钮的个数及种类(参见表 2-14)、默认按钮的代号(参见表 2-15)。该参数可以用各样式所对应的样式代码或符号常量以"求 和"的 形式表示,如:32 + 3 + 0 或 VbQuestion + VbYesNoCancel + VbDefaultButton1,也可以直接写成 35。

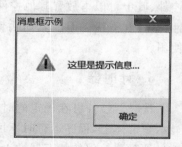

图 2-25 MsgBox 方法示例

表 2-14 按钮形式及对应值

符 号 常 量	按钮样式代码	按 钮 形 式
VbOkOnly	0	"确定"按钮
VbOkCancel	1	"确定"和"取消"按钮
VbAbortRetryIgnore	2	"终止""重试"和"忽略"按钮

符 号 常 量	按钮样式代码	按 钮 形 式
VbYesNoCancel	3	"是""否"和"取消"按钮
VbYesNo	4	"是"和"否"按钮
VbRetryCancel	5	"重试"和"取消"按钮

表 2-15　默认按钮及对应值

符 号 常 量	默认按钮代码	默认按钮位置
VbDefaultButton1	0	第 1 个按钮为默认按钮
VbDefaultButton2	256	第 2 个按钮为默认按钮
VbDefaultButton3	512	第 3 个按钮为默认按钮

例如,语句 a＝MsgBox("请确认输入的文件名",32＋3＋0,"输入文件名")将产生如图 2-26 所示的消息框。

图 2-26　MsgBox 函数示例

与 MsgBox 方法不同,MsgBox 函数还能将用户在消息框中所单击的按钮以代号形式保存于变量中,作为继续执行程序的依据。MsgBox 函数返回值与命令按钮间的对应关系如表 2-16 所示。例如,在如图 2-26 所示的消息框中单击"否"按钮,则变量 a 中的值为 7(即 VbNo)。

表 2-16　函数返回值与命令按钮间的对应关系

选择的按钮	函数返回值	对应符号常量
"确定"按钮	1	VbOk
"取消"按钮	2	VbCancel
"终止"按钮	3	VbAbort
"重试"按钮	4	VbRetry
"忽略"按钮	5	VbIgnore
"是"按钮	6	VbYes
"否"按钮	7	VbNo

2. 输入框

通过 InputBox 函数可以产生输入对话框。InputBox 函数的调用格式为：

变量名=InputBox(提示信息 [,输入框标题 [,默认输入值]])

函数中第 1 个参数(提示信息)为对话框中需要显示的提示文本；第 2 个参数(输入框标题)为对话框标题栏中显示的文本；第 3 个参数(默认输入值)为输入框中默认的输入文本(参见图 2-24)。调用 InputBox 函数时弹出输入对话框,用户在文本输入框中输入相关信息后单击"确定"按钮,函数将用户所输内容以字符串形式返回并赋给指定变量；而单击"取消"按钮则返回空字符串。若用户没有输入信息而直接单击"确定"按钮,函数将返回默认输入值。当左侧变量是数值型时,需使用 Val 函数将其转换成对应的数值。

2.6.3　常用数据类型介绍

VB 中提供了丰富的数据类型,如在基础部分中已经用到过的长整型(Long)、双精度型(Double)和字符型(String)等,下面就 VB 中常用的数据类型进行简单介绍。

1. 整型(Integer)与长整型(Long)

整型变量在内存中占 2 个字节,其取值范围为 $-32\,768 \sim 32\,767$；长整型变量在内存中占 4 个字节,取值范围是 $-2\,147\,483\,648 \sim 2\,147\,483\,647$。

本书中将整型变量统一定义为长整型 Long。

2. 单精度型(Single)与双精度型(Double)

单精度类型变量在内存中占 4 个字节,最多能保证 7 位有效数值。单精度类型数据可用小数形式和指数形式表示,如：12.3、-123.4568 等是小数形式,而 12.3E2(表示 12.3×10^2)、12.3E-5(表示 12.3×10^{-5})是指数形式。

双精度类型变量具有更高的精度,在内存中占 8 个字节,最多能保证 15 位有效数值。双精度类型数据也可用小数形式和指数形式表示,但在指数形式中用 D 表示指数,例如：12.3D12 表示 12.3×10^{12}、12.3D-15 表示数 12.3×10^{-15}。

需要注意的是,用指数形式表示实型数时,E 或 D 的左边必须要有数字,右边必须为整数。

3. 字符型(String)

字符型变量在内存中所占字节数由其所存放的字符个数决定。若在定义字符型变量时同时指定了它的长度,如 Dim a As String * 10,则 a 中只能存放固定长度的字符串,即10 个字符。例如,若有语句：

```
Dim a As String * 8
Dim b As String
```

```
a="ABC"
b="ABC"
```

则 a 的值是字母 ABC 及 5 个空格,而 b 的值仅仅是"ABC",由于定义形式不同,变量 a、b
中存放的内容也不相同。

4．货币型(**Currency**)

货币型是为计算货币数值而设置的具有较高精度的定点(即小数点位置固定)数据类
型,在内存中占 8 个字节。

5．字节型(**Byte**)

字节型表示无符号的整数,在内存中存放需要 1 个字节,取值范围为 0~255,主要适
用于存储二进制数。

6．逻辑型(**Boolean**)

逻辑型也叫布尔型,用于表示逻辑判断的结果,在内存中存放需要 2 个字节。逻辑型数
据只有真(True)、假(False)两个值。当逻辑型数据转换成整型数据时,True 对应-1,False
对应 0;当其他数据类型转换为逻辑型数据时,非 0 数据对应为 True,0 对应 False。

7．日期型(**Date**)

日期型数据用于表示日期和时间,在内存中存放需要 8 个字节,表示的日期范围从
100 年 1 月 1 日到 9999 年 12 月 31 日,表示的时间范围从 00:00:00 到 23:59:59。

日期型数据可以用多种格式表示,在使用时需要用符号"#"括起来,否则 VB 不能正
确识别。如:#2003-08-01#、#08/01/2003#、#2003-08-01 13:50:00#都是合法的日
期型数据。但 VB 不能识别"#2003 年 8 月 1 日#"这种包含汉字的日期格式。

8．变体型(**Variant**)

变体型数据是一种通用的、可变的数据类型。当一个变量被定义为变体型时,该变量
的数据类型由当前赋值数据的类型决定,如在窗体的单击事件过程中编写如下代码:

```
Dim a As Variant
a=10
Print a
a="Visual" & "Basic"
Print a
a=# 2003/07/30#
Print a
```

运行后,在窗体上分别输出 a 的值为"10""VisualBasic"和"2003/07/30"。可以看出,
变量 a 的数据类型随着当前所赋值的类型不断变化,VB 会自动完成类型间的相互转换。
当执行完最后一句"Print a"后,a 为日期型,a 中存放的数据是 2003/07/30。

此外，VB中允许不定义而直接使用变量，称变量的隐式声明。采用隐式声明的变量都是 Variant 类型（变体型）。使用隐式声明变量虽然方便，但容易出错，且错误难以查找，所以提倡初学者使用显式声明变量的方法。可以通过强制显式声明变量语句 Option Explicit 要求所有变量必须"先定义，后使用"，否则 VB 会发出警告信息。Option Explicit 语句应写在代码窗口的"通用""声明"中。

2.6.4　常用内部函数汇总

函数实际上是系统事先定义好的内部程序，用来完成特定的功能。VB 提供了大量的内部函数，供用户在编程时使用。函数的一般调用形式是：

变量名=函数名（参数表）

其中参数表中的参数个数根据不同函数而不同。在使用函数时，只要给出函数名和参数，就会产生一个返回值。表 2-17 仅列出最常用的内部函数，如需要请查看相关书籍。

表 2-17　常用内部函数

函数名	作　　用	举　　例	结果值
Abs(x)	求 x 的绝对值	Abs(−2)	2
Cos(x)	求余弦函数	Cos(60)	0.5
Exp(x)	求 e 的 x 次幂，即 e^x	Exp(5)	148.41
Log(x)	返回以 e 为底的 x 的对数值	Log(5)	
Round(x,n)	对第 n 个小数位四舍五入	Round(456.78，0) Round(456.78，1)	457 456.8
Sgn(x)	当 x<0、x>0、x=0 时，分别返回−1、1、0	Sgn(−123.45) Sgn(123.45) Sgn(0)	−1 1 0
Sin(x)	求正弦函数	Sin(90)	1
Sqr(x)	求 x 的平方根	Sqr(16.0)	4
Tan(x)	求正切函数	Tan(0)	0
Int(x)	求不超过 x 的最大整数	Int(5.8) Int(−5.8)	5　−6
Fix(x)	求 x 的整数部分	Fix(5.8)　Fix(−5.8)	5　−5
Rnd	产生(0,1)内的随机数	Rnd	小于 1 的正数
Randomize	产生随机数种子		
Asc(y)	将 y 中第一个字符转换成 ASCII 码值	Asc("ABC") Asc("a")	65 97
Chr(x)	将 x 转换成 ASCII 码值对应的字符	Chr(97)	"a"
Left(y,n)	从字符串 y 中左起取 n 个字符	Left("abcde",3)	"abc"

函数名	作　用	举　例	结果值
Mid(y,n,m)	从字符串 y 中的第 n 个位置起取 m 个字符	Mid("abcde",3,2) Mid("abcde",3)	"cd" "cde"
Right(y,n)	从字符串 y 中右起取 n 个字符	Right("abcde",3)	"cde"
Lcase(y)	将大写字母转换成小写字母	Lcase("ABCd＊")	"abcd＊"
Ucase(y)	将小写字母转换成大写字母	Ucase("abc_D")	"ABC_D"
Str(x)	将数值型数据转换成字符型数据	Str(12.45) Str(−12)	" 12.45" "−12"
Val(y)	将数字字符串转换成数值型数据	Val("12AB")	12
Len(y)	求 y 中字符串的长度	Len("VB教程")	4
LTrim(y)	删除字符串左边的空格	Trim(" abc")	"abc"
RTrim(y)	删除字符串右边的空格	Trim("abc ")	"abc"
Trim(y)	删除字符串左右两边的空格	Trim(" abc ")	"abc"
Space(n)	产生 n 个空格	Space(5)	" "
Date	返回系统当前的日期	Date()	17-8-10
Time	返回系统时间	Time()	17:30:00
Day(Now)	返回当前的日期号	Day(Now)	10
Month(Now)	返回一年中的某月	Month(Now)	8
Year(Now)	返回年份	Year(Now)	2017
Format	按指定格式输出		

说明：

（1）在函数名一栏中,括号里的字符(字符串)称为参数。在本表中,参数 x 表示数值型表达式,y 表示字符表达式,m、n 表示整数。

（2）Sin(x)、Cos(x)、Tan(x)中的 x 要求的单位为弧。例如,若要计算数学函数 Sin(30°)的值,必须写成 Sin(30＊3.14/180)的形式。

（3）注意 Int(x)和 Fix(x)的区别,虽然它们都返回一个整数,但当 x 是负数时,返回值会不同。

（4）Now 是系统的内部函数,可直接使用。如语句 Print Now 的输出结果是系统当前日期和时间,例如,2016-9-18 19:30:00。

（5）对于 Str(x)函数,当 x 是正数时,在转换后的字符型数据前有一个空格。

（6）对于 Val(y)函数,若 y 值不是数字字符的话,其返回值为 0,如 Val("a122")的值为 0。

（7）格式输出函数 Format 可以使数值、字符或日期型数据按指定格式输出,其一般形式为：

Format(表达式,格式字符串)

其中,表达式可以是数值型、字符型或日期型;格式字符串则由特定的格式说明字符组成,这些说明符决定了表达式的输出格式。常用的数值型格式说明符有:

"♯"(数字占位符)、"0"(数字占位符)、"."(小数点占位符)、","(千分位占位符)、"％"(百分比符号占位符)。例如:

```
Format(1.23,"# # .# # # ")            输出形式为 1.23
Format(123.4567,"# # .# # # ")        输出形式为 123.4567
Format(12345.67,"#,# # # .# # # ")    输出形式为 12,345.67
Format(1.23,"00.000")                 输出形式为 01.230
(当实际数值小于符号位数时,以 0 补位)
Format(12.345,"0.0")                  输出形式为 12.3
Format(12,"0.00")                     输出形式为 12.00
Format(0.12345,"0.00% ")             输出形式为 12.35%
```

另外还有字符型格式说明符和日期型格式说明符,请参考有关书籍。

2.6.5 文件路径的概念

为了找到存储在计算机中的一个文件,除了要知道其文件名外,还必须要知道它的具体存放位置。对文件在计算机中具体存储位置的描述,称为"文件路径",通常由驱动器和一系列文件夹名构成,其中驱动器由盘符和冒号":"表示,如"C:""D:",而各级文件夹名之间使用分隔符"\"进行连接。

文件路径分为绝对路径和相对路径两种。

假设某台计算机 C 盘中的存储结构如图 2-27 所示,则文件 Cock.gif 的路径可表示为"C:\MyVB\第 1 章",其中,紧跟在驱动器后的"\"表示驱动器根目录,而位于 MyVB 和"第 1 章"之间的"\"是分隔符,用于连接两级文件夹。又如,文件"VB_1 基础知识.doc"的路径是"C:\ MyVB",而文件 msvci70.dll 的路径是"C:\"。这种由文件所在驱动器位置开始描述的文件路径,称为绝对路径。

所谓相对路径,是指从计算机当前工作目录开始描述的文件路径。假设当前计算机的工作目录为"C:\",即 C 盘的根目录,则

图 2-27　磁盘组织结构

文件 Cock.gif 的路径可用相对路径表示为"MyVB\第 1 章",文件"VB_1 基础知识.doc"的相对路径是 MyVB;若当前工作目录为"C:\MyVB",则文件 Cock.gif 的相对路径就是"第 1 章",而文件"VB_1 基础知识.doc"的相对路径为空。计算机工作目录就是当前正在执行且处于激活状态的程序其所在的文件夹。例如,在"我的电脑"中双击图 2-27 中的 prjEx1_1.vbp 工程文件,则系统在 Visual Basic 集成环境中打开 prjEx1_1 工程,此时计算机的工作目录就是"C:\MyVB\第 1 章";若双击打开"VB_1 基础知识.doc"文件,则当前工作目录就是"C:\MyVB"。

在执行与文件有关的操作(如调用 LoadPicture 函数加载图形文件)时,都要求提供

文件的完整文件名,即同时指出文件的路径和文件名,通常在文件路径与文件名之间用"\"进行连接,但当文件位于驱动器根目录时则省去"\"分隔符。文件路径既可以采用绝对路径进行描述,也可以采用相对路径描述。

2.7 章 节 练 习

【练习2.1】 在窗体上添加2个标签和2个命令按钮。程序运行时的初始界面如图2-28所示。单击"正常文字"按钮,标签上的文字以正常效果显示,且"正常文字"按钮不可用,而"阴影文字"按钮可用(如图2-29所示);单击"阴影文字"按钮,程序界面又恢复为图2-28所示状态,即标签上的文字以阴影效果显示,且"阴影文字"按钮不可用,而"正常文字"按钮可用。

图 2-28 运行初始界面

图 2-29 单击"正常文字"按钮后

提示:

(1) 为了实现阴影效果,添加2个大小、文字内容、字体、字号完全相同的标签,并将显示白色文字的标签置于黑色文字的标签之上,同时将上层标签的背景模式(BackStyle属性)设置成透明。

(2) 右击控件,在弹出的快捷菜单中选择"置前"或"置后"命令,可以改变控件在窗体上的层次位置。

【练习2.2】 如图2-30所示设计窗体(5个图像框和2个命令按钮)。程序运行时,单击"装载图片"按钮,图像框中依次显示春、夏、秋、冬四季景色,如图2-31所示;单击"卸载图片"按钮,清空4个图像框中的图像;单击窗体时,将4个图像框中的图像循环左移一个位置,如图2-32所示。

提示:利用第5个图像框实现图片交换操作。

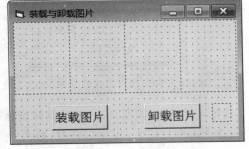

图 2-30 练习 2.2 的界面设计

【练习2.3】 如图2-33所示设计窗体(4个标签、1个文本框和1个命令按钮)。程序运行时,在文本框中输入本人身份证号码后单击"提取信息"按钮,分别在绿色、黄色和粉色标签中显示相应的提取信息,如图2-34所示。

图 2-31　单击"装载图片"按钮时

图 2-32　单击窗体时

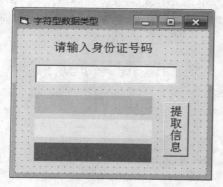

图 2-33　练习 2.3 的界面设计

图 2-34　单击"提取信息"按钮后

【**练习 2.4**】　如图 2-35 所示设计窗体(2 个标签和 1 个命令按钮)。程序运行时,单击"点名"按钮,在绿色标签中随机显示[1,50]间的一个座位号,如图 2-36 所示。

图 2-35　练习 2.4 的界面设计

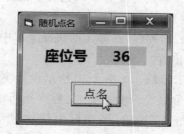

图 2-36　单击"点名"按钮后

【**练习 2.5**】　如图 2-37 所示设计窗体(1 个计时器和 2 个命令按钮)。程序运行时,单击"变色"按钮,窗体以 0.1s 的时间间隔随机变换颜色;单击"停止"按钮,窗体停止变色。

【**练习 2.6**】　如图 2-38 和图 2-39 所示设计 2 个窗体(窗体 1 中有 4 个命令按钮,窗体 2 中有 3 个标签和 1 个命令按钮)。程序运行时,单击"红""黄"或"绿"按钮后切换到窗体 2,并显示相应颜色的标签,

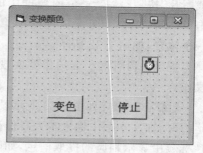

图 2-37　练习 2.5 的界面设计

如图 2-40 所示为单击"红"按钮后的窗体 2 界面;单击"退出"按钮,弹出如图 2-41 所示的消息框后结束整个程序;单击"返回"按钮,返回到窗体 1。

图 2-38　窗体 1 设计

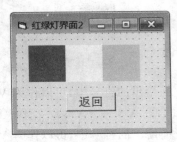

图 2-39　窗体 2 设计

图 2-40　单击"红"按钮后进入窗体 2

图 2-41　消息框

【练习 2.7】　如图 2-42 所示设计窗体(4 个标签、1 个滚动条和 1 个命令按钮)。程序运行时,当滚动条的值发生变化时立即在边框下凹的标签中显示其当前值,如图 2-43 所示;单击"输入框输入"按钮,弹出如图 2-44 所示的输入框接收用户输入,并将输入数据显示在下凹标签中。

图 2-42　练习 2.7 的界面设计

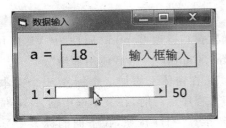

图 2-43　显示滚动条当前值

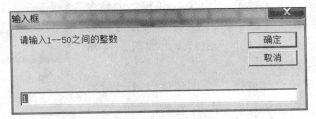

图 2-44　输入框

习 题 2

基础部分

1. 下面给出的符号中,可以作为 Visual Basic 变量名的有_____。

① _3 ② A-3 ③ V♯B ④ VB ⑤ V_B ⑥ True ⑦ 2a ⑧ a 2

2. 下面给出的符号中,可以作为 Visual Basic 常量的有_____。

① π ② 0 ③ 1.1E1.1 ④ 'ab' ⑤ "ab" ⑥ False ⑦ ♯2003-11-25♯
⑧ E2

3. 执行下列语句后文本框(Text1)中的值是_____。

```
Text1.Text="123"
a="45"
b="678"
Text1.Text=a & b
```

4. 执行下列语句时,分别在输入框内输入 123 和 456,则文本框中的值是_____。

```
a=Val(InputBox("请输入第一个数据:", "输入框"))
b=InputBox("请输入第二个数据:", "输入框")
Text1.Text=a & b
```

5. 判断正误:VB 中窗体的 Height 属性只能在设计阶段给出,而在代码中无法改变。

6. 判断正误:运行程序时要在窗体 Form1 的标题栏中显示文字"VB 应用程序",可在属性窗口修改 Caption 属性为"VB 应用程序"或在 Form_Load 事件过程中添加语句 Form1. Caption＝"VB 应用程序"。

7. 在窗体上添加 2 个标签、1 个文本框和 1 个命令按钮。程序运行时,在文本框中输入 18 位身份证号码后单击"推算生日"按钮,在下面的标签中显示相应的生日信息,如图 2-45 所示。

8. 在窗体上添加 1 个标签、1 个文本框和 1 个命令按钮。程序运行时,在文本框中输入 18 位身份证号码后单击"区域代码"按钮(如图 2-46 所示),弹出如图 2-47 所示的消息框显示区域代码。

9. 如图 2-48 所示设计窗体(5 个图像框、1 个计时器和 1 个命令按钮)。程序运行时,单击"开始"按钮,木马前后摇摆(如图 2-49 所示);单击木马,弹出如图 2-50 所示的消息框后结束程序。

图 2-45　显示生日信息

图 2-46　输入身份证号码

图 2-47　消息框

图 2-48　习题 9 界面设计

图 2-49　木马前后摇摆

图 2-50　消息框

10. 在窗体上添加 2 个图像框、2 个计时器和 3 个命令按钮,如图 2-51 所示。程序运行时,单击"向左"按钮,1 号球从右向左水平移动;单击"向上"按钮,2 号球从下向上垂直移动;单击"停止"按钮,两个球均停止移动。

11. 编写程序,设计变色板。在窗体上添加 1 个标签和 1 个计时器,如图 2-52 所示。程序运行时,标签的背景颜色每隔 0.5s 随机变换。

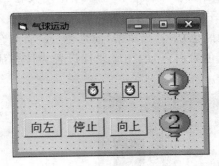

图 2-51　习题 10 界面设计

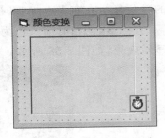

图 2-52　习题 11 界面设计

12. 在窗体上添加 5 个标签和 2 个命令按钮。程序运行时,单击"产生数据"按钮,随机产生两个[10,99]的整数显示在上面的标签中,如图 2-53 所示;单击"计算"按钮,计算并显示两随机数的和,如图 2-54 所示。

13. 编写程序,显示数列各项的值。在窗体中添加 5 个标签、1 个文本框、1 个命令按钮和 1 个垂直滚动条(如图 2-55 所示),要求滚动条的取值范围是[1,50]。设有一数列

$a_n(n=1,2,3,\cdots,50)$，其通项公式为 $a_n=\dfrac{n^2}{n+1}$。程序运行时，可以通过垂直滚动条输入 n 的值。当滚动条 Value 值（即 n 的值）改变时，立即在文本框中显示其值，并在黄色标签上显示第 n 项的值（如图 2-56 所示）；用户也可以在文本框中直接输入 n 值，单击"计算"按钮后，将滚动条的 Value 值设置成所输入的 n 值，同时在黄色标签中显示第 n 项的值。

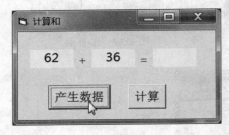

图 2-53　产生并显示两随机整数

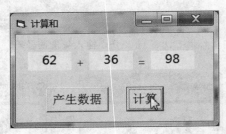

图 2-54　显示计算结果

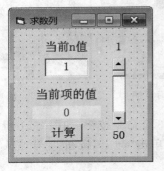

图 2-55　习题 13 界面设计

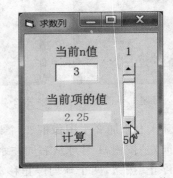

图 2-56　显示数列第 3 项的值

14. 设计一个调色板应用程序。在窗体上添加 8 个标签、3 个水平滚动条和 2 个命令按钮，如图 2-57 所示。程序运行时，把 3 个水平滚动条作为红、绿、蓝三原色的输入工具，将合成的颜色显示在右上方标签（初始颜色为黑色）中。当单击"前景色"或"背景色"按钮时，将右下方标签（初始时前景色为黑色，背景色为白色）的相应属性设置为该合成颜色，以观察显示效果，如图 2-58 所示。

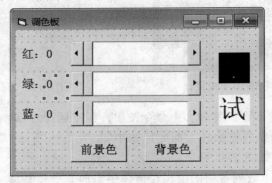

图 2-57　习题 14 的界面设计

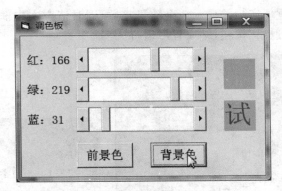

图 2-58   调色板运行界面

提高部分

15. 写出下列表达式的值。

① 当 x＝－3.567 时,表达式 Int(x)－Fix(x)的值

② Int(－5.2) ＊ Sqr(64)－Abs(－8)

③ ♯2003-11/25♯＋31

④ Val("12AB") ＋ Len("VB" & 10)

⑤ Str(－12) & "12"

16. 写出下列表达式的值。

① Left("abcdefg",2) & Lcase("Cdef")

② Asc("ABC")＞ Asc("a")

③ Mid("You are a good student",9,6)

④ Format(1234.56,"♯♯♯♯♯♯.♯♯♯")

⑤ Format(32548.5,"000,000.00")

17. 执行以下程序段后,变量 c 的值是_____。

```
a="Visual Basic Programing"
b="Learning"
c=b & UCase( Mid(a,7,6) ) & Right(a,11)
```

18. 执行如下程序段后,表达式 Len(str2＋str3)的结果为_____。

```
str1="Visual Basic"
str2=Left(str1,1)
str3=Trim(Right(str1,6))
```

19. 设计如图 2-59 所示的 2 个窗体,其中窗体 1 中添加 5 个标签、1 个文本框、3 个命令按钮和 1 个计时器;窗体 2 中添加 1 个标签。程序运行时,随机产生 3 个两位正整数并显示在 3 个蓝色标签中,用户在文本框中输入它们的平均值(如图 2-60 所示);单击"验证"按钮时,进入第二个窗体显示正确答案(如图 2-61 所示),且 5s 后自动返回第一窗体;

单击"下一题"按钮,重新产生并显示 3 个随机整数,同时清空文本框原有内容,并将光标置于文本框中;单击"退出"按钮,结束程序运行。

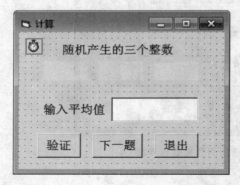

图 2-59　窗体界面设计

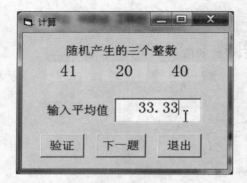

图 2-60　生成数据并输入　　　　　　　　　　图 2-61　显示正确答案

20. 设计如图 2-62 所示的 2 个窗体,其中窗体 1 中添加 4 个图像框、4 个标签和 3 个命令按钮;窗体 2 中添加 1 个图像框,其大小与窗体相同。程序运行时,单击"输入图号"按钮,弹出图 2-63 所示的输入框供用户输入图片序号(1~4);单击"确认信息"按钮时,弹出消息框显示用户当前输入的图片序号(如图 2-64 所示);单击"显示"按钮时,进入第二个窗体,其中显示的图片与用户所输序号对应(如图 2-65 所示),单击图像框则返回第一个窗体。

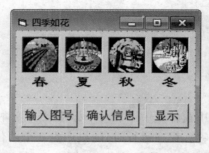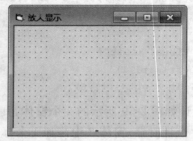

图 2-62　窗体界面设计

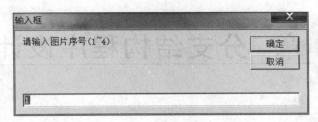

图 2-63　输入框

图 2-64　消息框

图 2-65　显示所选图片

第 3 章　分支结构程序设计

本章将介绍的内容

基础部分：

- 关系、逻辑运算符及其表达式。
- If 语句与 If 语句的嵌套；Select Case 语句。
- 分支结构的流程图。
- 单选按钮、复选框、框架、直线和通用对话框等控件及菜单编辑器的使用。

提高部分：

- 再论常用控件：单选按钮、复选框、框架、直线和通用对话框。

各例题知识要点

例 3.1　关系运算符及表达式。

例 3.2　逻辑运算符及表达式。

例 3.3　用 If 语句设计分支结构程序；If 语句格式及流程图。

例 3.4　无 Else 分支的 If 语句；单选按钮和直线控件；图像的循环变换和移动；控件坐标表示。

例 3.5　复选框；多行文本框；与文本字体格式相关的属性。

例 3.6　通用对话框控件；按钮的重复利用。

例 3.7　嵌套的 If 语句；框架（单选按钮分组）；为命令按钮设置快捷键。

例 3.8　用 Select Case 语句设计多分支结构；Select Case 语句格式和流程图。

例 3.9　If 语句和 Select Case 语句的联合使用。

例 3.10　使用菜单编辑器设计菜单、颜色符号常量。

例 3.11　设计弹出式菜单。

分支结构是 3 种基本结构之一，因分支结构在实际中被广泛使用，本章将详细介绍分支结构的实现方法。

3.1 关系、逻辑运算符与表达式

分支结构的特点是：首先需要对给定的条件进行判断，然后根据判断结果选择执行某一操作。在表示判断条件时，经常会用到关系表达式和逻辑表达式，下面分别介绍这两类表达式。

3.1.1 关系运算符与表达式

VB 提供了表 3-1 所示的 6 种关系运算符。

表 3-1 关系运算符

运算符	含义	举例	例子作用
>	大于	"ab">"aB"	字符串"ab"是否大于"aB"
>=	大于等于	a>=0	a 中的值是否大于等于 0
<	小于	a<0	a 中的值是否小于 0
<=	小于等于	−3<=0	−3 是否小于等于 0
=	等于	a−b=0	a 与 b 的差是否等于 0
<>	不等于	a<>b	a 与 b 的值是否不相等

说明：

(1) 各关系运算符的优先级相同。关系运算符隐含"是否"的含义，例如，"ab">"aB"表示字符串"ab"是否大于"aB"。关系运算就是对运算符左右两边的表达式进行比较的运算。

(2) 由关系运算符连接表达式组成关系表达式，被连接的表达式可以是数值型、字符型和日期型。关系表达式的运算结果只能是 True(真)或 False(假)。

(3) VB 6.0 还提供 Like 和 Is 运算符，由于篇幅有限，本书不做介绍，请查看相关书籍或帮助。

【例 3.1】 写出以下各关系表达式的值：

(1) True<>1

(2) 3>x>=0(假设 x 为 Long 类型变量，其值为 2)

(3) "abc"<"aBcd"

【解】 本例是关系表达式的运算，各表达式的值是(1)True；(2)False；(3)False。

说明：

(1) 表达式计算遵循"从高到低、从左到右"的原则顺次执行，即在同一表达式中，首先执行具有较高优先级的运算符，若两运算符优先级相同，则按照先左后右的顺序执行。

VB中常用运算符的优先级如表 3-2 所示。在书写表达式时应尽可能使用运算符"（）"，以明确表示表达式的运算顺序。

表 3-2　常用运算符优先级

优　先　级	运　算　符	说　　明
高	（）	小括号
	^	
	一（负号）	
	*，/	
	\	算术运算符
	Mod	
	+，一	
	&	字符串运算符
	＞，＞＝，＜，＜＝，＝，＜＞	关系运算符
	Not	
	And	逻辑运算符
低	Or	

（2）在 VB 中，True 对应数值一1，False 对应数值 0，因此也可对 True 和 False 进行比较。表达式"True＜＞1"等价于"一1＜＞1"，所以值为 True。

（3）在表达式"3＞x＞＝0"中，由于两个关系运算符的优先级相同，所以计算应从左向右进行，其过程是：先计算"3＞x"，结果为 True；再计算"True＞＝0"，即"一1＞＝0"，结果为 False，因此表达式"3＞x＞＝0"的值为 False。由此可以看到，表达式"3＞x＞＝0"在语法上并不存在错误，但其表达的逻辑含义却已不同于代数式本身。

（4）字符型数据的比较规则是：按从左到右的顺序，将两个字符串中对应位置上的字符一一进行比较。无论两字符串长度是否相等，一旦在比较过程中出现对应位置字符不等，则以这对字符的 ASCII 码大小决定字符串的大小，即具有较大 ASCII 码值的字符，其所在的字符串较大，与后续字符的多少、大小无关。在字符串"abc"与"aBcd"中，虽然"aBcd"的长度大于"abc"，但按照字符数据的比较规则，在第 2 个字符位置出现不同字符，此时"b"的 ASCII 码为 98，"B" 的 ASCII 码为 66，所以"b"所在的字符串大，因而表达式"abc"＜"aBcd"的值为 False。

常用字符的 ASCII 码值参见附录 A。

3.1.2　逻辑运算符与表达式

VB 提供以下逻辑运算符，如表 3-3 所示。

表 3-3　逻辑运算符

运算符	含　义	举　例	例子作用
Not	逻辑非	Not(x<>0)	对 x<>0 的结果取反
And	逻辑与	x<=3 And x>0	对 x<=3 的结果和 x>0 的结果进行"与"运算
Or	逻辑或	x>3 Or x<-3	对 x>3 的结果和 x<-3 的结果进行"或"运算

VB 6.0 还提供其他 3 个逻辑运算符：Xor、Eqv 和 Imp，由于篇幅有限，本书不做介绍。

说明：

(1) 由逻辑运算符连接表达式组成逻辑表达式，被连接的表达式可以是关系表达式或由逻辑值组成的表达式；逻辑表达式的运算结果也只能是 True 或 False。

(2) 逻辑运算是对运算符左右两边的逻辑值进行逻辑判断的运算。其中，"逻辑与"运算的特点是：只有当其两侧的逻辑值同为"真"时，运算结果才为"真"；"逻辑或"运算的特点是：其两侧的逻辑值中只要有一个为"真"，运算结果就为"真"；"逻辑非"运算，则是对当前值的取反运算。常用逻辑运算符的运算规则如表 3-4 所示，其中 a、b 均代表逻辑值。

表 3-4　逻辑运算真值表

a	b	a And b	a Or b	Not a	Not b
True	True	True	True	False	False
True	False	False	True	False	True
False	True	False	True	True	False
False	False	False	False	True	True

【例 3.2】　写出以下各逻辑表达式的值：

(1) 3>x And x>=0（假设 x 为 Long 类型变量，且值为 2）

(2) x>5 Or 0（假设 x 为 Long 类型变量，且值为 0）

(3) True<>1 And False

(4) Not(True= 0)

【解】　(1)True；(2)False；(3)False；(4)True。

说明：

(1) "3>x And x>=0"为逻辑表达式，其运算顺序是：先计算关系表达式"3>x"和"x>=0"的值，结果均为 True；再对表达式"True And True"进行逻辑与运算，其结果为 True，因此该表达式的值为 True。

注意，表达式"3>x And x>=0"与"3>x>=0"的意义不同。

(2) 在表达式"x>5 Or 0"中，"x>5"的值是 False，0 等价于逻辑值 False，所以该表达式的值是 False。

(3) 在表达式"True<>1 And False"中，按优先级先计算"True<>1"，值为 True，

而"True And False"的值为 False。

（4）由于 True 对应数值－1，因而表达式"True＝ 0"的值是 False；对 False 再执行 Not 运算后的结果为 True。

3.2 If 语 句

在实际应用中，经常遇到条件选择的问题。例如，人们在计划周末活动时，可能的安排是"如果天气好，就去爬香山，否则就去健身房游泳"。分支结构就是利用计算机语言描述这种分支现象，即通过比较和判断决定采取何种操作。在 VB 中，通常使用 If 语句或 Select Case 语句解决这类问题。

3.2.1 使用 If 语句处理简单分支问题

【例 3.3】 If 语句示例。在窗体上添加 1 个文本框、3 个标签和 1 个命令按钮。程序运行时，在文本框中输入一个整数后单击"判断"按钮，在黄色标签中显示其奇偶性，如图 3-1 所示。

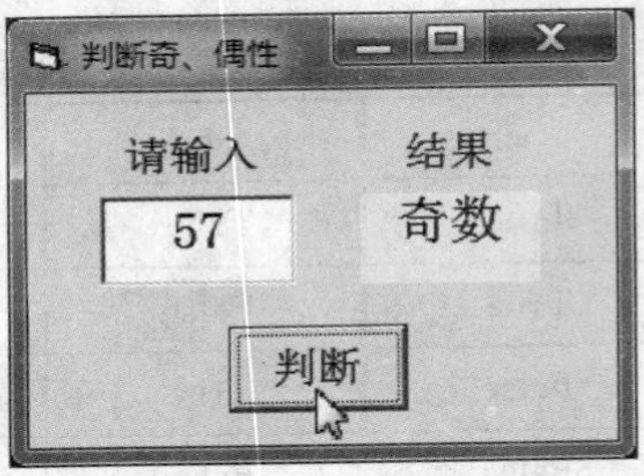

【解】 根据题意，对文本框 TxtIn 中的数据进行判断，结果显示在标签 LblValue 中。程序代码如下：

```
Private Sub CmdAdj_Click()      '单击"判断"按钮
    Dim a As Long
    a=Val(TxtIn.Text)
    If a Mod 2=0 Then           'If 语句开始
        LblValue.Caption="偶数"
    Else
        LblValue.Caption="奇数"
    End If                      'If 语句结束
End Sub


Private Sub TxtIn_Change()      '文本框内容变化时,清空黄色标签中的原判断结果
    LblValue.Caption=""
End Sub
```

图 3-1 判断奇偶性

程序说明：

（1）CmdAdj_Click 事件的执行过程是：先得到文本框 TxtIn 中输入的数据，转换成对应的数值型数据后赋给变量 a；然后对 a 进行逻辑判断，如果 a Mod 2＝ 0 的值为 True，即 a 的值能被 2 整除，标签中显示"偶数"，否则显示"奇数"。该事件过程的流程图如图 3-2 所示。

（2）本例是通过 If 语句实现分支选择的，由图 3-2 可以看出，语句 LblValue. Caption＝"偶数"和 LblValue. Caption＝"奇数"分别处于两个不同的分支中。表达式 a Mod 2＝0

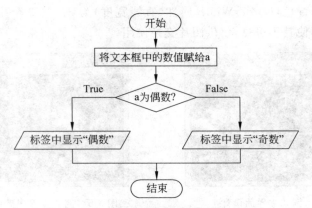

图 3-2　CmdAdj_Click 事件过程的流程图

为判断条件,当其值为"真"时,执行 Then 后面的语句 LblValue. Caption＝"偶数";当其值为"假"时,执行 Else 后面的语句 LblValue. Caption＝"奇数"。由此可以看到,在分支结构中,根据判断的结果,只能执行其中的一个分支。

(3) 程序运行时应分别输入偶数值和奇数值,以判断输出结果是否正确,不能只验证其中一种情况(偶数或奇数)后就认为程序是正确的。

(4) If 语句的一般形式是:

```
If 表达式 Then
    语句组 1
[ Else
    语句组 2 ]
End If
```

其中的语句组 1 和语句组 2 既可以由多条语句构成,也可以是单一的语句。

说明:

① If、Then、Else 是系统保留字,用"[ ]"括起来的是可省略项。

② 语句组 1 必须从新的一行开始书写,不能与 Then 在同一行,Else 和 End If 要求分别独占一行。

③ If 语句的执行流程如图 3-3 所示。如果"表达式"的值为"真",则执行"语句组 1",否则执行"语句组 2"。

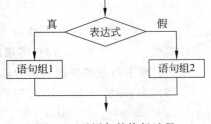

图 3-3　If 语句的执行过程

在解决实际问题时,可根据具体情况省略 Else 分支的内容。

【例 3.4】　无 Else 分支的 If 语句示例。在窗体上添加 1 个计时器、3 个图像框、1 条直线和 2 个单选按钮,如图 3-4 所示。程序运行时,单击"奔跑"单选按钮,小狗在窗体内从右向左循环跑动;单击"停止"单选按钮,小狗停止跑动,如图 3-5 所示。

【解】　直线控件在工具箱中的图标是 ＼ ,用于在窗体、图片框或框架中画各种直线。在窗体上添加直线后,设置其 BorderStyle 属性(直线线型)为 1-Solid(实线),BorderColor

属性(直线颜色)为绿色,BorderWidth 属性(直线宽度)为 3。将 2 个小图像框的 Visible 属性设置成 False,使其不可见,仅供图片交换使用。

图 3-4　例 3.4 界面设计

图 3-5　例 3.4 程序运行时的界面

单选按钮在工具箱中的图标是 ,通过 Caption 属性设置其标题信息。通常单选按钮成组出现,其特点是:在同组单选按钮中,有且只有一个处于"选中"状态;每次单击单选按钮时,将使其处于"选中"状态,而同组中其他单选按钮则自动变成"未选中"状态。单选按钮只有两种状态,由 Value 属性表示:True—选中,False—未选中。在此,将"停止"单选按钮的 Value 属性设置成 True,使其处于选中状态。

编程点拨:

(1)实现小狗原地跑动。

将图 3-6 中所示的 a、b 两幅图按顺序轮流在大图像框 Img1 中交替显示。为此,使用计时器 TmrMove 控制 3 个图像框间的图片交换,实现方法如下:

```
Private Sub TmrMove_Timer()
    Img3.Picture=Img1.Picture
    Img1.Picture=Img2.Picture
    Img2.Picture=Img3.Picture
End Sub
```

(a) 状态1　　(b) 状态2

图 3-6　小狗跑动状态图

其中,在图像框 Img1、Img2 中依次放置的是对应 a、b 状态的 2 幅图片。程序运行时,需借助第 3 个图像框实现图片间的交换。

(2)实现小狗在窗体内的循环移动。

小狗向左移动,就是不断改变图像框 Img1 的 Left 属性,使该属性值不断减小,如 Img1.Left=Img1.Left-100。为了实现图像框在窗体中的循环移动,当图像框移出窗体左边界时(即图像框的右边框所在坐标小于 0),就应该将其重新放置到窗体的右边界。具体实现方法如下:

```
Private Sub TmrMove_Timer()
    Img1.Left=Img1.Left -100
    If Img1.Left+Img1.Width< 0 Then
        Img1.Left=Form1.Width
    End If
End Sub
```

对于窗体中的对象，其位置坐标以窗体的左上角为基准(原点)，沿窗体水平向右为 x 坐标增加方向，沿窗体垂直向下为 y 坐标增加方向。控件的 Left 属性和 Top 属性分别标识该控件在窗体中的 x、y 坐标，而 Width 属性和 Height 属性则标识其宽度和高度，如图 3-7 所示。

(3) 小狗在跑动的同时在窗体内循环移动。

在 Timer 事件中，同时执行原地跑动和循环移动的操作。程序代码如下：

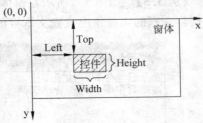

图 3-7　控件坐标表示

```
Private Sub TmrMove_Timer()
    '图像交换,实现原地跑动
    Img3.Picture=Img1.Picture
    Img1.Picture=Img2.Picture
    Img2.Picture=Img3.Picture
    '改变图像位置,实现循环移动
    Img1.Left=Img1.Left -100
    If Img1.Left+Img1.Width< 0 Then
        Img1.Left=Form1.Width
    End If
End Sub
```

完整程序代码如下：

```
Private Sub OptRun_Click()          '单击"奔跑"单选按钮
    TmrMove.Enabled=True
End Sub


Private Sub OptStop_Click()         '单击"停止"单选按钮
    TmrMove.Enabled=False
End Sub


Private Sub TmrMove_Timer()
    Img3.Picture=Img1.Picture
    Img1.Picture=Img2.Picture
    Img2.Picture=Img3.Picture
    Img1.Left=Img1.Left -100
    If Img1.Left+Img1.Width< 0 Then
        Img1.Left=Form1.Width
    End If
End Sub
```

程序说明：

(1) 本例题中将计时器控件的 Interval 属性设置为 100(即每隔 0.1s 触发一次 Timer 事件)，并通过单击单选按钮来打开或关闭计时器。

(2) 对于直线控件，当线条宽度(BorderWidth 属性)大于 1 时，其 BorderStyle 属性不起作用,只能显示实心线(即 BorderStyle 属性值默认为 1-Solid)。

(3) 本例中的 If 语句省略了 Else 分支。

分支结构逻辑性较强,使用时有一定难度,下面再介绍一些应用实例。

【例 3.5】 如图 3-8 所示在窗体上添加 1 个多行文本框和 3 个复选框。程序运行时,根据复选框的选择情况设置文本框的相应属性,如图 3-9 所示。

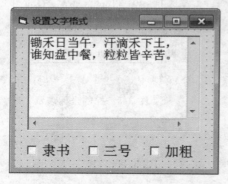

图 3-8 例 3.5 的界面设计

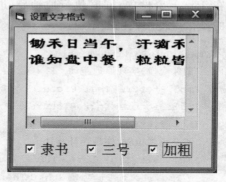

图 3-9 例 3.5 的运行界面

【解】 复选框控件在工具箱中的图标为☑,通过 Caption 属性设置其标题信息。为了在文本框中输入多行文本,设置其 Multiline 属性为 True,ScrollBars 属性为 3-Both。程序代码如下:

```
Private Sub ChkLS_Click()
    If ChkLS.Value=1 Then          '若选中"隶书"复选框,则
        TxtIn.FontName="隶书"       '文本框的字体设置为隶书
    Else
        TxtIn.FontName="宋体"       '文本框的字体设置为宋体
    End If
End Sub


Private Sub Chk3_Click()
    If Chk3.Value=1 Then           '若选中"三号"复选框,则
        TxtIn.FontSize=16          '文本框的文字大小设置为 16,即三号字
    Else                           '否则
        TxtIn.FontSize=12          '文本框的文字大小设置为 12,即小四号字
    End If
End Sub


Private Sub ChkJC_Click()
    If ChkJC.Value=1 Then          '若选中"加粗"复选框,则
        TxtIn.FontBold=True        '文本框的字型设置为粗体
    Else
        TxtIn.FontBold=False       '文本框的字型设置为常规
    End If
```

End Sub

程序说明：

(1) 复选框有 3 种状态，其当前状态由 Value 属性表示：0—表示没有选中；1—表示选中；2—表示选中但不可用（复选框呈灰色）。本例中，在设计阶段将 3 个复选框的 Value 属性均设置成 0，使它们处于"未选中"状态。

(2) 复选框控件的特点是：可以同时选中多个；单击复选框时，其状态在"选中"与"未选中"之间切换。

(3) 文本框的 Multiline 属性设置为 True 时，表示在文本框中可以输入多行信息；为 False 时只能输入单行信息。

(4) 当文本框的 Multiline 属性为 True 时，可设置文本框的 ScrollBars（是否添加滚动条）属性。本例中设其属性值为 3-Both，表示添加水平和垂直滚动条。

(5) 本例题中，在各复选框的单击事件中通过 If 语句处理其选择情况。以"隶书"复选框为例，当 ChkLS. Value 的值为 1（即选中"隶书"复选框）时，执行 Then 后面的语句，将文本框字体设置为"隶书"，否则执行 Else 后面的语句，将文本框字体设置为"宋体"。

(6) 文本框的 FontName、FontSize 和 FontBold 属性分别表示其显示文本的字体名称、字体大小及文字是否加粗。其中 FontBold 的属性值为 True 或 False，值为 True 时表示加粗。类似地，文本框还有 FontItalic、FontStrikethru 和 FontUnderline 属性，分别表示文字是否为斜体、是否具有删除线和下画线。

【例 3.6】 生日祝福。窗体上有 2 个单选按钮、1 个图像框、1 个标签、1 个通用对话框和 1 个命令按钮，如图 3-10 所示。程序运行时，如果选中"图片"单选按钮，在窗体中显示祝福图片（如图 3-11 所示），并可通过单击"更换图片"按钮打开如图 3-12 所示的"选择图形文件"对话框，选择其他图形文件显示；如果选中"文字"单选按钮，则在窗体中显示祝福文字（如图 3-13 所示），并可通过单击"更换颜色"按钮打开如图 3-14 所示的"颜色"对话框，选择其他文字颜色。

图 3-10　例 3.6 的界面设计

【解】 在 Windows 操作环境中，经常用到"打开""保存"等文件操作的对话框。作为 Windows 的资源，这些对话框已被作成 VB 中的"通用对话框"控件（Common Dialog Box），在设计程序时可方便地直接使用。

图 3-11　显示祝福图片

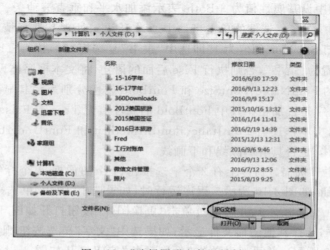

图 3-12　"选择图形文件"对话框

图 3-13　显示祝福文字

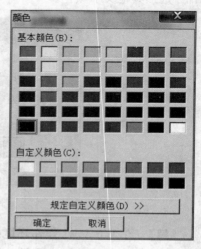

图 3-14　"颜色"对话框

通用对话框是外部控件,在默认状态下不出现在工具箱中,使用前需另行添加。在工具箱中添加通用对话框控件的操作步骤如下:

(1) 执行"工程"|"部件"命令,或者在工具箱中右击并选择快捷菜单中的"部件"命令,打开如图 3-15 所示的"部件"对话框。

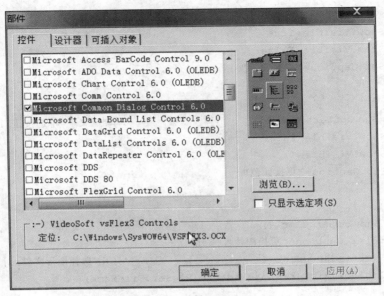

图 3-15 "部件"对话框

(2) 在"控件"选项卡中找到 Microsoft Common Dialog Control 6.0,并单击位于前部的选择框将其选中(再次单击,则取消选中状态)。

(3) 单击"应用"或"确定"按钮,关闭"部件"对话框。

此时,工具箱中出现通用对话框控件的图标。通用对话框控件在程序运行时不可见(与计时器控件相同)。

在窗体上添加通用对话框后,右击该控件,并在随后出现的快捷菜单中选择"属性"命令,此时打开如图 3-16 所示的"属性页"对话框。其中,"对话框标题"(DialogTitle 属性)

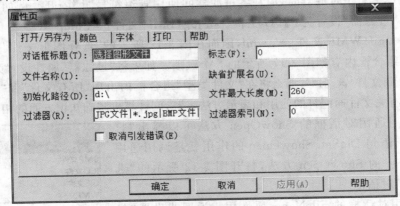

图 3-16 通用对话框的属性设置

用于返回或设置对话框标题栏中所显示的标题;"初始化路径"(InitDir 属性)指定对话框的初始路径,默认使用当前工作路径;而"过滤器"(Filter 属性)则指定了在对话框的文件列表框中所能显示的文件类型。按图 3-16 所示内容对通用对话框控件进行属性设置。

程序代码如下:

```
Private Sub OptPic_Click()                          '单击"图片"单选按钮
    ImgShow.Visible=True
    LblShow.Visible=False
    CmdSet.Caption="更换图片"
End Sub


Private Sub OptText_Click()                          '单击"文字"单选按钮
    ImgShow.Visible=False
    LblShow.Visible=True
    CmdSet.Caption="更换颜色"
End Sub


Private Sub CmdSet_Click()
    If CmdSet.Caption="更换图片" Then
        DlgSet.ShowOpen                              '打开"选择图形文件"对话框
        ImgShow.Picture=LoadPicture(DlgSet.FileName)
    Else
        DlgSet.ShowColor                             '打开"颜色"对话框
        LblShow.ForeColor=DlgSet.Color
    End If
End Sub
```

程序说明:

(1)设置通用对话框过滤器(Filter)属性的格式是:

显示文本|通配符

当需要设置多个过滤器时,应在各过滤器间使用管道符号"|"隔开。例如,本例题在属性页中将"过滤器"设置为:JPG 文件|＊.jpg|BMP 文件|＊.bmp|ICO 文件|＊.ico|GIF 文件|＊.gif|WMF 文件|＊.wmf,因而在图 3-12 所示的"选择图形文件"对话框中,"文件类型"组合框内有如图 3-17 所示的 5 个选项。如果将"过滤器"属性设置为:所有文件|＊.＊|JPG 文件|＊.JPG,那么将在"文件类型"组合框内出现"所有文件"和"JPG 文件"两个选项。有关文件通配符的使用和表示方法,请参阅计算机基础知识方面的相关书籍。

(2)调用通用对话框的 ShowOpen 方法可以弹出"打开"对话框。语句 DlgSet.ShowOpen 的作用就是调用通用对话框 DlgSet 的 ShowOpen 方法,打开图 3-12 所示的"选择图形文件"对话框。

(3)通用对话框的 FileName 属性用于返回或设置"打

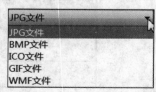

图 3-17　"文件类型"组合框

开"对话框中所选文件的完整路径及文件名。程序中,由 DlgSet. FileName 获得用户在"选择图形文件"对话框中所选的文件名,并调用 LoadPicture 函数将其加载到图像框中。

(4) 调用通用对话框的 ShowColor 方法可以打开图 3-14 所示的"颜色"对话框,并由 Color 属性返回用户所选颜色。语句 LblShow. ForeColor＝DlgSet. Color 的作用就是调用 DlgSet 的 ShowColor 方法以打开"颜色"对话框,并将用户所选颜色赋给标签 LblShow 的 ForeColor 属性,改变标签文字颜色。与"打开"和"颜色"对话框有关的其他属性介绍参见 7.4.1 节。

(5) 通用对话框控件提供了包括"打开""另存为""颜色""字体"和"打印"等在内的一组标准对话框,在运行 Windows 帮助引擎时,还能够显示应用程序的帮助。

(6) 本例题中,仅利用一个命令按钮来实现"更换图片"和"更换颜色"两个按钮的功能。程序运行时,通过单击单选按钮改变命令按钮的标题,而在单击命令按钮时,则使用 If 语句对按钮的标题内容进行判断并执行不同的操作。

以上介绍了 If 语句的最常用格式,实际上 If 语句格式十分灵活,当语句组 1 和语句组 2 都是一条语句时,If 语句也可以书写成如下形式:

If 表达式 Then 语句1 Else 语句2

3.2.2　使用嵌套的 If 语句处理多分支问题

在 If 语句的 If 或 Else 分支中还可以再包含 If 语句,这样结构的 If 语句称为 If 语句的嵌套。

【例 3.7】　预定酒店。窗体上有 2 个框架和 1 个命令按钮,其中每个框架中各含有 2 个单选按钮。程序运行时,在两个框架中分别选中一个单选按钮后单击"预定"按钮,以消息框形式显示预定信息,如图 3-18 所示。

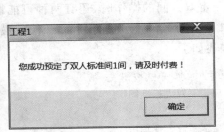

图 3-18　预定酒店

【解】　单选按钮常成组出现,对于同一组内的单选按钮,只能有一个处于"选中"状态。通过框架控件可以对单选按钮进行分组,位于不同框架内的单选按钮属于不同的分组。本例题中使用两个框架,将 4 个单选按钮划分成"房间类型"和"舒适度"两组,实现多组选择。框架控件在工具箱中的图标为▓。

给命令按钮设置快捷键的方法：在按钮的 Caption 属性中指定热键字母，并在该字母前加"&"即可（如：将"预定"按钮的 Caption 属性设置为"预定(&R)"）。程序运行中，同时按下 Alt 与 R 键时，等同于单击"预定"按钮。

程序代码如下：

```
Private Sub CmdOrder_Click()
    If OptDbl.Value=True Then            '选中"双人"单选按钮
        If OptBZ.Value=True Then          '选中"标准"单选按钮
            MsgBox "您成功预定了双人标准间 1 间,请及时付费!"
        Else                              '选中"豪华"单选按钮
            MsgBox "您成功预定了双人豪华房 1 间,请及时付费!"
        End If
    Else                                  '选中"三人"单选按钮
        If OptBZ.Value=True Then
            MsgBox "您成功预定了三人标准间 1 间,请及时付费!"
        Else
            MsgBox "您成功预定了三人豪华房 1 间,请及时付费!"
        End If
    End If
End Sub
```

程序说明：

（1）本例题需要根据房间类型和舒适度两个条件预定房间。首先通过 If 语句判断所选房间类型,用伪代码描述如下：

```
If 选中"双人"单选按钮 Then
    预定双人间
Else
    预定三人间
End If
```

但是,在预定双人间的操作时,还有两种可能情况：双人标准间或双人豪华房。为此,还需通过 If 语句对"舒适度"进行判断,以决定最终的预定信息。"预定双人间"的操作可用伪代码描述如下：

```
If 选中"标准"单选按钮 Then
    预定了双人标准间
Else
    预定了双人豪华房
End If
```

将上述两段代码合并后的伪代码描述如下：

```
If 选中"双人"单选按钮 Then
    If 选中"标准"单选按钮 Then
```

```
            预定了双人标准间
        Else
            预定了双人豪华房
        End If
    Else
        预定三人间
    End If
```

同理,"预定三人间"的操作也是通过另一 If 语句实现。可以看到,这是一个在 If 语句的分支结构中又内含其他 If 语句的嵌套结构,称为"If 的嵌套"。嵌套 If 语句的一般形式是:

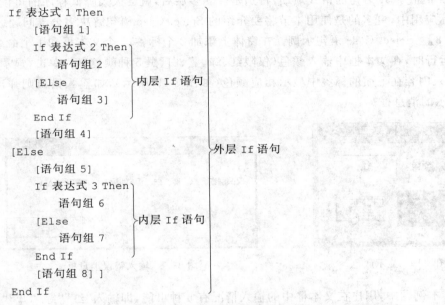

注意:只在 Then 分支或 Else 分支中含有内层 If 语句的结构也叫作嵌套 If 语句。

(2) 最常见的嵌套 If 语句是在 Else 分支中含有内层 If 语句的结构,其格式可以简化为如下形式:

```
If 表达式 1 Then
    语句组 1
ElseIf 表达式 2 Then
    语句组 2
ElseIf 表达式 3 Then
    语句组 3
    ⋮
ElseIf 表达式 n Then
    语句组 n
[Else
    语句组 n+1]
```

```
End If
```

（3）框架作为容器控件，其中可以再放置其他控件。使用框架的好处是可以将控件按类进行分组。窗体和图片框也是容器。请注意：当使用"复制"|"粘贴"的方法向框架中添加控件时，必须先选中框架，然后再执行"粘贴"操作。

3.3　使用 Select Case 语句处理多分支问题

一条 If 语句只能实现两个分支的判断操作，因而在解决多分支问题时常借助于嵌套的 If 语句。但嵌套 If 语句的格式烦琐，特别是嵌套多层后，就会大大降低程序的可读性，因而在实际应用中，更多的是使用本节将要介绍的 Select Case 语句解决多分支问题。

【例 3.8】　Select Case 语句示例。在窗体上添加 2 个标签、1 个文本框和 1 个命令按钮。程序运行时，在文本框中输入颜色（仅限红、绿、蓝、白、黑 5 种颜色）后，单击"显示"按钮，根据输入内容在下面的标签中显示相应颜色（如图 3-19 所示），如输入错误则弹出如图 3-20 所示的消息框。

图 3-19　显示颜色

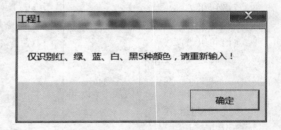

图 3-20　输入错误消息框

【解】　本例题中，用户在文本框中的输入情况有 6 种可能，即输入"红""绿""蓝""白""黑"中的一种，以及输入错误的情况。相应地，需要判断、执行的操作也分为 6 种情况，因此选用 Select Case 语句实现。程序代码如下：

```
Private Sub CmdShow_Click()
    Dim a As String
    a=TxtIn.Text
    Select Case a
        Case "红"
            LblShow.BackColor=RGB(255, 0, 0)
        Case "绿"
            LblShow.BackColor=RGB(0, 255, 0)
        Case "蓝"
            LblShow.BackColor=RGB(0, 0, 255)
        Case "白"
            LblShow.BackColor=RGB(255, 255, 255)
```

```
        Case "黑"
            LblShow.BackColor=RGB(0, 0, 0)
        Case Else
            MsgBox "仅识别红、绿、蓝、白、黑 5 种颜色,请重新输入!"
            TxtIn.Text=""
    End Select
End Sub
```

程序说明:

(1) 多分支结构是根据测试的条件,从不同的分支选项中选择一个满足条件的分支执行。如本例题就是根据 a 的不同取值执行不同的分支,在标签中显示不同颜色。如图 3-21 所示为 CmdShow_Click 事件的执行流程。

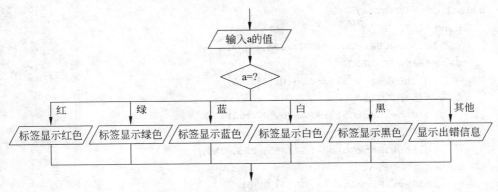

图 3-21   CmdShow_Click 流程图

(2) Select Case 语句的一般格式是:

```
Select Case 判断表达式
    Case 表达式表 1
        语句组 1
    Case 表达式表 2
        语句组 2
    ⋮
    Case 表达式表 n
        语句组 n
    [Case Else
        语句组 n+1]
End Select
```

其中,判断表达式可以是一个常量或变量,也可以是数值型表达式或字符型表达式。如 Select Case 3、Select Case x、Select Case x Mod 2 等均是合法的形式。

Case 后的"表达式表"用来判断其值是否与判断表达式相匹配,若匹配,则执行该 Case 后的语句组,然后退出 Select Case 语句;若所有 Case 后的"表达式表"均与判断表达式的值不匹配,则执行 Case Else 后的语句组。Case Else 分支可以省略,此时若判断表达式与所有 Case 后的"表达式表"均不匹配,则直接退出 Select　Case 语句,不做任何操作。

Case 后的"表达式表"其形式多种多样,以下均是合法的形式:

```
Case  3                 判断表达式的值为 3 时匹配
Case  1 To 100          判断表达式的值为 1 至 100 之间时匹配
Case  "a","A" To "Z"    判断表达式的值为"a"或"A"至"Z"之间时匹配
Case  1,3,5             判断表达式的值为 1 或 3 或 5 时匹配
Case  Is>90             判断表达式的值大于 90 时匹配
```

例如,本例题中如果允许用户使用中、英文输入颜色且不限定英文大小写(如"红"、Red、red 等),则可将上述 Select Case 语句改写如下:

```
Select Case UCase(a)
    Case "红", "RED"
        LblShow.BackColor=RGB(255, 0, 0)
    Case "绿", "GREEN"
        LblShow.BackColor=RGB(0, 255, 0)
    Case "蓝", "BLUE"
        LblShow.BackColor=RGB(0, 0, 255)
    Case "白", "WHITE"
        LblShow.BackColor=RGB(255, 255, 255)
    Case "黑", "BLACK"
        LblShow.BackColor=RGB(0, 0, 0)
    Case Else
        MsgBox "仅识别红、绿、蓝、白、黑 5 种颜色,请重新输入!"
        TxtIn.Text=""
End Select
```

【例 3.9】　显示成绩等级。在窗体上添加 3 个标签、1 个文本框和 1 个命令按钮。程序运行时,在文本框中输入成绩并单击"判断"命令按钮,在黄色标签中显示对应的成绩等级,如图 3-22 所示。成绩在 85～100 为"优秀",70～84 为"良好",60～69 为"及格",0～59 为"不及格"。当输入成绩大于 100 或小于 0 时,弹出出错消息框并等待用户重新输入。

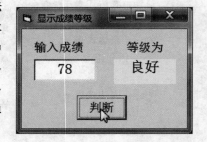

图 3-22　显示成绩等级

【解】　编程点拨:

根据题意,若输入的成绩不在 0～100,则应显示出错信息,否则(输入正确)应进行等级分类。判断成绩是否合法只有两种可能,因此选用 If 语句,而分等级有 4 种可能,故选用 Select Case 语句。程序代码如下:

```
Private Sub CmdShow_Click()
    Dim f As Double
    f=Val(TxtIn.Text)
```

```
        If f<0 Or f >  100 Then
            MsgBox "数据输入错误,请重新输入!"
            TxtIn.Text=""
            LblOut.Caption=""
        Else
            Select Case f
                Case Is > =85
                    LblOut.Caption="优秀"
                Case Is > =70
                    LblOut.Caption="良好"
                Case Is > =60
                    LblOut.Caption="及格"
                Case Else
                    LblOut.Caption="不及格"
            End Select
        End If
    End Sub
```

程序说明:

(1) 使用 If 语句判断输入数据的合法性,当输入数据小于 0 或大于 100 时,提示错误信息,并清空文本框和标签内容。若输入数据为 0～100 时,使用 Select Case 语句处理 4 个等级。

(2) 在 Select Case 语句中,应特别注意各 Case 分支的排列顺序。将本例题程序代码中的 Select Case 语句修改如下,将产生错误的运行结果。

```
Select Case score
    Case Is > =60
        LblOut.Caption="及格"
    Case Is > =70
        LblOut.Caption="良好"
    Case Is > =85
        LblOut.Caption="优秀"
    Case Else
        LblOut.Caption="不及格"
End Select
```

此时若输入成绩 78,则输出错误的等级"及格"。这是因为 Select Case 语句的执行流程为自上而下依次扫描各 Case 表达式,一旦找到与判断表达式的值相匹配的 Case 分支,则执行该 Case 分支中的语句组,并在执行结束后直接跳出 Select Case 语句,即使在该 Case 分支后还存在与判断表达式相匹配的 Case 分支,也不再执行。对于输入成绩 78,满足"大于等于 60"的条件,因而在执行第 1 个 Case 分支时即与判断表达式的值相匹配,执行其后的语句,在标签中显示等级"及格",而后直接跳至 End Select,结束 Select Case 语句。

3.4 菜单设计

VB 是 Windows 平台下的开发工具,因此使用 VB 可以轻松地设计出符合 Windows 风格的应用程序。作为 Windows 特有的界面设计风格,菜单可使应用程序的界面更为简洁,操作也更加便捷。

【例 3.10】 在窗体上添加 1 个图像框、1 个标签、1 个通用对话框和 2 个菜单,如图 3-23 所示。程序运行时,单击"贝贝""晶晶""欢欢""迎迎"或"妮妮"菜单项,在图像框中显示相应图片;单击"自选"菜单项,打开如图 3-12 所示的"选择图形文件"对话框,并将用户选定的图形文件显示在图像框中;单击"红""黄""蓝"菜单项,将标签中的文字颜色设置为对应颜色;单击"自定义"菜单项,打开如图 3-14 所示的"颜色"对话框,并将用户选定的颜色设置为标签文字颜色。

 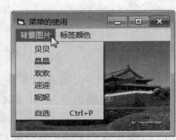 

(a) 窗体设计　　　　　　(b) "背景图片"下拉菜单　　　　　(c) "标签颜色"下拉菜单

图 3-23　例 3.10 的界面设计

【解】 在窗体上添加所需控件,并设置通用对话框的"对话框标题"(DialogTitle)属性为"选择图形文件","初始化路径"(InitDir)属性为"D:\","过滤器"(Filter)属性为"JPG 文件│ ＊.jpg│BMP 文件│＊.bmp│ICO 文件│＊.ico│GIF 文件│＊.gif│WMF 文件│＊.wmf",然后按如下步骤设计菜单:

第 1 步,启动菜单编辑器。选择"工具"│"菜单编辑器"命令启动菜单编辑器,如图 3-24 所示。

第 2 步,添加菜单。在菜单编辑器中,可以通过"下一个"按钮选择菜单添加位置;通过升级 ← 或降级 → 按钮调整菜单的级别。添加各级菜单的步骤如下:

(1) 建立"背景图片"菜单。首先在"标题"和"名称"中分别输入"背景图片"和 MnuPic 建立顶层菜单,如图 3-25 所示;然后单击"下一个"和降级按钮 →,并在"标题"和"名称"中分别输入"贝贝"和 MnuBB,添加"背景图片"的下一级菜单"贝贝";再次单击"下一个"按钮,可继续添加"晶晶"(MnuJJ)、"欢欢"(MnuHH)、"迎迎"(MnuYY)、"妮妮"(MnuNN)和"自选"(MnuOpt1)等菜单项。

(2) 在菜单项间建立分隔线。为了在"妮妮"和"自选"菜单项间添加分隔线,首先需通过"插入"按钮在"自选"菜单项前建立一个新的菜单项,然后输入其"标题"和"名称"分

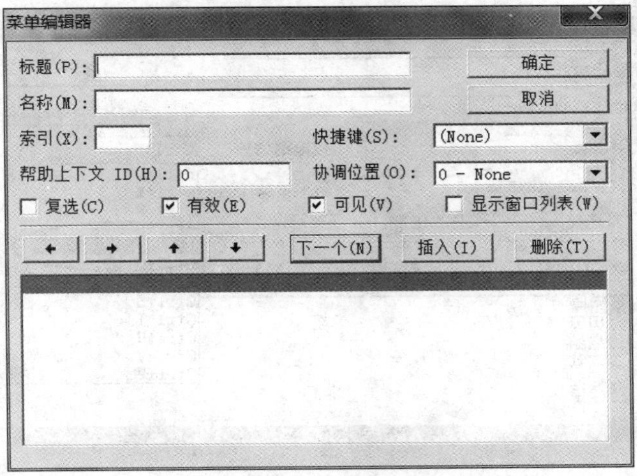

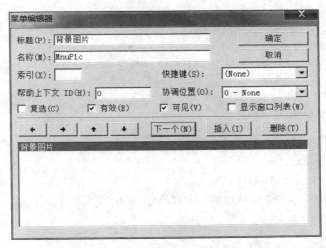

图 3-24　菜单编辑器

图 3-25　建立顶层菜单"背景图片"

别为"-"和 MnuBar1。注意：作为分隔线使用的菜单项，其"标题"必须为西文字符"-"，且不能缺省"名称"属性。

（3）为菜单项指定快捷键。选中"自选"菜单项，在"快捷键"下拉列表中选择 Ctrl＋P，如图 3-26 所示。程序运行时，按下 Ctrl 和 P 组合键等同于单击"自选"菜单项。

（4）建立"标签颜色"菜单。单击"下一个"和升级按钮 ←，回到顶级菜单位置，然后即可参照"背景图片"的相同方法建立"标签颜色"菜单。"标签颜色"及其下级菜单的"名称"分别是 MnuLab、MnuRed、MnuYellow、MnuBlue、MnuBar2 和 MnuOpt2。

程序代码如下：

```
Private Sub MnuBB_Click()
    ImgShow.Picture=LoadPicture("贝贝.jpg")
End Sub
```

第 3 章　分支结构程序设计 —————

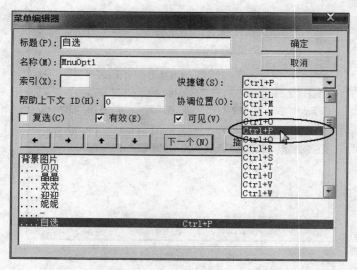

图 3-26 设置快捷键

```
Private Sub MnuJJ_Click()
    ImgShow.Picture=LoadPicture("晶晶.jpg")
End Sub


Private Sub MnuHH_Click()
    ImgShow.Picture=LoadPicture("欢欢.jpg")
End Sub


Private Sub MnuYY_Click()
    ImgShow.Picture=LoadPicture("迎迎.jpg")
End Sub


Private Sub MnuNN_Click()
    ImgShow.Picture=LoadPicture("妮妮.jpg")
End Sub


Private Sub MnuOpt1_Click()
    Dim s As String
    DlgOpt.ShowOpen
    s=DlgOpt.FileName
    ImgShow.Picture=LoadPicture(s)
End Sub


Private Sub MnuRed_Click()
    LblShow.ForeColor=vbRed
End Sub
```

```
Private Sub MnuYellow_Click()
    LblShow.ForeColor=vbYellow
End Sub

Private Sub MnuBlue_Click()
    LblShow.ForeColor=vbBlue
End Sub

Private Sub MnuOpt2_Click()
    DlgOpt.ShowColor
    LblShow.ForeColor=DlgOpt.Color
End Sub
```

程序说明：

（1）为了实现各菜单项的功能，需编写各菜单项的 Click 事件过程。

（2）vbRed、vbYellow 和 vbBlue 是 VB 提供的符号常量，分别表示红色、黄色和蓝色。表 3-5 列出了各颜色常量所对应的颜色。

表 3-5　颜色常量与颜色对照表

符号常量	描述颜色	值
vbBlack	黑色	&.H0
vbRed	红色	&.HFF
vbGreen	绿色	&.HFF00
vbYellow	黄色	&.HFFFF
vbBlue	蓝色	&.HFF0000
vbMagenta	洋红色	&.HFF00FF
vbCyan	青色	&.HFFFF00
vbWhite	白色	&.HFFFFFF

（3）只有当系统处于"查看对象"状态时才能启动菜单编辑器，在"查看代码"状态下菜单编辑器命令不可用。菜单编辑器中"有效"选项相当于 Enabled 属性，"可见"选项相当于 Visible 属性。

（4）给菜单设置快捷键时，应尽量遵循 Windows 习惯，避免与 Windows 功能快捷键混淆。

（5）若要修改已设计好的菜单项，可重新启动菜单编辑器，通过"插入""删除"按钮插入或删除菜单项；使用↑（上）、↓（下）、←（左）、→（右）箭头按钮调整菜单项的位置顺序或菜单级别。

【例 3.11】　在例 3.10 基础上添加弹出式菜单。程序运行时，右击标签，立即弹出含有"红""黄""蓝"命令的快捷菜单（如图 3-27 所示），各菜单项的功能与"标签颜色"菜单中对应菜单项一致。

【解】 在例 3.10 中菜单的基础上,重新启动菜单编辑器,添加顶级菜单"弹出"及下一级菜单"红""黄""蓝",4 个菜单的"名称"分别为 MnuPop、MnuPopRed、MnuPopYellow 和 MnuPopBlue;同时将"弹出"菜单项的"可见"属性设置为假(即去掉该选项前的"√",如图 3-28 所示),使"弹出"及其下级菜单在程序运行时不可见。

图 3-27　弹出式菜单

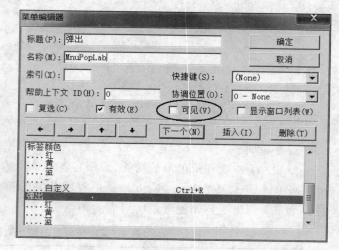

图 3-28　设置"弹出"菜单不可见

为了实现右击标签时弹出快捷菜单,应编写如下程序代码:

```
Private Sub LblShow_MouseDown(Button As Integer, Shift As Integer, X As
Single, Y As Single)
    If Button=2 Then
        PopupMenu MnuPop
    End If
End Sub
```

程序说明:

(1) MouseDown 事件中,参数 Button 返回用户所按鼠标键的代码:1—左键,2—右键,4—中间键。

(2) PopupMenu 方法用于弹出菜单,其调用格式是:PopupMenu 顶级菜单名。

(3) 弹出菜单中"红""黄""蓝"菜单项的功能与例 3.10 中相应菜单的功能相同,因此不必重复编写代码,而直接按如下方式调用即可。

```
Private Sub MnuPopRed_Click()
    MnuRed_Click
End Sub

Private Sub MnuPopYellow_Click()
    MnuYellow_Click
End Sub
```

```
Private Sub MnuPopBlue_Click()
    MnuBlue_Click
End Sub
```

在 MnuPopRed_Click()中,语句 MnuRed_Click 的作用是使程序流程转去执行 MnuRed_Click 过程,待执行完毕后再返回到 MnuPopRed_Click 过程中,继续执行其后的下一条语句,这就如同将 MnuRed_Click()中的所有语句复制到此处,从而减少不必要的代码重复。

3.5 提 高 部 分

控件是构成 VB 应用程序界面最基本的元素,掌握各控件的常用属性、事件及方法,有利于程序的设计。下面将就本章中出现的一些新控件进行综合介绍。

1. 单选按钮

单选按钮主要用于"多中选一"的情况。

(1) 属性。

Alignment 属性 设置标题的显示位置。其默认值为 0,标题显示在单选按钮的右边。若 Alignment 属性值为 1,则标题显示在单选按钮的左边。

Value 属性 设置单选按钮的状态。值为 True 时按钮处于选中状态;False 时表示未选中状态。在一组单选按钮中,若一个按钮的 Value 属性为 True,则其余各单选按钮均变为 False。

Style 属性 设置单选按钮的显示方式。若 Style 属性值为 0-Standard,以标准方式显示按钮,即同时显示按钮和标题。若 Style 属性值为 1-Graphical,以图形方式显示按钮,需进一步设置 Picture 属性为其指定图片,此时单选按钮的外观与图形化命令按钮类似。

(2) 事件。

单选按钮能识别 Click、DblClick 等事件。通过这些事件,该单选按钮的 Value 属性值将变为 True,而同组内其他按钮的 Value 属性值自动变为 False。

2. 复选框

复选框主要用于在多个选项中选择其中一项或几项的情况。

(1) 属性。

Alignment 和 Style 属性   与单选按钮相同。

Value 属性   设置复选框的状态。若 Value 属性值为 0,表示复选框处于"未选中"状态;若为 1,表示"选中"状态;若为 2,表示处于"禁用"状态,此时复选框的颜色呈灰色。

(2) 事件。

复选框常用的事件是 Click 事件。每次单击时,复选框的状态在"选中"与"未选中"

间切换。

3. 框架

框架是容器控件,其中可以放置其他控件。在实际应用中,通常利用框架对其他控件进行分组,以使界面简洁、清晰。

(1) 属性。

Caption 属性　设置框架的标题。如图 3-18 中,两个框架的 Caption 属性分别为"房间类型"和"舒适度"。若 Caption 属性为空,则框架显示为闭合的矩形框。

Enabled 属性　当 Enabled 属性值为 True 时,表示框架内的所有控件是可用的,即可以对其进行操作。当值为 False 时,框架的标题文字呈灰色(程序运行时),表示框架内所有控件不可用。

(2) 事件。

框架可以响应 Click 事件和 DbClick 等事件,但一般不需编写框架的事件过程。

4. 直线

直线控件主要用于在窗体、图片框或框架中画直线。其主要属性如下:

BorderColor 属性　设置线段的颜色。

BorderStyle 属性　设置线段的线型。BorderStyle 属性值为 0～6,分别对应透明(不显示)、实线、破折线、点线、点画线、双点画线、内实线 7 种线型。

BorderWidth 属性　设置线段的宽度。仅当该属性值为 1 时 BorderStyle 属性有效,否则线型一律采用实线。

X1、Y1、X2、Y2 属性　设置或返回线段的位置。其中 X1、Y1 表示线段起始端的横、纵坐标,X2、Y2 表示线段终止端的横、纵坐标。

注意:直线控件不支持任何事件,只用于界面修饰。

5. 通用对话框

(1) 属性。

Action 属性　返回或设置被显示的对话框类型,在设计时无效。通用对话框可以提供 6 种形式的对话框,在程序运行时可以通过设置 Action 属性(或调用不同的方法)指定通用对话框的类型。通用对话框类型、调用方法和 Action 属性值之间的对应关系如表 3-6 所示。

表 3-6　通用对话框的 Action 属性与方法

方法名	对话框类型	Action 属性值
ShowOpen	显示"打开"对话框	1
ShowSave	显示"另存为"对话框	2
ShowColor	显示"颜色"对话框	3

方法名	对话框类型	Action 属性值
ShowFont	显示"字体"对话框	4
ShowPrinter	显示"打印"或"打印选项"对话框	5
ShowHelp	调用 Windows 帮助引擎	6

说明：Action 属性是为了与 Visual Basic 早期版本兼容而提供的，可由对话框的相应方法替代。

CancelError 属性　指出在对话框中单击"取消"按钮时是否按出错处理。当属性值为 True 时，无论何时单击"取消"均产生 32755(cdlCancel)号错误。

Flags 属性　用于设置或返回对话框的参数选项。其中，与"打开""另存为"对话框有关的 Flags 参数设置如表 3-7 所示；与"字体"和"颜色"对话框有关的 Flags 参数设置如表 3-8 和表 3-9 所示。

表 3-7　与"打开""另存为"对话框有关的 Flags 参数

Flags 值	描　　述
2	保存一个同名文件时，询问是否覆盖原有文件
8	将对话框打开时的目录设置成当前目录
16	在对话框中显示帮助按钮
256	允许在文件名中使用非法字符
512	允许在文件名列表框中同时选择多个文件
8192	当文件不存在时，提示创建文件

表 3-8　与"字体"对话框有关的 Flags 参数设置

Flags 值	描　　述
1	对话框中列出系统支持的屏幕字体
2	对话框中列出打印机支持的字体
3	对话框中列出可用的打印机和屏幕字体
256	允许设置删除线、下画线以及颜色等效果
512	对话框中的"应用"按钮有效

表 3-9　与"颜色"对话框有关的 Flags 参数设置

Flags 值	描　　述
1	设置初始颜色值
2	颜色对话框中包括自定义颜色窗口部分
4	颜色对话框中"规定自定义颜色"按钮无效
8	颜色对话框中显示"帮助"按钮

说明：可以将 Flags 属性设置成表中多个参数的和，此时对话框将同时满足各参数值的要求。

以下为"打开""另存为"对话框的常用属性：

DefaultExt 属性　返回或设置对话框默认的文件扩展名。当保存一个没有扩展名的文件时，系统自动为其添加该扩展名。

DialogTitle 属性　返回或设置对话框标题栏中所显示的字符串。注意：对于"颜色""字体"或"打印"对话框，该属性无效。

FileName 属性　返回或设置所选文件的路径和文件名。如果没有选择文件，则返回空字符串。

FileTitle 属性　仅返回要打开或保存文件的名称（没有路径）。

Filter 属性　指定在对话框的文件列表框中所显示文件的类型。通过设置该属性，可以为对话框提供一个"文件类型"列表，用它可以选择列表框中显示文件的类型。设置通用对话框过滤器（Filter）属性的格式是：

显示文本|通配符

当需要设置多个过滤器时，应在各过滤器间使用管道符号"|"隔开。注意：在管道符的前后不能添加空格。

FilterIndex 属性　返回或设置一个默认的过滤器。当为对话框指定了一个以上的过滤器时，需通过该属性为其指定默认的过滤器显示。注意：第一个过滤器的索引是 1。

InitDir 属性　为对话框指定初始的目录，默认时使用当前目录。

MaxFileSize 属性　返回或设置在对话框中所选文件的文件名最大尺寸，以便系统分配足够的内存存储这些文件名。取值范围是 1～32K，默认值是 256。

Max、Min 属性　返回或设置在"大小"列表框中显示的字体最大、最小尺寸。使用此属性前必须先置 cdlCFLimitSize 标志。

以下为"字体"对话框的常用属性：

Color 属性　返回或设置选定的字体颜色。必须先设置 Flags＝256。

FontBold 属性　返回或设置是否选定粗体。

FontItalic 属性　返回或设置是否选定斜体。

FontName 属性　返回或设置选定的字体名称。

FontSize 属性　返回或设置选定的字体大小。

FontStrikethru 属性　返回或设置是否选定删除线，必须先设置 Flags＝256。

FontUnderline 属性　返回或设置是否选定下画线，必须先设置 Flags＝256。

Max、Min 属性　返回或设置字体的最大、最小尺寸，必须先设置 Flags＝8192。

以下为"颜色"对话框的常用属性：

Color 属性　返回或设置选定的字体颜色，必须先设置 Flags＝1。

（2）方法。

AboutBox 方法　显示"关于"对话框。与在对象属性窗口中单击"关于"属性相同。

ShowColor 方法　显示"颜色"对话框。

ShowFont 方法　显示"字体"对话框。特别注意：在使用 ShowFont 方法前，必须将通用对话框的 Flags 属性设置为 1~3 中的任一值与其他参数值的和（即必须规定对话框中所列字体的范围），否则将产生"没有安装的字体"提示，并产生一个运行时错误。

ShowHelp 方法　运行 WINHLP32.EXE 并显示指定的帮助文件。

说明：在使用 ShowHelp 方法前，必须先将其 HelpFile 和 HelpCommand 属性设置为相应的一个常数或值，否则 WINHLP32.EXE 不能显示帮助文件。

ShowOpen 方法　显示"打开"对话框。

ShowPrinter 方法　显示"打印"对话框。

ShowSave 方法　显示"另存为"对话框。

3.6　章　节　练　习

【练习 3.1】　计算以下分段函数的值。

$$y = \begin{cases} x^3 + 1 & (x \leqslant 0) \\ 2 & (0 < x \leqslant 2) \\ 5x & (x > 2) \end{cases}$$

在窗体上添加 3 个标签、1 个文本框和 1 个命令按钮。程序运行时，在文本框中输入整数 x 并单击"计算"按钮，在黄色标签中显示函数值 y，如图 3-29 所示。

提示：

（1）使用 3 个 If 语句，分别处理 3 种不同 x 条件下的函数值。

（2）为防止溢出，将存放函数值的变量 y 定义为 Double 类型。

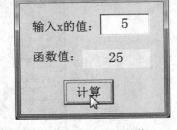

图 3-29　计算函数值

【练习 3.2】　在窗体上添加 1 个标签和 2 个框架，其中"颜色"框架中有 2 个单选按钮，"字型"框架中有 2 个复选框，程序运行时的初始界面如图 3-30 所示。程序运行时，根据用户选择情况设置标签中文字的相应颜色及字型。

【练习 3.3】　使用字体和颜色对话框对标签中的文字进行设置。在窗体中添加 1 个标签、2 个命令按钮和 1 个通用对话框，如图 3-31 所示。程序运行时，单击"字体"或"颜色"按钮，打开图 3-32 或图 3-33 所示的对话框，对标签中的文字进行字体或颜色设置。

提示：

（1）调用通用对话框的 ShowFont 方法可以打开"字体"对话框。在调用 ShowFont 方法前，应设置通用对话框的 Flags 属性为其指定所列字体范围，其中，属性值 1 对应系统支持的屏幕字体，属性值 2 代表打印机支持的字体，而属性值 3 则表示同时列出上述两类字体，即 1+2。

图 3-30　练习 3.2 的初始运行界面

图 3-31　练习 3.3 的界面设计

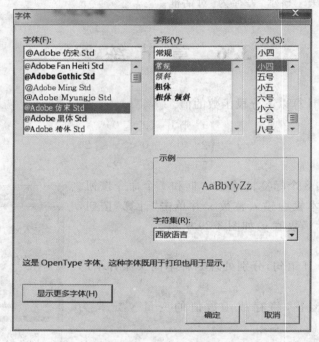

图 3-32　"字体"对话框

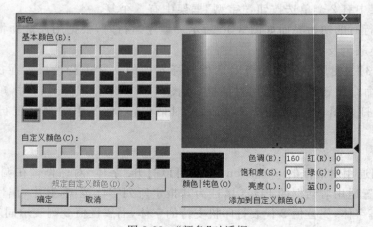

图 3-33　"颜色"对话框

(2) 与"字体"对话框有关的常用属性 FontName、FontItalic、FontBold 和 FontSize 分别表示在对话框中选中的字体名称、字体是否斜体、字体是否加粗以及字体的大小。

【练习3.4】 在窗体中添加 2 个标签、1 个文本框和 1 个命令按钮。程序运行时，在文本框中输入星期数后单击"转换"按钮，在蓝色标签中显示相应的英文拼写，如图 3-34 所示。如输入错误，则弹出如图 3-35 所示的消息框，同时清空文本框中的错误输入。

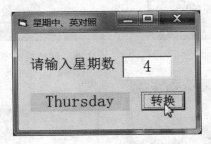

图 3-34　显示星期的英文拼写　　　　　图 3-35　错误消息框

【练习3.5】 在窗体上添加 1 个框架（包含 2 个单选按钮）、1 个图像框和 1 个菜单，如图 3-36 所示。程序运行时，在"设置"菜单中单击商品品牌，则根据单选按钮的选择情况在图像框上显示该品牌的 U 盘或硬盘照片；单击"退出"菜单项，结束整个程序的运行。

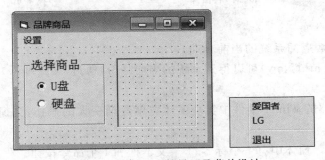

图 3-36　练习 3.5 的界面及菜单设计

习　题　3

基础部分

1. 窗体上添加 2 个标签、1 个文本框、1 个计时器、1 个图像框和 1 个命令按钮（如图 3-37 所示），并将窗体的宽度按图 3-38 所示进行调整，使之变小。程序运行时，在文本框中输入 18 位身份证号码后单击"验证"按钮，窗体标题显示系统当前日期，同时根据身份证号码进行生日验证。如果出生月份、日期与当前日期一致，则窗体右侧不断延长，直至显示全部贺卡（如图 3-39 所示），否则弹出如图 3-40 所示的消息框显示错误信息（今天不是你的生日）。

图 3-37　习题 1 的窗体界面

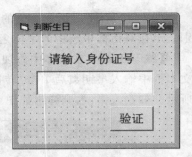

图 3-38　调整后的窗体界面

图 3-39　扩展窗体

图 3-40　出错消息框

提示：

（1）Date 函数返回系统的当前日期。

（2）通过 Month(Now)可以得到系统的当前月份，通过 Day(Now)可以得到系统的当前日期。

（3）在计时器的 Timer 事件中实现窗体宽度逐渐变大的操作，当窗体宽度达到指定程度时关闭计时器。

2. 判断闰年。窗体中有 1 个标签、1 个文本框和 1 个命令按钮。程序运行时，在文本框中输入年份后单击"判断"按钮，弹出消息框显示该年份是否为闰年，如图 3-41 所示。满足以下条件之一者为闰年：

（1）该年份能被 4 整除但不能被 100 整除；

（2）能被 400 整除。

图 3-41　判断闰年

3. 统计字符数。窗体上添加 1 个多行文本框和 4 个标签。程序运行时，在文本框中输入字符，黄色标签上即时显示输入字符中的空格个数和英文字母的个数，如图 3-42 所示。

4. 改写第 3 题。在原窗体上再添加 2 个标签。程序运行时,在文本框中输入字符,则在黄色标签上即时显示输入字符中的大、小写字母个数及字符总数,如图 3-43 所示。

图 3-42　统计空格和字母数

图 3-43　统计字母及字符数

5. 窗体中有 4 个标签、1 个文本框、2 个复选框和 2 个命令按钮。程序运行时,单击"出题"按钮,根据复选框选择情况随机产生 2 位、3 位或混合位数的数据,如图 3-44 所示;用户输入答案并单击"验证"按钮,弹出如图 3-45 所示的消息框显示验证信息。

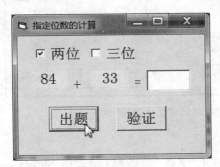

图 3-44　产生随机数据

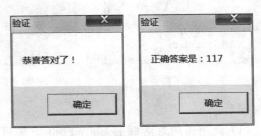

图 3-45　答案正确、错误时的消息框

6. 显示国家信息。在窗体上添加 2 个框架、1 个图像框、1 个标签和 1 个命令按钮,其中在"国家"框架和"基本信息"框架中各含有 2 个单选按钮。程序运行时,单击"确定"按钮,根据单选按钮选择情况,显示该国家的国旗或首都名称(如图 3-46 所示)。

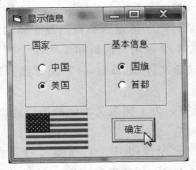

(a) 显示国旗

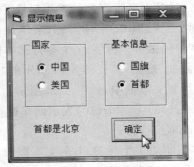

(b) 显示首都名称

图 3-46　显示国家信息

7. 窗体中有1个标签、1个多行文本框、1个通用对话框和1个命令按钮,如图3-47所示。程序运行时,单击"字体"按钮,打开如图3-48所示的"字体"对话框,并根据用户选择设置文本框字体。

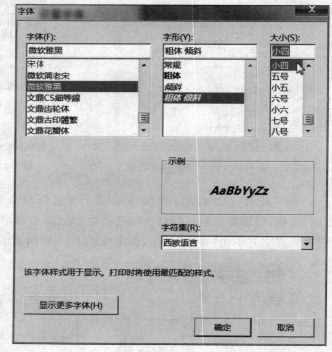

图 3-47　习题 7 的界面设计　　　　　　　　图 3-48　"字体"对话框

提示:

(1) 调用通用对话框的 ShowFont 方法可以打开"字体"对话框;而调用 ShowColor 方法可以打开"颜色"对话框。

(2) 在调用 ShowFont 方法前,必须设置通用对话框的 Flags 属性为其指定所列字体范围。属性值1对应系统支持的屏幕字体,2代表打印机支持的字体,3表示同时列出上述两类字体,即 $1+2$。

(3) 与"字体"对话框有关的常用属性 FontName、FontItalic、FontBold 和 FontSize 分别表示在对话框中选中的字体名称、字体是否斜体、字体是否加粗以及字体的大小。

8. 窗体中包括1个标签、1个多行文本框、1个通用对话框和1个命令按钮。程序运行时,单击"添加"按钮,打开图3-49所示的"选择文件"对话框,并将用户选择的文件路径及文件名添加到文本框中,如图3-50所示。

提示: Chr(13) & Chr(10)表示回车换行符。为了实现文本框的换行输出,需在每行行尾处添加回车换行符。

9. 窗体上添加1个标签、1个文本框、1个命令按钮、1个计时器、1个图像框和1个菜单,其中"设置"菜单如图3-51所示。程序运行时,在文本框中输入月份并单击"显示"按钮,根据输入月份判断其所在季节,在图像框中显示相应季节的图片,如图3-52所示;

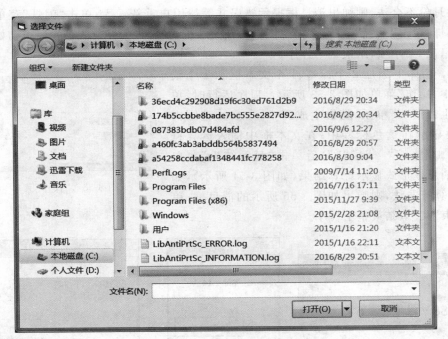

图 3-49 "选择文件"对话框

图 3-50 显示文件路径及名称

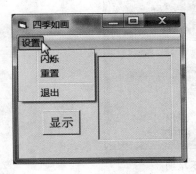

图 3-51 "设置"菜单

图 3-52 根据月份显示相应图片

若输入月份不合法,则弹出消息框提示错误并等待用户重新输入;单击"闪烁"菜单项,图像框闪烁;单击"重置"菜单项,清空图像框及文本框内容,界面恢复为程序运行初始状态;单击"退出"菜单项,结束整个程序。

10. 窗体上添加 2 个标签、1 个文本框和 1 个菜单,其中"操作"菜单如图 3-53 所示。程序运行时,单击"产生数据"菜单项,随机生成两个[1,100]范围内的整数显示在黄色标签中;在文本框中输入运算符(仅限"+""一""＊"或"\")后单击"显示结果"菜单项,以消息框形式显示计算结果(如图 3-54 所示),如输入运算符非法,则弹出如图 3-55 所示的消息框;单击"结束"菜单,结束整个程序。

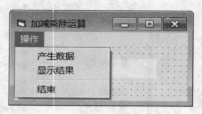

图 3-53　"操作"菜单

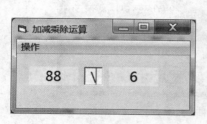

图 3-54　显示计算结果

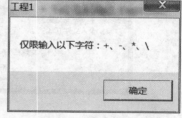

图 3-55　出错消息框

提高部分

11. 编写程序,判断从 2000 年起,某年某月的第 1 天是星期几。在窗体上添加 2 个文本框、3 个标签、2 个命令按钮和 1 条直线(BorderColor 属性为蓝色,BorderStyle 属性为 5)。程序运行时,根据输入的年份和月份,在直线下面的标签中显示该年该月的第 1 天是星期几,如图 3-56 所示。若输入的年份小于 2000 或月份小于 1 或大于 12,则弹出消息框提示输入错误。

图 3-56　显示星期

12. 编写程序,设计一个滚动字幕。在窗体上添加 1 个标签、一个框架(内含 3 个复选框)、1 个计时器和 1 个命令按钮,如图 3-57 所示。程序运行时,单击"开始"按钮,此时按钮变成"暂停"状态,同时字幕从右向左循环滚动;单击"暂停"按钮,字幕停止滚动,该按钮变成"继续"状态;单击"继续"按钮,字幕继续滚动。通过 3 个复选框可以随时改变字幕的字体格式(字幕初始字体为宋体、14、红色)。选中"隶书"复选框时,字幕的字体变为隶书;选中"大小"复选框时,字体大小设置为 28;选中"颜色"复选框时,字体颜色为蓝色。

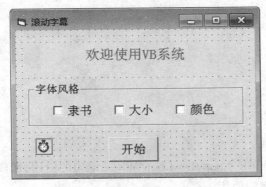

图 3-57 习题 12 的界面设计

第 4 章 循环结构程序设计

本章将介绍的内容

基础部分：

- For-Next、Do While-Loop、Do-Loop While 语句的使用、循环语句的嵌套。
- 列表框与组合框的使用。
- 循环结构的流程图。
- 使用 PSet、Line、Circle 等方法绘图。
- 算法：累加、连乘、求最大(小)值等算法。

提高部分：

- 列表框与组合框的进一步介绍。
- 系统坐标系与用户自定义坐标系、Scale 方法。
- 对象的 ScaleWidth 和 ScaleHeight 属性。
- 使用 PSet、Line、Circle 方法自行画图。

各例题知识要点

例 4.1　用 For-Next 语句实现循环结构；列表框的 AddItem 方法。

例 4.2　列表框的 Click 事件。

例 4.3　求最大值算法；列表框的 List 属性。

例 4.4　列表框的 ListIndex 属性。

例 4.5　列表框的 RemoveItem 方法。

例 4.6　求累加和；使用循环控制变量。

例 4.7　求阶乘。

例 4.8　用循环解决鸡兔同笼问题。

例 4.9　Do While-Loop 语句示例。

例 4.10　Do-Loop While 语句示例。

例 4.11、例 4.12　嵌套的循环语句示例。

（以下为提高部分例题）

例 4.13　组合框使用示例。

例 4.14　PSet、Line 和 Circle 方法画图；Scale 方法自定义坐标系；Do While-Loop 循环。

在日常生活中经常会遇到需要重复处理的问题，如输出 1000 行"@@@@@@@@@@"；输入所有学生的考试成绩；计算商场每日的销售总额等，这些操作都需要用到循环控制，循环结构是结构化程序设计中的 3 种基本结构之一。

Visual Basic 中提供了形式多样的实现循环结构的语句，由于篇幅有限，本书只介绍 For-Next、Do While-Loop 和 Do-Loop While 语句，其中重点介绍 For-Next 语句。

4.1　用 For-Next 语句处理循环问题

在正式开始本章的内容之前，我们先来介绍一个新的控件——列表框控件，它在工具箱中的图标是 三三。在列表框控件中，可以放下许多行数据。列表框控件为用户提供选项的列表，它以列表的形式显示若干数据。每个数据称为一个项目或一个列表项，用户可从中选择一个或多个项目。当列表框中的项目数超过列表框可显示的数目时，控件上将自动出现垂直或水平滚动条。

【例 4.1】　For-Next 语句示例。程序运行时，每单击一次"添加"按钮，在列表框中添加 10 行"我是 VB 小行家"，如图 4-1 所示。

【解】　调用列表框的 AddItem 方法可将一行字符串添加到列表框中，其调用格式是：

列表框名称.AddItem　项目字符串 [,项目在列表框中的索引号]

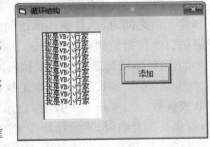

图 4-1　列表框的基本用法

例如，语句"List1. AddItem "我是 VB 小行家""将把字符串"我是 VB 小行家"作为一个新项目插入到列表框的首行位置上。注意：列表框中项目的索引号从 0 开始，即出现在第 i 行位置上的数据项其索引号为 i−1。若语句中省略索引号，则新项目被添加到列表尾。

为了输出 10 行相同的字符串，需要反复执行该语句 10 次。采用 For-Next 循环语句编写的程序代码如下：

```
Private Sub CmdAdd_Click()
    Dim i As Long
    For i=1 To 10                        'For 语句开始
        LstData.AddItem "我是 VB 小行家"   '此部分叫作循环体语句
    Next                                 'For 语句结束
```

```
End Sub
```

上述过程的具体执行步骤是：

（1）给变量 i 赋初值 1。

（2）判断 i 的值是否在 1~10，若是则继续执行，否则转到步骤（5）。

（3）执行语句"List1. AddItem "我是 VB 小行家""，在列表框中添加一行字符串。

（4）变量 i 的值加 1 后自动转到步骤（2）。

（5）结束 For-Next 语句。

如图 4-2 所示为上述 For-Next 语句的执行流程图。

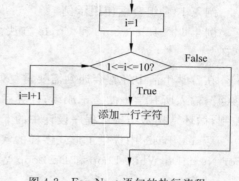

图 4-2　Fox-Next 语句的执行流程

程序说明：

（1）For-Next 语句常被用于循环次数已知的循环中。For-Next 循环的一般语法格式是：

```
For <循环变量>=<初始值> To <终止值>[ Step <步长>]
    循环体语句
Next [<循环变量>]
```

说明：

① 循环变量（也称循环控制变量）用于控制循环是否执行。当循环变量的值在初始值和终止值之间时，执行循环体语句，否则结束循环。每执行一次循环体语句后，循环变量的值自动按指定的步长变化。

② 循环体语句是需要重复执行的语句，它可以是一条或多条语句。

③ "Step <步长>"用于指定执行每次循环后循环变量的改变量，其中"步长"可以是正数或负数。当步长为正数时，表示循环变量的值逐次递增，此时要求终止值大于初始值；当步长为负数时，表示循环变量的值逐次递减，此时终止值应小于初始值。省略"Step <步长>"时，系统默认步长为 1。本例题中即省略了步长，每次循环后 i 的值自动加 1。

④ Next 必须与 For 成对出现，标志 For-Next 语句的结束。出现在 Next 后的循环变量可以省略。

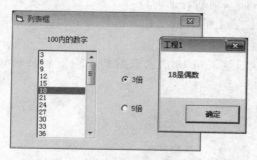

图 4-3　单击"3 倍"单选按钮后

（2）为了在窗体中输出 1000 行字符串"我是 VB 小行家"，只需简单修改代码如下：

```
For i=1 To 1000
    LstData.AddItem "我是 VB 小行家"
Next
```

【例 4.2】　窗体上添加 1 个列表框、1 个标签和 2 个单选按钮。程序运行时，单击"3 倍"单选按钮，将 100 以内所有的 3 的倍数显示在列表框中，如图 4-3 所示；单击"5 倍"单选按钮,将 100 以内所有的 5 的倍数显示在列表框中。如果单击选中列表框中的某一行,则弹出消息框,说明该数是奇数还是偶数。

【解】 编程点拨:

在前例的说明中,已经提到 For-Next 语句中"Step <步长>"用于指定执行每次循环后循环变量的改变量,当步长为正数时,表示循环变量的值逐次递增。这里可以通过设置步长来达到目的。

本题的程序代码如下:

```
Private Sub Opt3B_Click()
    Dim i As Long
    LstData.Clear
    For i=3 To 100 Step 3
        LstData.AddItem i
    Next
End Sub

Private Sub Opt5B_Click()
    Dim i As Long
    LstData.Clear
    For i=5 To 100 Step 5
        LstData.AddItem i
    Next
End Sub

Private Sub LstData_Click()
    Dim x As Long
    x=Val(List1.Text)
    If x Mod 2=0 Then
        MsgBox x & "是偶数"
    Else
        MsgBox x & "是奇数"
    End If
End Sub
```

程序说明:

(1) 对于 For i=3 To 100 Step 3,当 i 的值等于 99 时最后一次执行循环体语句,此后 i 的值自动增加 3,变成 102,已超出 1~100 的范围,所以退出循环。

(2) 语句 LstData.Clear 的作用是删除列表框 LstData 中的所有数据项。调用列表框的 Clear 方法可以一次性删除列表框中的所有项目,其调用格式是:

列表框名称.Clear

(3) 列表框的 Text 属性用于返回列表框中当前所选项目的文本内容,即由蓝色背景框框住的文本,是只读属性,设计阶段不可用。在图 4-3 中,列表框当前 Text 属性值就是字符串"35"。为了判断数据的奇偶性,需使用 Val 函数将字符串转换成对应的数值。

【例 4.3】 窗体中添加 2 个标签、3 个单选按钮和 1 个列表框。程序运行时,随机产生 10 个 50 以内的整数显示在列表框内;单击"首项"单选按钮,将列表框中的第一项显示在右下方标签中;单击"末项"单选按钮,将列表框中的最后一项显示在右下方标签中;单击"最大值"单选按钮,则找出列表框中的最大数值,并显示在右下方标签中,如图 4-4 所示。

【解】 本例题在多个数中求最大值,具体算法描述如下:

(1)处理第 1 个数据:

将列表框中索引号为 0 的数字取出,作为当前最大值放在变量 max 中。

(2)处理第 2 个数据:

① 从列表框中取出索引号为 1 的数字,存放在变量 n 中;

② 如果 n 的值大于 max 中的值,则将 n 作为当前最大值放在 max 中。

(3)反复执行步骤(2),处理其他数据。除首个数据外,对于其他的 9 个数据,其处理方法完全相同,所以可以使用 For-Next 语句实现。

(4)在右下方标签中显示 max 中的值。

上述算法的流程图如图 4-5 所示。

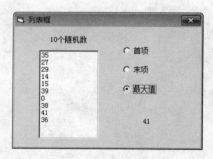

图 4-4 首末项和最大值

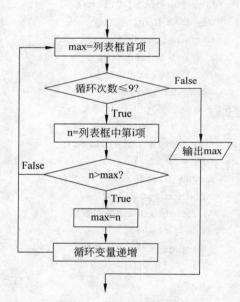

图 4-5 求最大值算法流程

本题的程序代码如下:

```
Private Sub Form_Load()
    Dim i As Long
    Randomize
    For i=1 To 10
        LstData.AddItem Int(Rnd * 51)
    Next
End Sub
```

```
Private Sub OptFirst_Click()
    LblValue.Caption=LstData.List(0)          '索引号从 0 开始
End Sub
Private Sub OptLast_Click()
    LblValue.Caption=LstData.List(9)          '从 0 开始计数
End Sub

Private Sub OptMax_Click()
    Dim max As Long, i As Long, n As Long
    max=Val(LstData.List(0))
    For i=1 To 9
        n=Val(LstData.List(i))
        If n >max Then
            max=n
        End If
    Next
    LblValue.Caption=max
End Sub
```

程序说明:

列表框的 List 属性是一个字符型数组,其元素一一对应列表框中的每行字符串,而其下标是从 0 开始计数的。例如,List(0)对应索引号为 0 的行(即首项),List(i)对应索引号为 i 的内容。在图 4-4 中,列表框 LstData.List(0)的值是"35"。

【例 4.4】 窗体中添加 2 个标签、2 个列表框和 2 个命令按钮。在左侧列表框中列着 10 个常见的水果名称;单击"添加"按钮,将左侧列表框中所选数据复制到右侧列表框中(如图 4-6 所示),若没有选中任何数据,则弹出消息框提示"请先进行选择!";单击"全部"按钮,将左侧列表框中的所有列表项复制到右侧列表框中(如图 4-7 所示)。

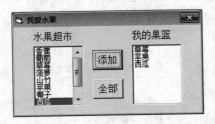

图 4-6　添加所选数据　　　　　　　图 4-7　添加全部数据

【解】 程序代码如下:

```
Private Sub CmdAdd_Click()                    '单击"添加"按钮
    If LstAll.ListIndex<>-1 Then              '如果左侧列表框中已选中数据项
        LstMine.AddItem LstAll.Text           '将当前已选项目添加到右侧列表框中
    Else
        MsgBox "请先进行选择!"
    End If
```

```
End Sub

Private Sub CmdAll_Click()                          '单击"全部"按钮
    Dim i As Long
    LstMine.Clear                                   '清除右侧列表框中的所有项目
    For i=0 To 9                                     '通过循环,依次向右侧列表框中添加 10 个数据
    '将左侧列表框中下标为 i 的项目添加到右侧列表框中
        LstMine.AddItem LstAll.List(i)
    Next
End Sub
```

程序说明:

(1) 在程序设计阶段,也可以通过 List 属性直接为列表框添加列表项,具体方法是:选中窗体中的列表框,在对象属性列表中找到 List 属性并单击其右侧的下拉箭头,在打开的下拉列表中按行输入各列表项。为了连续输入多个列表项,可在换行时同时按下 Ctrl 和回车键。

(2) 列表框的 ListIndex 属性返回当前所选项目的索引号,若没有选中任何项目,则返回－1。表达式 LstAll. ListIndex <> －1 用于判断列表框 List1 中是否选中项目,值为 True 时,表明当前已选中某数据,此时应将选中的数据添加到右侧列表框中;值为 False,则表明目前未选中任何数据,应弹出消息框提示错误。语句 LstMine. AddItem LstAll. Text 的作用就是将左侧列表框当前所选数据添加到右侧列表框中。

(3) 在图 4-6 中,单击数据项"西瓜"时,列表框 LstAll 的 Text 属性值是字符串"西瓜",而 ListIndex 属性值是 7,此时 LstAll. List(7)与 LstAll. List(LstAll. ListIndex)、LstAll. Text 等价,都表示字符串"西瓜"。

【例 4.5】 修改例 4.4,将"添加"按钮改为"移动"按钮。程序运行时,单击"移动"按钮,将左侧列表框中所选的数据移动到右侧列表框中;单击"全部"按钮时,将左侧列表框中的所有列表项移动到右侧列表框中,同时"移动"和"全部"按钮不可用。

【解】 修改两个命令按钮的程序代码如下:

```
Private Sub CmdMove_Click()                         '单击"移动"按钮
    If LstAll.ListIndex<>-1 Then
        LstMine.AddItem LstAll.Text
        LstAll.RemoveItem LstAll.ListIndex          '删除左侧列表框中当前所选项目
    Else
        MsgBox "请先选择一种水果!"
    End If
End Sub

Private Sub cmdAll_Click()                           '单击"全部"按钮时
    Dim i As Long
    For i=0 To LstAll.ListCount -1                   '将左侧列表框中全部项目添加到右侧列表框中
        LstMine.AddItem LstAll.List(i)
```

```
    Next
    LstAll.Clear                              '清空左侧列表框
End Sub
```

程序说明：

(1) 在 CmdMove_Click 中，添加语句 LstAll. RemoveItem LstAll. ListIndex，其功能是删除左侧列表框中当前所选项目。RemoveItem 是列表框的方法，其语法格式是：

列表框名称.RemoveItem 删除项索引号

该方法将从列表框中删除指定的一个项目。例如，

删除左侧列表框中的第 1 项：

```
List1.RemoveItem  0
```

删除左侧列表框中的第 5 项：

```
List1.RemoveItem  4
```

删除左侧列表框中当前所选项：

```
List1.RemoveItem List1.ListIndex
```

删除左侧列表框中的所有项：

```
List1.Clear
```

需要注意的是，在 AddItem 方法中，需要提供欲添加项目的内容及插入位置索引，而 RemoveItem 方法中却只要求提供欲删除项目的索引号。

(2) 列表框的 ListCount 属性返回列表框中当前已有项目的总数目，因而左侧列表框中的各项目可依次表示为 List1. List(0)，List1. List(1)，…，List1. List(List1. ListCount−1)。应特别注意的是，最后一个项目的下标是 List1. ListCount −1，而不是 List1. ListCount。语句 List1. RemoveItem List1. ListCount−1 可以删除左侧列表框中的最后一项。

(3) 当移动左侧列表框中的项目时，其项目总数将发生变化，因而在执行"全部"命令时，列表框中的项目数不一定为 10。

(4) 使用 For-Next 语句将左侧列表框中的全部项目添加到右侧列表框后，再执行语句 List1. Clear，将左侧列表框清空。

【例 4.6】 累加求和。窗体中添加 3 个标签、1 个命令按钮和 2 个列表框。程序运行时，产生 100 个随机两位整数显示在左侧列表框内；单击"求和"按钮，逐步计算这 100 个数字的和，将每步求和的结果显示在右侧列表框中，并将最终求和的结果显示在中部标签中，如图 4-8 所示。

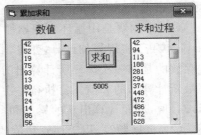

图 4-8 累加求和

【解】 编程点拨：

可以通过下面的程序段计算出这 100 个整数

的和：

```
sum=0
sum=sum+第(1)个整数
sum=sum+第(2)个整数
⋮
sum=sum+第(100)个整数
```

变量 sum 用于存放计算结果，它的初始值应该为 0。这一系列求和语句可简单概括为 sum＝sum＋第(i)个整数的语句形式，这里 i 的值从 1 变化到 100。由此可见，求和的过程就是不断执行 sum＝sum＋第(i)个整数的循环累加过程，此操作可通过下面的 For-Next 循环语句实现：

```
For i=1 To 100
    sum=sum+第(i)个整数
Next
```

由此，"计算"按钮的 Click 事件过程代码如下：

```
Private Sub CmdAdd_Click()
    Dim i As Long, sum As Long
    LstSum.Clear
    For i=0 To 99
        sum=sum+Val(LstData.List(i))        '逐步求和
        LstSum.AddItem sum                  '显示阶段求和结果
    Next
    LblResult.Caption=sum
End Sub

Private Sub Form_Load()
    Dim i As Long
    Randomize
    For i=0 To 99
        LstData.AddItem Int(Rnd * 90)+10    '随机数
    Next
End Sub
```

程序说明：

（1）本例题是用循环实现累加算法的实例。循环体语句 sum＝sum＋Val(LstData.List(i))用于实现累加计算，变量 sum 用于存放求和结果。式中，位于赋值号右边的 sum 中存放的是前一次循环所计算出的和值，而位于赋值号左边的 sum 中存放的则是本次循环最新计算出的和值。每执行一次循环体语句，sum 就在其原有值的基础上加上当前的 List(i)值，从而计算出新的累加和。如此循环反复，直至循环结束。

（2）根据题意，用于存放和值的变量 sum 应在循环累加前赋予初值 0。在 VB 中，对于已经定义为 Long 类型的变量，系统默认其初值为 0，故程序中可省略语句 sum＝0。

（3）本例中，巧妙利用了循环控制变量 i 与当前累加数值间的对应关系（第 i 轮循环时需要在 sum 中加上索引号为 i 的数据项），在循环体中，控制变量 i 直接参与计算，简化了程序代码。在循环体中直接使用循环控制变量的情况经常出现，但应避免其值发生变化，否则易造成循环控制逻辑的混乱。

（4）试编写计算 $1+2+3+\cdots+100$ 的程序，看看运算结果是否正确。

（5）试编写计算 $1+\dfrac{1}{2}+\dfrac{1}{3}+\cdots+\dfrac{1}{100}$ 的程序，看看运算结果是否正确。

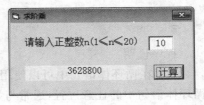

图 4-9　计算阶乘

【例 4.7】　计算 n!（假设 $1\leqslant n\leqslant 20$）的值。在窗体上添加 2 个标签、1 个文本框和 1 个命令按钮。程序运行时，在文本框中输入数据并单击"计算"按钮，在黄色标签中显示计算结果，如图 4-9 所示。

【解】　编程点拨：

求阶乘运算，实际就是计算 $1\times2\times3\times\cdots\times n$ 的值，称为连乘算法，解题思路与累加算法相似。本题程序代码如下：

```
Private Sub CmdCal_Click()
    Dim jc As Double
    Dim n As Long, i As Long
    n=Val(TxtN.Text)
    jc=1                        '变量 jc 用于存放连乘之积，其初值应设为 1
    For i=1 To n                '求 n 的阶乘，结果放在 jc 中
        jc=jc*i                 '连乘
    Next
    LblResult.Caption=jc
End Sub
```

程序说明：

（1）程序中使用了连乘算法。变量 jc 用于存放连乘的计算结果，因而必须设置其初值为 1。为防止数据溢出，在此将 jc 定义成 Double 类型。

（2）在循环体语句中可以使用循环控制变量，但不是必需的。

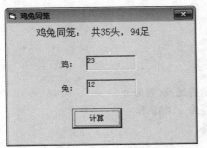

图 4-10　鸡兔同笼问题

【例 4.8】　今有鸡兔同笼，上有三十五头，下有九十四足，求鸡、兔各自的数量。在窗体上添加 5 个标签和 1 个命令按钮，单击"计算"按钮，在下凹标签中分别显示鸡和兔的数量，如图 4-10 所示。

【解】　本题的程序代码如下：

```
Private Sub CmdCal_Click()
    Dim j As Long, t As Long
    For j=1 To 34               '至少 1 只鸡和 1 只兔，故鸡最多 34 只
```

```
        t=35 - j                              '兔的数量
        If j * 2+t * 4=94 Then                '如果腿数为 94 只
            LblHen.Caption=j
            LblRabbit.Caption=t
            Exit For                          '得出答案,提前退出循环
        End If
    Next
End Sub
```

程序说明:

(1) 在循环体语句中可以使用 Exit For 语句提前结束循环。Exit For 语句可出现在循环体语句中的任意位置,通常与条件判断语句(如 If)联合使用,提供另一种退出 For 循环的方法。

(2) 试用类似的思路编写程序:已知当前银行的 1 年期基准利息是 1.5%,若存入 10 万元定期存款,问需要多少年,存款才能达到 20 万元。

4.2 认识 Do While-Loop 和 Do-Loop While 语句

在 4.1 节中已介绍了 For-Next 循环语句,它比较适用于解决那些易确定循环次数的问题。如果事先不知道循环的执行次数,则经常选用本节将介绍的循环语句。

【例 4.9】 Do While-Loop 语句示例。设有一张厚 0.5mm、面积足够大的纸,将它不断地对折(假设可以不断对折)。问对折多少次后,其厚度可达指定的厚度(可用珠穆朗玛峰的高度 8848m、地月之间的平均距离是 384 400km、地球到太阳的平均距离是 149 600 000km 为例)。程序界面如图 4-11 所示,有 4 个标签、1 个文本框和 1 个按钮,纸折叠后的厚度由文本框输入,单击“计算”按钮后,需要的对折次数显示在最下方的标签中。

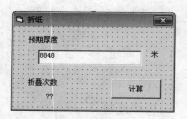

图 4-11 折纸

【解】 程序代码如下:

```
Private Sub CmdCal_Click()
    Dim h As Double, i As Long, d As Double
    i=0                                       '还未开始折纸,次数为 0
    h=0.005                                   '初始纸厚为 0.005 米
    d=Val(TxtValue.Text)                      '预期纸厚
    Do While h<d
        h=h * 2                               '对折,则纸厚加倍
        i=i+1
    Loop
    LblResult.Caption=i
End Sub
```

程序说明：

（1）程序代码中 Do While-Loop 语句的执行过程是：

① 判断循环条件纸张厚度＜预期高度是否成立，若不成立则转到步骤③；

② 执行循环体语句（即计算纸张厚度和折纸次数）后转回步骤①；

③ 结束 Do While-Loop 语句。

以上步骤的执行流程如图 4-12 所示。

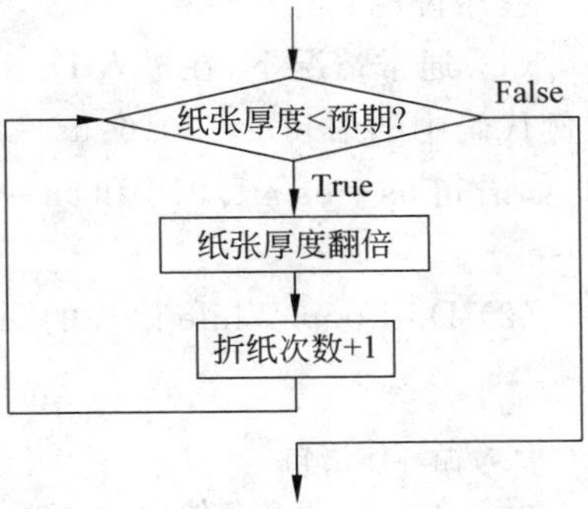

（2）Do While-Loop 语句常用于循环次数未知，但执行条件明确的循环中，其一般语法格式为：

```
Do While 循环条件
    循环体语句
Loop
```

说明：

① Do While-Loop 语句为前测当型循环。其执行特点是：当循环条件为"真"时，执行循环体语句；当循环条件为"假"时，终止循环；如果循环条件一开始就为"假"，则循环体一次也不执行。

图 4-12　Do While-Loop 执行流程

② 与 For-Next 语句不同，通常情况下，在进入 Do While-Loop 循环前应先给循环控制变量设置初始值，如本例代码中的语句 h＝0.005，d＝Val(TxtValue.Text)；在 Do While-Loop 循环体中必须包含使循环趋于结束的语句，如语句 h＝h＊2，随着 h 值的不断增加，使循环条件 h＜d 逐渐趋于 False。

③ 在循环体语句中可以使用 Exit Do 语句随时跳出当前所在的循环，提前结束 Do While-Loop 语句。Exit Do 语句可出现在循环体语句中的任意位置，通常与条件判断语句（如 If）联合使用，它提供了另一种退出 Do While-Loop 循环的方法。

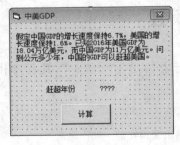

图 4-13　赶超 GDP

【例 4.10】　Do-Loop While 语句示例。假定中国 GDP 的增长速度保持 6.7％，美国的增长速度保持 1.6％。已知 2016 年美国 GDP 为 18.04 万亿美元，而中国 GDP 为 11 万亿美元。问到公元多少年，中国的 GDP 可以赶超美国。设计界面如图 4-13 所示。

【解】　使用 Do-Loop While 语句实现的程序代码如下：

```
Private Sub CmdCal_Click()
    Dim y As Long, cn As Double, us As Double
    y=2016                              '初始为 2016 年
    us=18.04                            '美国 2016 年的 GDP
    cn=11                               '中国 2016 年的 GDP
    Do
        cn=cn * 1.067                   '中国新一年的 GDP
        us=us * 1.016                   '美国新一年的 GDP
```

```
        y=y+1                              '年份＋1
    Loop While cn<us                       '只要中国 GDP 未赶超,则一直计算
    LblYear.Caption=y
End Sub
```

程序说明:

(1) 通常情况下,在进入 Do-Loop While 循环前应先给循环控制变量设置初始值,如本例代码中的语句 y＝2016:us＝18.04:cn＝11;在循环体中应包含使循环趋于结束的语句,如语句 us＝us＊1.016 和 cn＝cn＊1.067,随着 x、y 的不断增加,使循环条件逐渐趋于 False。

(2) Do-Loop While 语句的一般形式如下:

```
Do
    循环体语句
Loop While 循环条件
```

说明:

① Do-Loop While 语句为后测当型循环。其执行特点是:先执行循环体,然后进行条件判断,循环条件为"真"时,继续执行循环体语句;否则,终止循环。在 Do-Loop While 循环中,循环体语句至少会被执行一次。

② 与 Do While-Loop 循环相同,在 Do-Loop While 的循环体中也应存在使循环趋于结束的语句。

③ 可以使用 Exit Do 语句随时跳出当前所在的循环,提前结束 Do-Loop While 语句。

4.3　循环语句的嵌套

通过前面的学习已经知道,可以使用循环语句在一行上输出 10 个"＊",其程序代码是:

```
For j=1 To 10
    Print " * ";                           '以分号结尾,使后续输出紧跟在前一输出之后
Next
Print                                       '换行,后续输出将从新的一行开始
```

若想输出 20 行,每行 10 个"＊",只需将上述 For 语句重复执行 20 次,其程序代码为:

```
执行循环体 20 次,    外    For i=1 To 20
即控制输出的行数    循    外    For j=1 To 10      内
                  环    循        Print " * ";    循  输出 10 个"＊",是第 1 条外循环体语句
                        环    Next                环
                        体    Print ————— 换行,是第 2 条外循环体语句
                            Next
```

界面设计与 Visual Basic(第 4 版)

此程序的执行特点是：每当外循环变量 i 得到一个新值,就执行一次外循环体:在一行上输出 10 个"*",并使光标转入下一行行首,等待后续输出。因此,当 i 从 1 变化到 20 时,执行了 20 次外循环体语句,于是就输出了一张含有 20 行、每行 10 个"*"的平面图。由此可知,外循环变量 i 决定输出的行数,内循环变量 j 决定每行输出"*"的个数。

上述这种在一条循环语句的循环体中又包含另一循环语句的现象,称为循环语句的嵌套。

【例 4.11】 嵌套的循环语句示例。窗体上添加 2 个命令按钮。程序运行时,单击"第 1 个"按钮,窗体中显示 10×10 的星阵,如图 4-14 所示;单击"第 2 个"按钮,窗体中显示 10×10 的下半三角星阵,如图 4-15 所示。

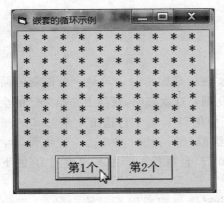

图 4-14 单击"第 1 个"按钮后

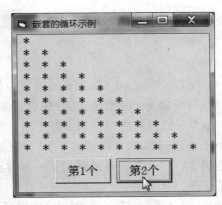

图 4-15 单击"第 2 个"按钮后

【解】 编程点拨:

从图 4-15 可以看出,该图只是一个 10*10 平面图的下半三角部分。其特点是:第 1 行输出 1 个"*",第 2 行输出 2 个"*",……,第 10 行输出 10 个"*",于是可简单地概括为:第 i 行输出 i 个"*"。为了输出第 i 行,可用如下的 For 语句实现:

```
For j=1 To i                    '在一行中输出 i 个"*"
Print " * ";
    Next
Print                           '输出换行
```

当 i 的值从 1 变化到 10,就可依次输出图 4-16 所示的各行。下面是本例题的完整程序代码。

```
Private Sub CmdFirst_Click()
    Dim i As Long, j As Long
    Cls                         '清屏
    For i=1 To 10
        For j=1 To 10
            Print " * ";        '输出"*"后不换行
        Next
        Print                   '换行
```

```
        Next
End Sub

Private Sub CmdSecond_Click()
    Dim i As Long, j As Long
    Cls
    For i=1 To 10
        For j=1 To i
            Print " * ";
        Next
        Print
    Next
End Sub
```

程序说明：

(1) 以 CmdSecond_Click 事件过程为例,实现屏幕输出的语句是一条嵌套的循环语句。其执行过程是:内循环变量 j 的值由 1 变化到 i,这就表明,每行上输出" * "的个数由外循环变量 i 的值所决定。当 i 为 1 时,j 由 1 变化到 1,第 1 行输出 1 个" * ";当 i 为 2 时,j 由 1 变化到 2,第 2 行输出 2 个" * ";以此类推,当 i 为 10 时,j 由 1 变化到 10,第 10 行将输出 10 个" * ";于是就输出了一张含有 10 行,且每行" * "由 1 递增到 10 的下半三角形平面图。

(2) 在嵌套的循环语句里,内、外循环的控制变量应采用不同的变量名,避免造成混乱。

(3) 不能缺少控制换行的 Print 语句。以 CmdFirst_Click 为例,若缺少语句 Print,将会在一行内连续输出 100 个" * "。

【例 4.12】 嵌套的循环语句示例。单击"九九表"按钮,在窗体上输出九九乘法表,如图 4-16 所示。

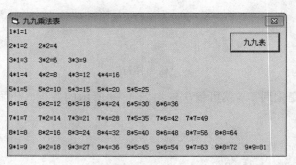

图 4-16　九九乘法表

【解】 完整程序代码如下:

```
Private Sub CmdOutput_Click ()
    Dim i As Long, j As Long
    For i=1 To 9                         '乘数
```

```
        For j=1 To i                          '被乘数
            Print i & " * " & j & "=" & i * j & vbTab;
        Next
        Print                                 '换行
        Print                                 '为了美观,多空一行
    Next
End Sub
```

程序说明:

(1) 以 CmdOutput_Click 事件过程为例,实现屏幕输出的语句是一条嵌套的循环语句。其执行过程是:内循环变量 j 的值由 1 变化到 i,这就表明,每行上输出乘式的个数由外循环变量 i 的值所决定。当 i 为 1 时,j 由 1 变化到 1,第 1 行输出 1 个乘式;当 i 为 2 时,j 由 1 变化到 2,第 2 行输出 2 个乘式;以此类推,当 i 为 9 时,j 由 1 变化到 9,第 9 行将输出 9 个乘式;于是就输出了一张含有 9 行,且每行乘式由 1 递增到 9 的下半三角形平面图。

上述这种在一条循环语句的循环体中又包含另一循环语句的现象,称为循环语句的嵌套。

(2) 在嵌套的循环语句里,内、外循环的控制变量应采用不同的变量名,以避免造成混乱。

(3) vbTab 是符号常量,等同于键盘的 Tab 键,当在代码中一个字符串变量后再加上 vbTab 后,实际在程序中的效果就等同于在那个字符串后按了一下 Tab 键后所添加的空格(一般相当于 4 个空格)。

(4) 不能缺少控制换行的 Print 语句。若缺少语句 Print,将会在一行内连续输出多个乘式。

4.4 提 高 部 分

4.4.1 组合框

【例 4.13】 组合框使用示例。程序启动时,在组合框中自动添加 10 个随机的两位数;用户在组合框编辑区中输入新的数据并按下回车键后,该数据被添加到组合框的尾部,如图 4-17 所示。

【解】 组合框控件在工具箱中的图标是▤。组合框是将文本框和列表框组合在一起而构成的控件,它具有文本框和列表框的双重功效。用户既可通过它的列表框选定项目,也可在它的文本框中直接输入选项。程序代码如下:

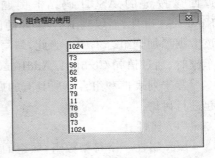

图 4-17 向组合框中添加新数据

```
Private Sub Form_Load()
    Dim i As Long
    Randomize
    For i=0 To 9
        CmbData.AddItem Int(Rnd * 90)+10
    Next
End Sub

Private Sub CmbData_KeyPress(KeyAscii As Integer)
    If KeyAscii=13 Then                    '按下回车键时
        CmbData.AddItem CmbData.Text       '将输入数据作为一项添加到 CmbData 尾部
    End If
End Sub
```

程序说明：

（1）通过 Style 属性可以设置不同类型的组合框。本例题中，将组合框的 Style 属性设置为 1，即简单组合框，它由一个文本框和一个不能下拉的固定列表组成，用户可以从列表中选择项目或是在文本框中输入。在默认设置下，组合框 Style 属性为 0，即下拉式组合框，其由一个下拉式列表和一个文本框组成。用户可在文本框中直接输入文本，也可单击组合框右侧的下拉箭头打开列表并进行选择，选定项目将自动显示在文本框内。当 Style 属性设置为 2 时，组合框仅由一个下拉式列表构成，用户只能从下拉式列表中选择项目，而不能进行输入，此样式下的组合框等同于能够折叠显示的列表框。因而，在窗体空间有限、无法容纳列表框的地方可以考虑使用组合框替代。

（2）与列表框相同，组合框向用户提供了选项列表，当其项目数超出其所能显示的数目时，控件上将自动出现滚动条。与列表框不同的是，组合框包含编辑区域——文本框，用户可直接在此进行输入。

（3）组合框拥有列表框和文本框的大部分属性及方法，如 List、Text、ListIndex 和 ListCount 属性及 AddItem、RemoveItem、Clear 方法等，它们的作用及使用方法与列表框或文本框相同。例如，组合框的 Text 属性就表示其文本框中所显示的文本。

（4）在组合框的文本框内输入数据后，该数据并不能自动添加到列表中，需要自行编写代码实现。用户按下或松开一个键盘键时触发 KeyPress 事件，其自带参数 KeyAscii 返回该按键的 ASCII 码。本例题中，当用户输入新数据时，会连续触发组合框的 KeyPress 事件，而仅当 KeyAscii 的值为 13（即回车键）时，表示数据输入完毕，此时才将该数据添加到组合框中。为此，编写组合框的 KeyPress 事件，当用户输入数据并按下回车键时，通过语句 Combo1. AddItem Combo1. Text 将文本框的内容添加到组合框尾部。

鉴于列表框和组合框所具有的属性、事件和方法大致相同，在此将这两个控件放在一起进行讨论。

（1）属性。

List 属性　字符型数组，数组的每个元素分别对应一个列表项。

ListCount 属性　列表项的总数目，设计时不可用。因列表项的索引号从 0 开始，所以列表中最后一项的索引号为 ListCount — 1。

ListIndex 属性　　返回或设置当前被选项目的索引号,设计时不可用。若当前未选中任何项目,则 ListIndex 属性值为-1。

Locked 属性　　决定组合框是否可以编辑,默认值是 False,此时可以在文本框中输入或在列表中进行选择。值为 True 时,组合框被锁住,不能执行输入和选择的操作。

Sorted 属性　　指定各列表项的排列方式。默认设置(值为 False)下,各列表项按其添加时的顺序排列,否则(值为 True 时)按字母表顺序排列。

Style 属性　　设置列表框和组合框的显示类型,该属性在运行阶段不可用。如图 4-18 和图 4-19 所示为列表框和组合框的不同显示类型。

(a) Style=0–Standard　　(b) Style=1–Checkbox

图 4-18　列表框 Style 属性设置

 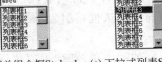

(a) 下拉式组合框Style=0　　(b) 简单组合框Style=1　　(c) 下拉式列表Style=2

图 4-19　组合框 Style 属性设置

Text 属性　　返回被选中的列表项,其返回值与表达式 List(ListIndex)的值相同。该属性为只读属性。

以下属性是列表框独有的,组合框没有。

Columns 属性　　设置列表框的显示方式。值为 0 时,各列表项按顺序从上到下依次排列,当列表项较多时出现垂直滚动条;值为 1 时仍为单列显示,但列表项较多时出现水平滚动条;Columns 属性值为 n(n>1)时,各列表项以 n 列形式显示在列表中。如图 4-20 所示为列表框具有不同 Columns 属性值时的显示状态。对于水平滚动的列表框(Columns 属性≥1),其列宽等于列表框宽度除以列的个数。

(a) Columns=0　　　(b) Columns=1　　　(c) Columns=2

图 4-20　列表框的 Columns 属性

MultiSelect 属性　　设置列表框是否可以多选以及多选时的选择方式,该属性只能在设计阶段进行设置,运行时为只读。表 4-1 列出了 MultiSelect 属性值的含义。

Selected 属性　　布尔型数组,元素个数与列表项的数目相同。其元素值一一对应各列表项的选择状态,被选中列表项所对应的元素值为 True,否则为 False。通过 Selected属性可以快速检查列表框中的哪些项已被选中,而且在运行阶段还可通过该属性选中或取消某一列表项。Selected 属性在设计时不可用。

表 4-1　MultiSelect 属性设置

属性值	含　义
0	只能选择单个列表项(默认设置)
1	可以选择多个列表项;单击可选中各列表项,再次单击则取消
2	可以选择多个列表项;按下 Ctrl 键后单击,可选中或取消各列表项;按下 Shift 键后单击,可选中从前一选中项至当前选中项范围内的所有列表项

SelCount 属性　返回列表框中所选列表项的数量,如果没有列表项被选中,则 SelCount 值为 0。

(2)事件。

列表框和组合框可以识别大多数的键盘事件(如:KeyPress、KeyDown 和 KeyUp 等)以及 Click 和 DblClick 鼠标事件。此外,列表框还可以识别鼠标的 MouseMove、MouseDown 和 MouseUp 事件。特别地,当列表框的 Style 属性设置为 1(复选框)时,选中或清除一个列表项前的复选框将引发 ItemCheck 事件。

(3)方法。

AddItem 方法　添加列表项,新列表项被添加到指定的索引号位置。如果省略索引号,那么当 Sorted 属性设置为 True 时,新列表项将添加到恰当的排序位置;当 Sorted 属性设置为 False 时,新列表项将添加到表尾。

RemoveItem 方法　删除具有指定索引号的列表项。

Clear 方法　删除所有列表项。

4.4.2　自行画图

【例 4.14】　绘制图形。窗体上有 1 个图片框和 4 个命令按钮。单击"画点"按钮,在图片框中绘制 100 个位置和颜色随机的点;单击"画直线"按钮,以图片框中心为起始点,绘制 100 条随机线段,如图 4-21(a)所示;单击"画矩形"按钮,在图片框中绘制同心矩形,如图 4-21(b)所示;单击"画圆"按钮,以图片框中心位置为圆心绘制同心圆,如图 4-21(c)所示。

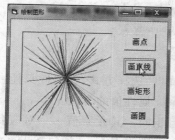

(a)绘制直线　　　　　　　　(b)绘制同心矩形　　　　　　　(c)绘制同心圆

图 4-21　自行画图的运行结果

【解】 在窗体或图片框中自行绘制图形,可用系统提供的 PSet(画点)、Line(画直线或矩形)、Circle(画圆或椭圆)等方法。程序代码如下:

```
Private Sub CmdDot_Click()                          '单击"画点"按钮
    Dim i As Long
    Dim x As Long, y As Long                        '画点的坐标
    Dim col As Long                                 '画点的颜色
    PicShow.Cls
    PicShow.Scale (1, 1)-(100, 100)                 '自定义图片框坐标系
    PicShow.DrawWidth=2                             '绘图线的宽度为 2 个像素
    For i=1 To 100                                  '画 100 个点
        x=Int(Rnd * 100)+1                          '随机生成一组坐标
        y=Int(Rnd * 100)+1
        col=Int(Rnd * 16)                           '随机生成颜色
        PicShow.PSet (x, y), QBColor(col)           '在图片框的 (x,y)处用指定颜色画点
    Next
End Sub

Private Sub CmdLine_Click()                         '单击"画直线"按钮
    Dim i As Long
    Dim x1 As Long, y1 As Long                      '线段的起始坐标
    Dim x2 As Long, y2 As Long                      '线段的终止坐标
    Dim col As Long
    PicShow.Cls
    PicShow.Scale (1, 1)-(100, 100)
    PicShow.DrawWidth=1
    x1=PicShow.ScaleWidth / 2                       '计算线段的起始坐标——图片框中心点
    y1=PicShow.ScaleHeight / 2
    For i=1 To 100
        x2=Int(Rnd * 100)+1                         '随机生成线段的终止坐标
        y2=Int(Rnd * 100)+1
        col=Int(Rnd * 16)                           '随机生成颜色
        PicShow.Line (x1, y1)-(x2, y2), QBColor(col)    '以指定位置和颜色画线
    Next
End Sub

Private Sub CmdRect_Click()                         '单击"画矩形"按钮
    Dim x1 As Long, y1 As Long                      '矩形的左上角坐标
    Dim x2 As Long, y2 As Long                      '矩形的右下角坐标
    Dim col As Long
    PicShow.Cls
    PicShow.Scale (1, 1)-(100, 100)
    PicShow.DrawWidth=1
```

```
        x1=1                                        '设置第 1 个矩形的左上角坐标
        y1=1
        x2=PicShow.ScaleWidth                       '设置第 1 个矩形的右下角坐标——图片框右下角
        y2=PicShow.ScaleHeight
        Do While x1<x2 And y1<y2
            col=Int(Rnd * 16)                       '随机生成颜色
            '以指定位置和颜色画实心矩形
            PicShow.Line (x1, y1)-(x2, y2), QBColor(col), BF
            x1=x1+2                                  '设置下一矩形的两顶点坐标
            y1=y1+2
            x2=x2-2
            y2=y2-2
        Loop
    End Sub

    Private Sub CmdCircle_Click()                    '单击"画圆"按钮
        Dim r As Long                                '圆的半径
        Dim col As Long
        PicShow.Cls
        PicShow.Scale (-50, 50)-(50, -50)
        PicShow.DrawWidth=1
        PicShow.FillStyle=0                          '图片框填充样式——实心
        r=49
        Do While r >0
            col=Int(Rnd * 16)
            PicShow.FillColor=QBColor(col)           '图片框填充颜色
            PicShow.Circle (0, 0), r, QBColor(col)   '以指定位置、半径和颜色画圆
            r=r -5
        Loop
    End Sub
```

程序说明：

（1）在默认设置下，系统将容器控件的左上角坐标视为（0,0），并把右（下）方向作为 x(y)轴的递增方向。向容器控件中添加控件或绘制图形时将使用此坐标系统（称为系统坐标系）进行定位。通过 Scale 方法，可以为对象重新定义新的坐标系统（称为用户自定义坐标系）。Scale 方法的调用格式是：

[对象名].Scale (x1,y1)-(x2,y2)

其中(x1,y1)、(x2,y2)是对象左上角和右下角在新坐标系中的坐标值。语句 picShow. Scale (1, 1)-(100, 100)的作用就是将图片框(picShow)的左上角和右下角坐标分别定义为(1,1)和(100,100)，图 4-22 (a)为该图片框的系统坐标系，图 4-22 (b)为用户自定义坐标系。

（2）图片框的 DrawWidth 属性用来指定绘图线的宽度。图片框的 ScaleWidth 属性和 ScaleHeight 属性分别表示图片框内部区域的宽度和高度。坐标（ScaleWidth，ScaleHeight）即表示图片框右下角位置，而坐标（ScaleWidth／2，ScaleHeight／2）即表示图片框的中心位置。

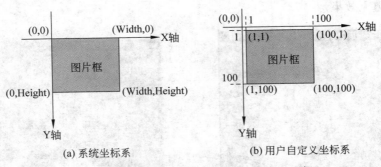

(a) 系统坐标系　　　　　　　　(b) 用户自定义坐标系

图 4-22　图片框的系统坐标和用户自定义坐标

（3）PSet 方法用于在对象上以指定的位置和颜色画点，其调用格式为：

```
[对象名].PSet [Step](x, y), [color]
```

其中参数（x,y）指定画点的位置，当省略关键字 Step 时，参数（x,y）即为画点的绝对坐标；使用关键字 Step 时，参数（x,y）表示画点位置距离当前图形位置的 x、y 方向的偏移量（即相对坐标）。参数 color 指定画点的颜色，若省略，则以对象的前景色（ForeColor）作为画点颜色。

（4）使用 Line 方法可以在窗体或图片框中绘制直线或矩形。Line 方法的调用格式是：

```
[对象名].Line [[Step](x1,y1)] - [Step](x2,y2) [,[颜色],B[F]]
```

当省略参数 B 和 F 时，Line 方法绘制直线，这时参数（x1,y1）和（x2,y2）指定直线的起始坐标及终点坐标；使用关键字 Step 指明其后所给坐标为相对坐标（偏移量）；若省略（x1,y1），则以当前绘图位置或（0,0）作为直线的起始坐标；使用参数 B 将以（x1,y1）为左上角，（x2,y2）为右下角绘制空心矩形；使用参数 BF，则以指定颜色绘制实心矩形。

（5）调用 Circle 方法可在对象上画圆、椭圆或弧。Circle 方法的语法格式是：

```
[对象名].Circle [Step](x, y),radius [,[color],[start],[end],aspect]
```

参数（x,y）指定画圆（椭圆或弧）的中心坐标，关键字 Step 表示所给中心坐标为相对坐标（偏移量）；参数 radius 指定画圆（椭圆或弧）的半径；绘制椭圆时需使用参数 aspect 指定椭圆的纵横比（即 Y 轴与 X 轴的长度之比），它决定着椭圆的形状，如图 4-23 所示为不同纵横比的椭圆；为了绘制圆弧，需要使用 start 和 end 参数以弧度为单位指定弧的起始角和终止角，start 和 end 的取值范围为 $0 \sim 2\pi$。当在 start 或 end 前添加负号"－"时，除了画圆弧外，还将圆心和圆弧端点进行连接。

在调用 Circle 方法时可以省略语法中的某些参数，但参数前用于分隔各参数的逗号不能省,参数 start 和 end 使用的单位是弧度。

(6) 为了绘制具有填充效果的封闭图形(圆、椭圆或扇形),还需要设置对象的 FillColor 和 FillStyle 属性。FillColor 属性指定封闭图形的内部填充颜色,其默认设置为 0(黑色);FillStyle 属性指定封闭图形的填充样式,如图 4-24 所示为不同 FillStyle 属性值时所画圆的填充效果。

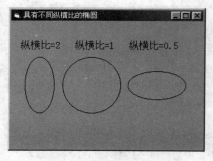

图 4-23　纵横比决定椭圆的形状

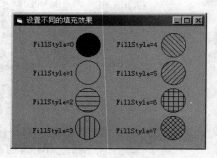

图 4-24　填充效果

(7) 在绘制同心矩形或同心圆时,应按照从大到小、由外向内的顺序依次绘制各图形,否则,先绘制的小图形会被后续绘制的大图形覆盖而无法看到。

4.5　章节练习

【练习 4.1】　计算 $1! + 2! + 3! + \cdots + n! (1 \leqslant n \leqslant 20)$ 的和。窗体上有 2 个标签和 1 个命令按钮。程序运行时,单击命令按钮,打开输入框接收用户输入,并根据用户输入的 n 值计算阶乘的和,结果显示在黄色标签中,如图 4-25 所示(图中 n 值为 10)。

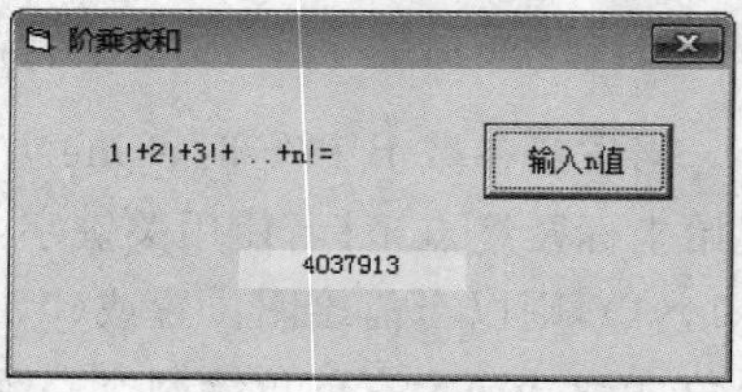

1. 提示:

(1) 本例题要求计算 $1! + 2! + \cdots + n! (1 \leqslant n \leqslant 20)$ 的值。不难看出,该式包含了两类运算:一是"连乘"运算,计算某数的阶乘,即 $1!, 2!, \cdots, n!$。

(2) 二是"累加"运算,计算阶乘之和,即 $1! + 2! + \cdots + n!$。在本例中,可使用累加算法计算阶乘之和,在循环过程中,每当得到一个阶乘值 jc,就将其累加到 sum 中。

图 4-25　n=10 时的运行结果

2. 拓展:

(1) 利用公式 $e \approx 1 + \frac{1}{1!} + \frac{1}{2!} + \frac{1}{3!} + \cdots + \frac{1}{n!}$ 计算 e 的近似值。

(2) 试编写计算 $2^1 + 2^2 + \cdots + 2^n$ 的程序。

(3) 试编写计算 $1 + (1+2) + (1+2+3) + \cdots + (1+2+\cdots+n)$ 的程序。

【练习 4.2】　显示字符的 ASCII 码值。窗体无最大化、最小化按钮,其上有 1 个列表框和 2 个单选按钮。程序运行时,单击"数字"单选按钮,列表框中显示所有数字字符及其对应的 ASCII 码值,如图 4-26 所示;单击"字母"单选按钮,列表框中显示所有小写字母及其对应的 ASCII 码值,如图 4-27 所示。

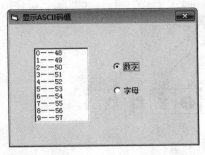

图 4-26　显示数字字符的 ASCII 码

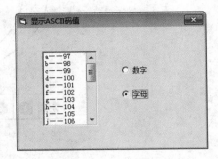

图 4-27　显示字母的 ASCII 码

1．提示:

(1) 数字字符有"0"～"9"共 10 个,故循环变量 i 从 0 变化到 9,在循环体中直接输出 i 及相应 ASCII 码值即可。函数 Asc 返回指定字符的 ASCII 码值,例如 Asc("0")的返回值是 48,Asc("a")的返回值是 97。

(2) 英文字母共有 26 个,故循环变量 i 从字母 a 的 ASCII 码变化到字母 z 的 ASCII 码,在循环体中通过 Asc 函数得到字母 a 和 z 的 ASCII 码值,再通过 Chr(i)得到相应的字符。函数 Chr 返回指定 ASCII 码所对应的字符,例如 Chr(48)的返回值是字符"0",Chr(97)的返回值是"a"。大写字母情况类似。

2．拓展:

单击"数字""字母"单选按钮时,按逆序显示字符和对应的 ASCII 码值。

【练习 4.3】　窗体上添加 1 个标签、1 个文本框和 1 个命令按钮。程序运行时,在文本框中输入字符串,单击"恺撒加密"按钮,将文本框内所输字符串中的小写字母使用恺撒加密算法加密后显示在下凹标签中,运行结果如图 4-28 所示。

1．提示:

(1) 为了找到小写字母字符,需要对文本框中的所有字符逐一进行判断,通过 Mid(Text1. Text, i, 1)可以提取文本框中第 i 个字符。

(2) 在密码学中,恺撒密码是一种最简单且最广为人知的加密技术,当年古罗马恺撒大帝曾用此方法与其麾下的将军们进行联系。它是一种替换加密的技术,明文中的所有字母都在字母表上向后(或向前)按照一个固定数目进行偏移后被替换成密文。比如,当偏移量是 3 的时候,所有的字母 a 将被替换成 d,b 变成 e,如图 4-29 所示,以此类推。

图 4-28　运行结果

```
For i=1 To Len(Text1.Text)
    c=Mid(Text1.Text, i, 1)          '取出第 i 个字符
    If c >="a" And c<="z" Then       '如果是小写字母
```

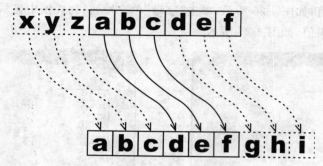

图 4-29　恺撒加密算法示意

```
        n=asc(c)-asc("a")+3        '这是第 n 个字母(已向后偏移 3 位)
        If n >26 Then              '如果超出第 26 个字母
            n=n -26                '末尾的字母移至开头
        End If
        s=s & Chr(n+asc("a"))      '末尾连上错位后的字母
    Else
        s=s & c
    End If
Next
```

2. 拓展：

将文本框中出现的大写字母和数字字符也都使用恺撒加密算法进行加密。

【练习4.4】 窗体上添加 1 个图片框和 2 个命令按钮，图片框是一个正方形。程序运行时，单击"画圈"按钮，在图片框中画出多个圆圈，如图 4-30 和图 4-31 所示，这些圆圈的圆心在以图片框中心为圆心的一个虚拟圆上，半径为图片框边长的一半与虚拟圆的半径之差。

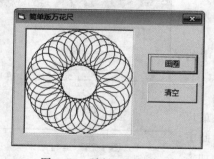

图 4-30　随机画圈图之一

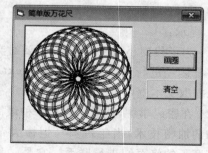

图 4-31　随机画圈图之二

1. 提示：

(1) 万花尺约流行于 20 世纪的 80～90 年代，万花尺由母尺和子尺两部分组成。常见的母尺是内环形齿轮，子尺是带多孔的外环形齿轮。作画时，将子尺内置于母尺内环之中，轮牙镶嵌，笔头插在子尺的小孔中，用笔带动子尺顺着母尺的内沿齿轮反复作圆周运动。在作画过程中，两者内外齿要始终靠合。完成后纸上便会留下一个不可思议的美丽

"花朵"。子尺上小孔的极小位移会引起图案类型的极大变化，如图 4-32 所示。

（2）为让代码更简单，建议先重新定义图片框的绘图坐标系，使其左上角坐标为（−1000，−1000），右下角坐标为（1000，1000），亦即其中心的坐标为（0，0）。设置自定义坐标系代码如下：

```
Picture1. Scale (-1000, -1000)-(1000, 1000)
```

（3）完全版万花尺实现起来比较复杂，本例中采用了一种简化的办法，即如图 4-33 所示，设虚拟大圆半径为 R（即正方形图片框边长的一半），虚拟小圆的半径为 r_0，则实际画的圆圈的半径 $r = R - r_0$；让圆心沿着虚拟小圆圈环绕一周来画圆，即可以得出如图 4-30 或图 4-31 等的效果。

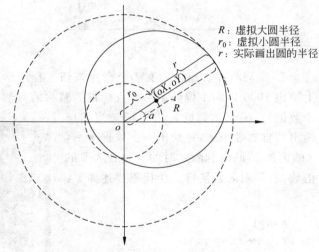

R：虚拟大圆半径
r_0：虚拟小圆半径
r：实际画出圆的半径

图 4-32　万花尺

图 4-33　简单万花尺原理示意图

核心伪代码描述如下：

```
oX=Cos(a) * r0              'a为角度,r0为虚拟小圆半径
oY=Sin(a) * r0
Picture1.Circle (oX, oY), R -r0    'R为大圆半径,在本例中为1000
```

2. 拓展：

修改程序，实现真正万花尺的效果。

习　题　4

基础部分

1. 编写程序。窗体中有 1 个列表框和 1 个按钮。程序运行时，随机生成 50 个 2 位的整数并将其添加到列表框中，如图 4-34 所示。程序运行时，单击"删除偶数"按钮，则将

列表框中所有的含有偶数的行删掉。

2. 编写程序。窗体中有 1 个列表框和 1 个按钮。程序运行时，随机生成 100 个 3 位的整数并将其添加到列表框中，如图 4-35 所示。程序运行时，单击"删除偶数行"按钮，则将列表框中序号为偶数的行删掉。

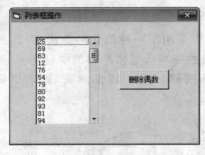
图 4-34　题 1 界面

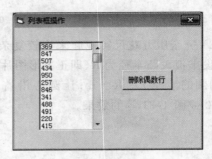
图 4-35　题 2 界面

3. 编写程序。窗体中有 1 个命令按钮。程序运行时，单击"显示"命令按钮，在窗体上输出 1000 以内个位数字为 5 且能被 3 整除的自然数，如图 4-36 所示（要求一行输出 5 个数据）。提示：变量 n 用于记录当前已输出的自然数个数，每输出一个数据 x 后，n 的值加 1，同时判断此时的 n 是否为 5 的倍数，若是则需要换行。伪代码描述如下：

```
Print x
n=n+1
If n Mod 5=0 Then
    Print
End If
```

图 4-36　输出满足要求的自然数

4. 编写程序。窗体中有 2 个命令按钮和 1 个图片框。程序运行时，单击"图形 1"按钮输出如图 4-37 所示的上三角矩阵；单击"图形 2"按钮输出如图 4-38 所示的下三角矩阵。

图 4-37　输出上三角矩阵

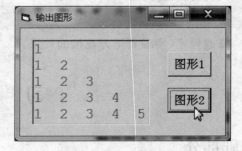
图 4-38　输出下三角矩阵

5. 编写程序。窗体中有 1 个命令按钮。程序运行时，单击"输入"按钮，弹出输入对话框接收用户输入的数字 n，并且在窗体上绘制出 n 条直线，画线时要求第 5、10、15、……

条线段为粗线,如图 4-39 所示。

6. 编写程序。窗体中有 1 个命令按钮。程序运行时,单击"输入"按钮,弹出输入对话框接收用户输入的数字 n,并且在窗体上绘制出 n 个圆,画圆时要求第 3、6、9、……个圆为粗线,如图 4-40 所示。

图 4-39　题 5 的运行结果　　　　图 4-40　题 6 的运行结果

提高部分

7. 编写程序。窗体中有 1 个组合框、1 个列表框和 4 个命令按钮。程序运行时,随机产生 20 个[100,999]的整数添加到组合框中;单击"输入"按钮,将用户在组合框编辑区中输入的数据添加到组合框尾部,如图 4-41 所示;单击"复制"或"移动"按钮时,弹出如图 4-42 所示的消息框询问是否将组合框当前所选内容复制或移动到列表框中,单击"确定"按钮后,将该数据复制或移动到列表框首位(如图 4-43 所示),若单击"取消"按钮则不执行任何操作;单击"删除"按钮,清空列表框中所有内容。

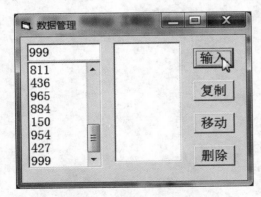

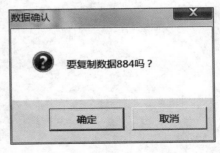

图 4-41　新数据至组合框尾　　　　图 4-42　数据确认消息框

8. 编写程序。程序运行时,在窗体中逐点绘制阿基米德螺线,如图 4-44 所示。阿基米德螺线参数方程如下:

```
x=t * cos(t)
y=t * sin(t)
```

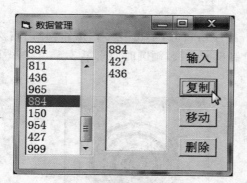

图 4-43　复制至列表框首

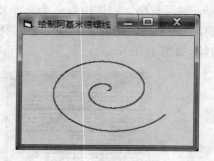

图 4-44　阿基米德螺线

9. 编写程序。窗体中添加 1 个框架（内含 3 个单选按钮）和 1 个图片框。程序运行时，单击某单选按钮，在图片框中显示相应图形，如图 4-45 所示。

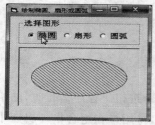

(a) 绘制椭圆

(b) 绘制扇形

(c) 绘制圆弧

图 4-45　绘制椭圆、扇形或圆弧

第 **5** 章 数 组

本章将介绍的内容

基础部分：

- 数组的定义和数组元素的引用。
- 控件数组的概念。
- 求平均值、最大(小)值；查找和排序算法。

提高部分：

- 数组的高级应用。

各例题知识要点

例 5.1 数组的概念；数组的定义；引用数组元素。

例 5.2 一维数组的应用：逆序输出。

例 5.3 一维数组的应用：求最大(小)值；顺序查找。

例 5.4 冒泡排序。

例 5.5 控件数组。

（以下为提高部分例题）

例 5.6 选择法排序。

例 5.7 二维数组。

例 5.8 过程调用时传递数组参数。

例 5.9 动态数组。

在计算机应用领域中，常常遇到需要对批量数据进行处理的情况，如统计大量的学生考试成绩和求平均值等。这类问题通常都具有数据处理量大、各数据间存在内部联系的特点。如果单纯采用简单变量处理这些数据，不但烦琐而且对于某些问题还可能根本无法解决。

在 VB 中，通常使用数组解决这类问题。所谓数组，就是由一组(若干个)类型相同的相关变量结合在一起而构成的集合；而构成数组的每一个变量称为数组元素。作为同一数组中的元素，它们都使用统一的变量名称，只是通过不同的下标加以区分。只有一个下标的数组称为一维数组，有两个下标的数组称为二维数组。

5.1 一 维 数 组

【例 5.1】 数组引例。窗体上添加 3 个标签和 2 个命令按钮，其中第 3 个标签的 AutoSize 属性为 True。程序运行时，随机产生 10 个两位整数显示在黄色标签中；单击"平均值"按钮，计算该 10 个数的平均值，显示在蓝色标签中，如图 5-1 所示；单击"大于平均值"按钮，找出该 10 个数中大于平均值的整数，显示在蓝色标签中，如图 5-2 所示。注意，只有在计算出平均值后，"大于平均值"按钮才有效。

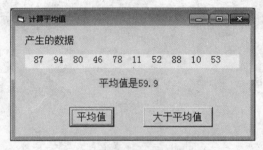
图 5-1 计算 10 个数据的平均值

图 5-2 显示大于平均值的数据

【解】 将标签 AutoSize 属性设置为 True 时，其大小可根据显示内容的长度自动进行调整。为了实现产生随机数据、计算平均值的功能，可编写代码如下：

```
Dim sum As Long                              '定义窗体级变量,存放 10 个整数的累加和
Private Sub Form_Load()
    Dim a As Long
    Dim i As Long
    Randomize                                '产生随机种子
    For i=1 To 10
        a=Int(Rnd * 90)+10                   '产生一个 10 到 99 之间的整数 a
        lblData.Caption=lblData.Caption & "  " & a    '连接显示 a
        sum=sum+a                            '将 a 累加到 sum 中
    Next
End Sub

Private Sub cmdAve_Click()                   '单击"平均值"按钮
    lblAve.Caption="平均值是" & sum / 10
    cmdLarge.Enabled=True                    '使"大于平均值"按钮可用
End Sub
```

在 Form_Load 过程的 For 循环中，使用变量 a 依次存放 10 个随机数据，待循环结束

时 sum 中存放了 10 个数据的累加和,而 a 中仅保留了最后一个随机数据。

但是,为了进一步找出大于平均值的各个数据,就必须要全部保存 10 个整数,以便在计算出平均值后,再通过比较判断,依次得到大于平均值的各数据。为此,不能只定义 1 个变量 a,而需要定义 10 个变量,如 a1,a2,…,a10。由于各变量相互独立,不能再使用 For-Next 语句产生数据。修改后的程序代码如下:

```
Dim sum As Long              '以下 11 个变量在两个事件中都要使用,定义为窗体级变量
Dim a1 As Long               '以下定义 10 个窗体级变量,分别存放 10 个随机数
Dim a2 As Long
   ⋮
Dim a10 As Long

Private Sub Form_Load()
    Randomize
    a1=Int(Rnd * 90)+10      '以下 10 条语句产生 10 个随机数并保存
    a2=Int(Rnd * 90)+10
       ⋮
    a10=Int(Rnd * 90)+10
    lblData.Caption=a1 & " " & a2 & ... & a10      '显示 10 个数据
    sum=a1+a2+...+a10         '累加 10 个数据
End Sub

Private Sub cmdAve_Click()   '单击"平均值"按钮
    lblAve.Caption="平均值是" & sum / 10
    cmdLarge.Enabled=True
End Sub

Private Sub cmdLarge_Click() '单击"大于平均值"按钮
    Dim ave As Double
    ave=sum / 10
    lblAve.Caption=""
    If a1 >ave Then          '以下 10 个 If 语句,找出大于平均值的各数据
        lblAve.Caption=lblAve.Caption & a1 & "   "
    End If
    If a2 >ave Then
        lblAve.Caption=lblAve.Caption & a2 & "   "
    End If
       ⋮
    If a10 >ave Then
        lblAve.Caption=lblAve.Caption & a10
    End If
End Sub
```

这样烦琐的程序才仅对 10 个数据进行处理,若要求对 100 个、1000 个甚至更多的批

量数据进行同样的处理,则代码量激增,令人无法接受。使用本章介绍的数组解决此类批量处理问题,将使整个程序代码书写简洁、清晰。使用数组实现例 6.1 功能的程序代码如下:

```
Dim sum As Long
Dim a(1 To 10) As Long                      '定义数组 a,包含 10 个 Long 类型的元素
Private Sub Form_Load()
    Dim i As Long
    Randomize
    For i=1 To 10
        a(i)=Int(Rnd * 90)+10               '产生随机数,存放在下标为 i 的元素中
        lblData.Caption=lblData.Caption & a(i) & " "
        sum=sum+a(i)                        '将下标为 i 的元素值累加到 sum 中
    Next
End Sub


Private Sub CmdAve_Click()
    lblAve.Caption="平均值是" & sum / 10
    cmdLarge.Enabled=True
End Sub


Private Sub CmdLarge_Click()
    Dim ave As Double
    Dim i As Long
    ave=sum / 10
    lblAve.Caption=""
    For i=1 To 10
        If a(i) >ave Then                    '判断下标为 i 的元素是否大于平均值 ave
            lblAve.Caption=lblAve.Caption & a(i) & "  "      '连接 a(i)
        End If
    Next
End Sub
```

程序说明:

(1) 采用数组后可以方便地使用同一个数组名代表逻辑上相关的一批变量(10 个),而为了表示不同的数组元素,只需要简单地指出该元素的下标即可。

(2) 语句 Dim a(1 To 10) As Long 定义了一个名为 a 的一维数组,它包含 10 个元素:a(1),a(2),…,a(9),a(10),其中每一个元素都是一个 Long 类型的变量,也就是说,在每个元素中只能存放整型数据。请注意:在使用数组前,必须对其进行定义。VB 中定义一维数组的一般形式如下:

Dim　数组名([下界 To]上界)As　数据类型

其中,上界和下界规定了数组元素下标的取值范围,它们的值不得超过 Long 数据类

型的范围。数组中所包含元素的个数为：上界－下界＋1。若省略[下界 To]，则系统默认下界为 0。例如：

```
Dim  b(-2 To 3) As  Long
```

定义了一维数组 b，其中包含 6 个 Integer 型元素：b(−2)，b(−1)，b(0)，b(1)，b(2)，b(3)；

```
Dim  x(4)  As  String
```

定义了一维数组 x，其中包含 5 个字符型元素 x(0)，x(1)，…，x(4)。

（3）数组名的命名规则与变量名相同。

（4）数组元素代表内存中的一个存储单元，它可以像普通变量一样使用，只不过数组元素用下标形式表示。引用一维数组元素的一般形式是

数组名(下标)

注意：下标的取值范围应在定义该数组时所限定的[下界，上界]范围内，不得越界。

（5）系统为数组中的元素分配连续的内存单元。如图 5-3 所示为数组 a 在内存中的存储结构示意图，系统为其分配 10 个连续的存储单元（4B×10＝40B）。

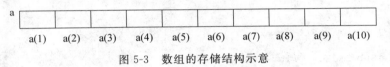

图 5-3 数组的存储结构示意

（6）由于在多个事件过程中都要用到变量 sum 和数组 a，所以将它们定义为窗体级。

【例 5.2】 窗体上添加 4 个标签和 1 个命令按钮。程序运行时，随机产生 20 个两位整数，显示在黄色标签中，如图 5-4 所示；单击"逆序输出"按钮，在绿色标签中逆序显示各个整数，如图 5-5 所示。

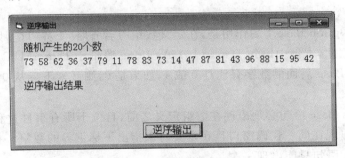

图 5-4 运行初始界面

【解】 为了逆序输出各数据，必须要全部保存 20 个整数，如果使用普通的变量存储，需定义 20 个不同的变量，处理起来十分烦琐。而且当处理的数据量增加到上百甚至上千时，采用普通的变量存储的方法便无法适用。因此，这种情况下，我们引入数组存储一组同类型的内部有联系的变量。

程序代码如下：

```
Option Base 1                                '指定数组默认的元素下标下界
```

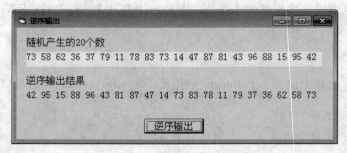

图 5-5 逆序输出

```
Dim a(1 to 20) As Long                    '定义窗体级数组 a,包含 20 个整型元素

Private Sub Form_Load()
    Dim i As Long
    For i=1 To 20
        a(i)=Int(Rnd * 90)+10             '产生随机数,存放在下标为 i 的元素中
        lblData.Caption=lblData.Caption & a(i) & " "    '将 a(i)连接到标签中
    Next
End Sub

Private Sub CmdRev_Click()
    Dim i As Long
    For i=20 To 1 Step -1                  '逆序输出
        lblOut.Caption=lblOut.Caption & a(i) & " "
    Next
End Sub
```

程序说明:

（1）语句 Option Base 1 的作用是,在定义数组时若省略[下界 To],则默认元素的下标从 1 开始。因此,本例中语句 Dim a(10) As Long 等价于 Dim a(1 To 10) As Long。出现在 Option Base 后面的数字只能是 0 或 1,如果是 0,则元素下标从 0 开始（此时该语句没有实质意义）。

（2）Option Base 语句必须出现在数组定义之前,且位于所有事件过程的前面。其作用范围仅限于出现在同一代码窗口且在定义时未指出下标下界的数组。在一个代码窗口中,Option Base 语句只能出现一次。

（3）通常情况下,数组操作总是借助于循环语句实现。在例 5.1 和例 5.2 中,正是使用了 For-Next 语句,巧妙地利用循环变量 i 与数组元素下标的一一对应关系实现了对数组元素的逐一引用,并对数组元素进行相应的处理。

现实生活中的许多问题都可以使用数组解决。为了更好地掌握数组的应用,应在平时的编程练习中注意多模仿、多实践,不断总结经验,提高独立编程能力。

【例 5.3】 窗体上添加 6 个标签和 1 个命令按钮。程序运行时,随机产生 10 个 1～100 的整数显示在黄色标签中,如图 5-6 所示;单击"查找"按钮,找出该 10 个数中的最大值,显示在蓝色标签中,将最大值所在的位置显示在绿色标签中,如图5-7所示。

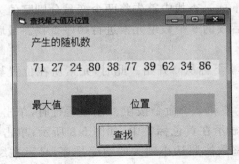

图 5-6　运行初始界面

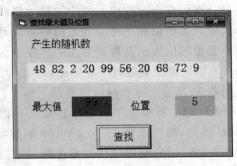

图 5-7　查找最大值及位置

【解】　题目要求查找一组数中的最大值及其所在位置,需要将这组数保存到数组中,并根据数组的下标确定数据元素所在的位置。一种简单的方法是定义数组时下标从1开始,这样数组元素下标就与位置完全对应。

程序代码如下:

```
Dim a(1 To 10) As Long
Private Sub CmdSearch_Click()
    Dim i As Long
    Dim j As Long
    Dim Max As Long
    Max=a(1)
    j=1
    For i=2 To 10
        If Max<a(i) Then
            Max=a(i)
            j=i
        End If
    Next
    LblMax.Caption=Max
    LblIndex.Caption=j
End Sub

Private Sub Form_Load()
    Dim i As Long
    Randomize
    For i=1 To 10
        a(i)=Int(Rnd * 100)+1
        LblData.Caption=LblData.Caption & " " & a(i)
    Next
End Sub
```

程序说明:

（1）Dim a(1 To 10) As Long 定义了窗体级的数组 a，且下标从 1 开始。Max 和 j 两个变量分别保存当前数组元素中的最大值和下标。查找中首先将两个变量分别赋值为第一个数组元素的值和下标。通过循环依次对后续的 9 个数组元素进行顺序查找。最后将这两个变量的值显示在界面对应的标签中。

（2）如果定义数组时下界省略，则数组元素下标从 0 开始。此时，元素所在位置与下标之间差 1，界面上显示时就需要将下标＋1。

【例 5.4】 冒泡排序。窗体上添加 4 个标签和 2 个命令按钮。程序运行时，单击"产生数据"按钮，随机产生 10 个 1～100 的整数显示在黄色标签中，如图 5-8 所示；单击"冒泡排序"按钮，用冒泡排序法对黄色标签中的整数按照从小到大的顺序排序，显示在绿色标签中，如图 5-9 所示。

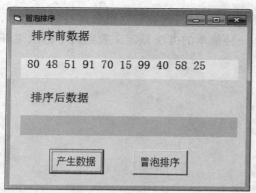

图 5-8　产生数据

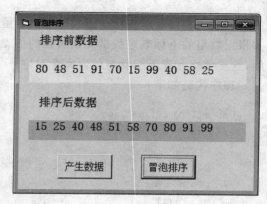

图 5-9　冒泡排序

【解】 题目要求将一组数用冒泡排序法从小到大排序。首先需要将这组数保存到数组中，然后按照冒泡排序的方法进行排序。冒泡排序的思想是：比较相邻的两个元素，如果第一个比第二个大，就交换它们两个。从前往后对每一对相邻元素做同样的工作，至此最后的元素应该是最大的数，第一轮比较结束。第二轮则对除最后一个元素外的其他元素重复上述步骤。后续每一轮都对持续减少的元素重复上述过程，直到没有任何一对元素需比较，则排序结束。

程序代码如下：

```
Dim a(9) As Long
Private Sub CmdRnd_Click()
    Dim i As Long
    Randomize
    For i=0 To 9
        a(i)=Int(Rnd * 90)+10
        LblBefore.Caption=LblBefore.Caption & " " & a(i)
    Next
End Sub


Private Sub CmdSort_Click()
```

```
Dim i As Long
Dim j As Long
Dim t As Long

For i=1 To 9
    For j=0 To 9 - i
        If a(j) >a(j+1) Then
            t=a(j)
            a(j)=a(j+1)
            a(j+1)=t
        End If
    Next

    Next
    For i=0 To 9
        LblAfter.Caption=LblAfter.Caption & " " & a(i)
    Next
End Sub
```

程序说明:

(1) Dim a(9) As Long 定义了窗体级的数组 a,由于下界省略,因此下标为 0~9,共 10 个元素。定义两个循环变量 i 和 j,i 表示冒泡排序的轮次,共需 9 轮;j 则表示每轮中比较的元素下标范围。随着轮次增加,需比较的元素持续减少。

(2) 如果排序要求是从大到小,则只需要在比较时将判断语句改为 a(j) > a(j + 1) 时交换即可。

5.2 控 件 数 组

【例 5.5】 利用单选按钮设置不同字体。要求当单击某个单选按钮时,改变标签中文字的字体,界面如图 5-10 所示,执行界面如图 5-11 所示。

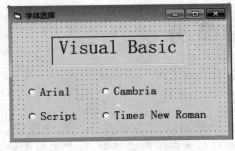

图 5-10 设计界面

图 5-11 字体选择

【解】 本例中字体的选择采用的都是单选按钮,类型相同,而且这 4 个单选按钮的名称就是字体名称。下面采用控件数组实现。

程序代码如下：

```
Private Sub OptFont_Click(Index As Integer)
    LblTitle.Font=OptFont(Index).Caption
End Sub
```

程序说明：

（1）将具有相同类型和名称的一组控件称为控件数组。以本例题中的 4 个单选按钮为例，它们都属于同一控件类型——单选按钮，且具有相同的控件名 OptFont，因而这 4 个单选按钮就是一个控件数组。与前面介绍的数组类似，可通过索引号（Index 属性）标识和区分同一控件数组内的各个控件。

（2）在设计阶段，添加第 1 个单选按钮后，其 Index 属性值是空的，但把第 1 个按钮复制 3 次并创建成单选按钮控件数组后，此时 4 个单选按钮的 Index 属性自动变为 0、1、2、3，这是系统默认设置的结果。实际上也可以通过 Index 属性人为指定索引号，其取值范围是 0～32 767，但对于同一控件数组中的各控件，索引号必须互不相同。

（3）在设计时，使用控件数组比直接向窗体中添加相同类型的多个控件所消耗的资源要少；而且对于同一控件数组中的各控件，它们都共享相同的事件过程，从而可减少程序的编码量。

（4）程序运行时无论单击哪一个单选按钮，都会触发 OptFont_Click 事件过程。

当单击 Arial 按钮时，将调用 OptFont 的公共事件过程 OptFont_Click，并将该按钮的索引号 0 赋予参数 Index，再根据 Index 的不同取值而执行相应操作。同理，单击 Times New Roman 按钮时，也将执行 OptFont_Click 事件过程，并将索引号 3 传递给 Index 参数，即同一控件数组中的各控件共享同一事件过程。

（5）引用控件数组中各控件对象的方法是：

控件数组名（索引号）

如 OptFont(0)代表 OptFont 数组中索引号为 0 的单选按钮，即 Arial 按钮；OptFont(0).Caption 则引用的是索引号为 0 的单选按钮的 Caption 属性。

5.3   提 高 部 分

5.3.1   数组的高级应用

【例 5.6】   删除数组元素。窗体上添加 5 个标签、1 个文本框和 1 个命令按钮，如图 5-12 所示。程序运行时，随机产生 10 个两位整数显示在黄色标签中，在文本框中输入要删除数组元素的下标，单击"删除"按钮，将指定下标的数组元素删除，并将删除后的新数组显示在绿色标签中，如图 5-13 所示。

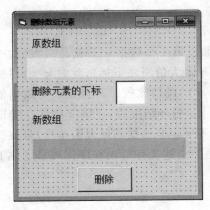 

图 5-12　界面设计　　　　　　　　图 5-13　删除下标为 3 的元素

【例 5.7】　选择法排序。窗体中添加 2 个框架和 1 个命令按钮,其中每个框架中再放置一个标签。程序运行时,随机生成 10 个两位整数显示在上部框架内的标签中;单击"排序(S)"按钮,使用选择法排序将 10 个数据从大到小排序后显示在下部框架内的标签中,如图 5-14 所示。

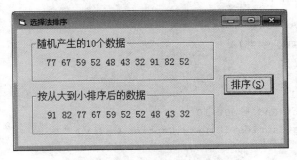

图 5-14　选择法排序

【解】　编程点拨:

采用"选择法"对包含 n 个数据的数组 a 按从大到小排列,其基本步骤是:

第 1 步,找出 a(1)~a(n)中的最大数,并与 a(1)进行交换;

第 2 步,找出 a(2)~a(n)中的最大数,并与 a(2)进行交换;

⋮

第 i 步,找出 a(i)~a(n)中的最大数,并与 a(i)进行交换;

⋮

第 n-1 步,找出 a(n-1)和 a(n)中的最大数,并与 a(n-1)进行交换。

此时,剩下的第 n 个数据一定已是最小值,排序结束。通过分析可知,如果对 n 个数据进行排序,上述步骤只需进行到 n-1 步即可。由此,"选择法"排序的算法可简单概括为:

For i=1 To n-1

　　找出 a(i)至 a(n)中的最大值

将最大值与第 i 个数据 a(i)交换位置

```
    Next
```

其中,为了找出 a(i)至 a(n)中的最大值,可以先假设第 1 个数据 a(i)就是最大值,将其所在下标(或位置)记录在变量 k 中(变量 k 用于记录最大值所在下标),此时 k=i;然后再利用循环依次将 a(i+1)~a(n)分别与当前最大值 a(k)进行比较。若存在某一数据值大于当前最大值,则以该数据所在下标(或位置)更新 k。循环结束后,变量 k 中保存的即为最大值所在下标(或位置)。注意,在查找最大值时不一定非要找到最大值本身,只要找到最大值所在下标(或位置)也就间接地找到了最大值。上述操作可用程序代码描述如下:

```
k=i
For j=i+1 To n
    If a(j) >a(k) Then
        k=j
    End If
Next
```

此时 k 中存放的是最大值所在元素下标,而 a(k)即为最大值。

完整程序代码如下:

```
Dim a(1 To 10) As Long
Private Sub Form_Load()
    Dim i As Long
    Randomize
    For i=1 To 10
        a(i)=Int(Rnd * 90)+10
        lblData.Caption=lblData.Caption & a(i) & " "
    Next
End Sub


Private Sub cmdSort_Click()
    Dim i As Long, j As Long, k As Long
    Dim temp As Long
    For i=1 To 9                        '对 10 个数据进行选择法排序,只需执行 9 次
        k=i
        For j=i+1 To 10
            If a(j) >a(k) Then          (1) 找出 a(i)至 a(10)中的最大值
                k=j
            End If
        Next
        If k<>i Then
            temp=a(i)
            a(i)=a(k)                   (2) 借助中间变量 temp,交换 a(i)与 a(k)的位置
            a(k)=temp
        End If
```

```
        Next
        For i=1 To 10                              '输出排序后的数据
            lblSort.Caption=lblSort.Caption & a(i) & " "
        Next
    End Sub
```

程序说明：

（1）为了实现对 10 个数据的排序，循环变量 i 的值应是 1～9。

（2）使用语句 If k <> i Then …限定 a(k)与 a(i)进行交换的条件，即仅当 a(i)本身不是最大值时才进行交换，提高了程序的执行效率。

5.3.2 二维数组

【例 5.8】   二维数组示例。窗体上添加 1 个图片框、1 个标签和 2 个命令按钮。程序运行时，单击"矩阵"按钮，随机产生 12 个两位整数，并以 3 行 4 列的矩阵形式显示在图片框中，如图 5-15 所示；单击"平均值"按钮，计算 12 个整数的平均值并显示在标签中，如图 5-16 所示。

图 5-15 产生二维数组元素的值   图 5-16 计算二维数组元素的平均值

【解】   在处理表格或矩阵问题时，经常使用二维数组。因为二维数组有两个下标，第 1 个下标能够处理行，第 2 个下标能够处理列。程序代码如下：

```
Dim a(1 To 3, 1 To 4) As Long                '定义二维数组
Private Sub cmdArr_Click()
    Dim i As Long, j As Long
    picArr.Cls                               '清空图片框，为显示矩阵做准备
    lblAve.Caption=""
    For i=1 To 3                             '控制 3 行
        For j=1 To 4                         '控制每行的 4 列
            a(i, j)=Int(Rnd * 90)+10         '随机产生 1 个两位数
            picArr.Print a(i, j) & "  ";     '显示刚生成的数，并加两个空格
        Next
        picArr.Print                        '每输出 4 个数据后换行
    Next
```

```
End Sub

Private Sub cmdAve_Click()
    Dim i As Long, j As Long
    Dim sum As Long
    Dim ave As Double
    For i=1 To 3
        For j=1 To 4
            sum=sum+a(i, j)
        Next
    Next
    ave=sum / 12
    lblAve.Caption="平均值是" & Format(ave, "0.00")
End Sub
```

程序说明：

(1) 语句 Dim a(1 To 3，1 To 4) As Integer 定义了一个名为 a 的二维数组，它包括 3×4 共 12 个元素：a(1,1)、a(1,2)、a(1,3)、a(1,4)、a(2,1)、a(2,2)、a(2,3)、a(2,4)、a(3,1)、a(3,2)、a(3,3)、a(3,4)，其中每个元素都是整型。

定义二维数组的一般格式是：

Dim 数组名([下界 1 To]上界 1,[下界 2 To]上界 2) As 数据类型

例如，Dim b(2,1 To 2) As Single 定义了二维数组 b，包含 6 个(即 3 行 2 列)Single 型元素 b(0,1)、b(0,2)、b(1,1)、b(1,2)、b(2,1)、b(2,2)。

(2) a 数组中的各个元素在内存中占据连续的存储单元，其物理存储结构如图 5-17 所示。

a(1, 1)	a(1, 2)	a(1, 3)	a(1, 4)	a(2, 1)	a(2, 2)	a(2, 3)	a(2, 4)	a(3, 1)	a(3, 2)	a(3, 3)	a(3, 4)

图 5-17　数组 a 的物理存储结构

由于经常用二维数组处理表格或矩阵问题，为了便于理解和分析，一般采用图 5-18 所示的逻辑存储结构表示二维数组。

(3) 引用二维数组元素的一般形式是：

a(1,1)	a(1,2)	a(1,3)	a(1,4)
a(2,1)	a(2,2)	a(2,3)	a(2,4)
a(3,1)	a(3,2)	a(3,3)	a(3,4)

图 5-18　数组 a 的逻辑存储结构

数组名(下标 1,下标 2)

其中下标 1 称为行下标；下标 2 称为列下标。

(4) 通过双层 For 循环可以方便地引用二维数组中的各个元素，实现二维数组的输入、输出等操作。通常情况下，用外层循环控制行下标，内层循环控制列下标。

【例 5.9】　动态数组示例。窗体上添加 1 个图片框、2 个单选按钮和 1 个命令按钮。程序运行时，单击"数据"按钮，根据单选按钮选择情况弹出输入框，提示用户输入一维数组的元素个数或二维数组的行、列数，根据用户的输入自动生成数据并显示在图片框中，

如图 5-19 所示。

【解】 编写程序代码如下：

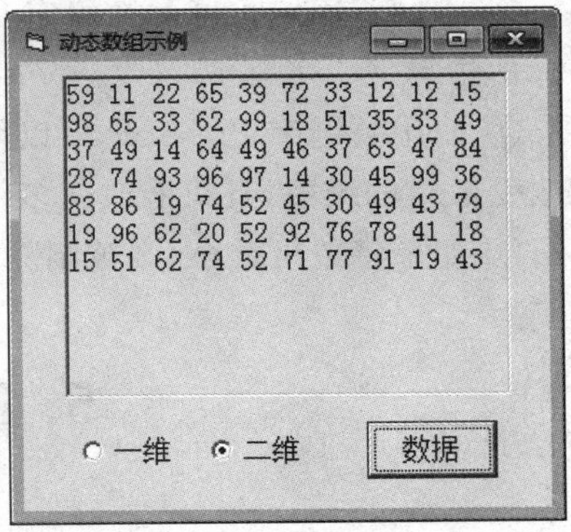

图 5-19 动态数组示例

```
Option Base 1
Private Sub cmdData_Click()
    Dim a() As Long         '声明动态数组 a
    Dim i As Long, j As Long
    Dim n As Long, m As Long
    picShow.Cls
    Randomize
    If opt1.Value=True Then '选中"一维"单选按钮
        n=InputBox("请输入一维数组的元素个数
        (<=10)", "输入数据", 10)
        ReDim a(n)          '动态定义一维数组 a
                             的大小为 n

        For i=1 To n
            a(i)=Int(Rnd * 90)+10
            picShow.Print a(i) & " ";
        Next
    Else
        n=Val(InputBox("请输入二维数组的行数(<=10)", "输入数据", 10))
        m=Val(InputBox("请输入二维数组的列数(<=10)", "输入数据", 10))
        ReDim a(n, m)       '动态定义二维数组 a 的大小为 n×m
        For i=1 To n
            For j=1 To m
                a(i, j)=Int(Rnd * 90)+10
                picShow.Print a(i, j) & " ";
            Next
            picShow.Print
        Next
    End If
End Sub
```

程序说明：

(1) 语句 Dim a() As Integer 声明 a 为一个动态数组,该数组的维数及大小不定。

(2) ReDim 语句用于定义或重新定义已经声明过的动态数组的大小及维数,执行该语句时,存储在数组中的原有数据全部丢失。程序中的语句 ReDim a(n)是将数组 a 定义成具有 n 个元素的一维数组,而语句 ReDim a(n,m)是将 a 重新定义成具有 n 行 m 列(共 n×m 个元素)的二维数组。由此可知,使用 ReDim 语句可以反复地改变数组的元素以及维数的数目。ReDim 语句的语法格式是：

ReDim [Preserve] 数组名(第 1 维下标的上下界 [,第 2 维下标的上下界,…]) [As 数组类型]

在使用 ReDim 语句时需要注意以下几点：

① ReDim 语句是一个可执行语句,只能出现在过程中。

② 不能通过 ReDim 语句改变数组的数据类型。

③ 不同于固定长度的数组定义,在 ReDim 语句中可以使用变量或变量表达式设置下标的边界。

④ 使用关键字 Preserve 可以使数组在改变大小的同时还保留原有数据。但此时不能改变数组的维数,且只能改变多维数组中最后一维的上界,否则将在运行时产生错误。

⑤ 如果将数组改小,则被删除元素中的数据丢失(即使使用了关键字 Preserve)。

5.4 章节练习

【**练习 5.1**】 窗体上添加 4 个标签和 3 个单选按钮。程序运行时,随机产生 10 个两位整数显示在黄色标签中;单击"奇数"单选按钮,找出其中的所有奇数并显示在蓝色标签中,如图 5-20 所示;单击"偶数"单选按钮,则显示所有偶数;单击"最大数"单选按钮,找出10 个数中的最大数,显示在蓝色标签中,如图 5-21 所示。

拓展:添加"最小数"单选按钮,单击时查找并显示数组中的最小值。

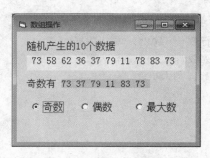
图 5-20　显示数组中的所有奇数

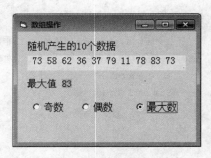
图 5-21　显示数组中的最大数

【**练习 5.2**】 窗体上添加 1 个形状控件和 6 个单选按钮,如图 5-22 所示。单击单选按钮,选择不同形状时,在形状控件上显示相应形状,如图 5-23 所示。要求单选按钮用控件数组实现。

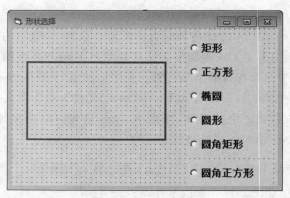
图 5-22　界面设计

图 5-23 选择圆角矩形

【练习5.3】 七色光示例。程序运行时,窗体上的 7 个圆圈按照"赤橙红绿青蓝紫"的顺序依次向右传递,每隔 1s 颜色传递一次,实现颜色的循环变化,自行确定需添加的控件类型及数量,如图 5-24 所示。要求形状控件用控件数组实现。

提示:定时变化,应加计时器控件;依次向右循环变化,可考虑更复杂的变化形式。

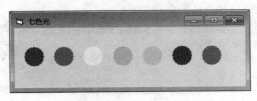

图 5-24 七色光

习　题　5

基础部分

1. 编写程序。程序运行时,随机产生 10 个[1,100]的整数并显示在窗体上部的标签中。单击"移动"按钮后,将 10 个数据向右侧循环移动两个位置,显示在窗体下部的标签中,如图 5-25 所示。

2. 编写程序,修改第 1 题。程序运行时,单击"移动"按钮,将 10 个数据向左侧循环移动一个位置,显示在窗体下部的标签中,如图 5-26 所示。

3. 编写程序,在数组的指定位置插入新数据。程序运行时,随机产生 10 个两位整数,显示在黄色标签中,如图 5-27 所示;单击"插入"按钮,弹出如图 5-28 所示的两个输入框接收用户输入并显示在对应标签中,同时在蓝色标签中显示插入新数据后的数组,如图 5-29 所示。

4. 编写程序,删除数组中指定位置的数据。程序运行时,随机产生 10 个两位整数,

图 5-25　循环右移数据

图 5-26　循环左移数据

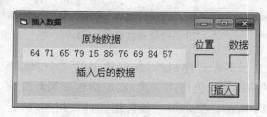

图 5-27　显示随机产生的数据

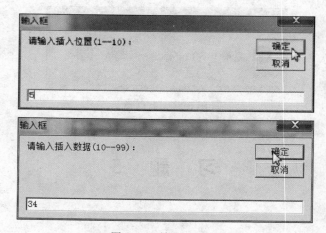

图 5-28　输入对话框

图 5-29　显示插入新数据后的数组

显示在黄色标签中,如图 5-30 所示;单击"删除"按钮,弹出图 5-31 所示的输入框接收用户输入并显示在对应标签中,同时在蓝色标签中显示删除数据后的数组,如图 5-32 所示。

　　5. 编写程序。窗体上添加 1 个图像框、1 个图形化按钮、8 个标签和 1 个控件数组

图 5-30　显示随机产生的数据

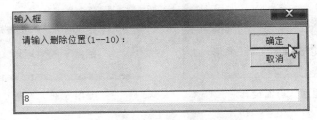

图 5-31　输入删除位置对话框

图 5-32　显示删除后的新数组

（包含 6 个黄色背景的标签）。程序运行时，单击"掷骰子"按钮，将 50 次掷骰子的结果显示在中间的标签中，同时统计并显示各点数出现的次数，如图 5-33 所示。

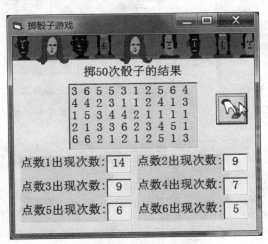

图 5-33　统计掷骰子结果

6. 编写程序。如图 5-34 所示设计窗体,其中包括 1 个形状、2 个复选框、1 个框架和 1 个控件数组(由 6 个单选按钮组成)。程序运行时,单击某单选按钮,形状控件设置为相应形状;选中"背景色"复选框时,形状控件的背景为红色,否则为黑色;选中"边框色"复选框时,形状控件的边框为红色,否则为黑色,如图 5-35 所示。

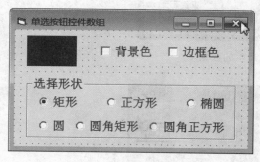

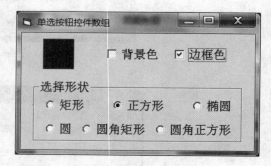

图 5-34 习题 6 界面设计 　　　　　　　　　　　图 5-35 习题 6 运行结果

提高部分

7. 编写程序。在窗体中添加 1 个列表框和 1 个命令按钮。程序运行时,单击"同构数"按钮,找出 1000 以内的所有同构数并保存在动态数组中,同时显示在列表框中,如图 5-36 所示。若一个数出现在它的平方数右侧,则称其为同构数,如 5、6、25 等。

8. 编写程序。程序运行时,单击"计算"按钮,弹出图 5-37 所示的输入框输入 n 值,计算菲波那契级数的前 n 项并保存在动态数组中,同时以每行 5 个的形式输出到窗体中,如图 5-38 所示。要求:调用 Sub 过程计算菲波那契级数的前 n 项,并保存到动态数组 a 中。

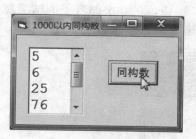

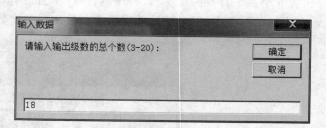

图 5-36 找出同构数 　　　　　　　　　　　图 5-37 输入框

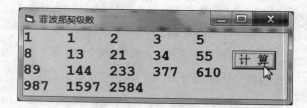

图 5-38 计算菲波那契级数前 18 项

9. 编写程序。窗体中有 1 个命令按钮和 2 个框架,在左侧框架内添加 1 个图片框,右侧框架内添加 1 个标签控件数组(由 5 个标签构成)。程序运行时,随机产生 25 个两位整数,并以 5×5 方阵形式显示在图片框中。单击"计算"按钮,计算方阵中各行数据的平均值,并分别显示在 5 个标签中,如图 5-39 所示。

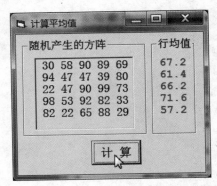
图 5-39　计算各行平均值

图 5-40　输出特殊矩阵

10. 编写程序。程序运行后在窗体中输出图 5-40 所示的矩阵。该矩阵主对角线上的元素全部为 1,其余的元素为其所在行数、列数之和。

第 6 章 过程

本章将介绍的内容

基础部分：

- 函数过程和子程序过程的定义与调用。
- 过程级变量、窗体/模块级变量、程序级变量的作用域与有效性。
- 标准模块。

提高部分：

- 静态变量。
- 递归调用。

各例题知识要点

例 6.1 函数过程的定义与调用。

例 6.2 函数的调用方法。

例 6.3 子程序过程的定义与调用。

例 6.4 数组作为参数的函数调用。

例 6.5 过程级变量的定义及其作用域。

例 6.6 窗体级变量的定义及其作用域。

例 6.7 程序级变量的定义及其作用域。

例 6.8 在标准模块中定义程序级变量及公有过程；文本框的 PasswordChar 属性。

（以下为提高部分例题）

例 6.9 静态变量的定义及其作用域。

例 6.10 过程的递归调用；Exit Sub 语句。

例 6.11 递归法求菲波那契级数。

编写程序时，一般将较大的程序划分成若干模块（子任务），每个模块实现相对独立、简单的功能。采用模块化编程，不但可以使程序结构更加清晰，而且可以简化程序代码，提高代码的利用率。例如,在同一程序的多项操作中均需执行某一功能相同的子任务时,便可将该子任务作为一个独立的模块进行单独编程,以便在各操作中直接调用,无须再进行重复编码。

VB中通过"过程"实现程序的模块化。将一个程序分成若干相对独立的过程,每个过程实现单一功能。由于各模块功能单一、代码简单,便于程序的调试及维护,同时也易于阅读与理解。除了前面已经介绍的事件过程外,VB还允许自定义函数(Function)过程和子程序(Sub)过程。

6.1 过程的定义与调用

6.1.1 函数(Function)过程的定义与调用

【例6.1】 函数过程示例。程序运行时,在两个文本框中分别输入 n 和 m 的值,单击"排列"或"组合"按钮后,计算并显示 n 个元素中取 m 个数的排列或组合数,如图 6-1 所示。计算排列数和组合数的公式为:

$$排列数 = \frac{n!}{(n-m)!} \quad 组合数 = \frac{n!}{m! \times (n-m)!}$$

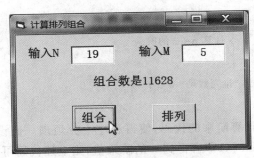

图 6-1 函数过程示例

【解】 参照图 6-1 设计窗体,根据前面已学知识,编写程序代码如下:

```
Private Sub CmdC_Click()                    '计算组合数
    Dim n As Long, m As Long
    Dim i As Long
    Dim a As Double, b As Double, c As Double
    n=Val(TxtN.Text)
    m=Val(TxtM.Text)
    a=1
    For i=1 To n        计算 n 的阶乘
        a=a * i
    Next
```

```
        b=1
        For i=1 To m         ⎫
            b=b * i          ⎬ 计算 m 的阶乘
        Next                 ⎭
        c=1
        For i=1 To n -m      ⎫
            c=c * i          ⎬ 计算 n- m 的阶乘
        Next                 ⎭
        LblVal.Caption="组合数是" & a / (b * c)
    End Sub


Private Sub CmdP_Click()                          '计算排列数
        Dim n As Long, m As Long
        Dim i As Long
        Dim u As Double, v As Double
        n=Val(TxtN.Text)
        m=Val(TxtM.Text)
        u=1
        For i=1 To n         ⎫
            u=u * i          ⎬ 计算 n 的阶乘
        Next                 ⎭
        v=1
        For i=1 To n -m      ⎫
            v=v * i          ⎬ 计算 n- m 的阶乘
        Next                 ⎭
        LblVal.Caption="排列数是" & u / v
End Sub
```

程序中反复用到了计算阶乘的代码，使得程序十分烦琐。假设系统已提供计算阶乘的函数 Myfac，调用 Myfac(x)即可得到 x 的阶乘值，则上述代码可简化为：

```
Private Sub CmdC_Click()                          '计算组合数
        Dim n As Long, m As Long
        Dim a As Double, b As Double, c As Double
        n=Val(TxtN.Text)
        m=Val(TxtM.Text)
        a=Myfac(n)                                '计算 n 的阶乘
        b=Myfac(m)                                '计算 m 的阶乘
        c=Myfac(n -m)                             '计算 n-m 的阶乘
        LblVal.Caption="组合数是" & a / (b * c)
End Sub


Private Sub CmdP_Click()                          '计算排列数
        Dim n As Long, m As Long
        Dim u As Double, v As Double
```

```
        n=Val(TxtN.Text)
        m=Val(TxtM.Text)
        u=Myfac(n)                              '计算 n 的阶乘
        v=Myfac(n -m)                           '计算 n-m 的阶乘
        LblVal.Caption="排列数是" & u / v
    End Sub
```

但事实上,VB 中没有提供名为 Myfac 的函数,因此不能直接使用。这时需要利用本章将要介绍的知识自行编写 Myfac 函数,代码如下:

```
Private Function Myfac(x As Long) As Double    '自定义函数 Myfac,计算并返回 x!
    Dim s As Double
    Dim i As Long
    s=1
    For i=1 To x                 } 计算 x 的阶乘,结果放在 s 中
        s=s * i
    Next
    fac=s                                       '将 s 的值赋给函数名
End Function
```

该函数功能是计算并返回 x!的值。就像日常生活中使用的计算器一样,只要给出 x 的值,调用 Myfac 函数就能立刻计算出 x!。例如,当 x 为 5 时,Myfac(x)返回 5!的值 120。

本例题的完整程序代码如下:

```
Private Sub CmdC_Click()
    Dim n As Long, m As Long
    n=Val(TxtN.Text)
    m=Val(TxtM.Text)
    LblVal.Caption="组合数是" & Myfac(n) / (Myfac(m) * Myfac(n -m))
End Sub


Private Sub CmdP_Click()
    Dim n As Long, m As Long
    n=Val(TxtN.Text)
    m=Val(TxtM.Text)
    LblVal.Caption="排列数是" & Myfac(n) / Myfac(n -m)
End Sub


'定义名为 Myfac 的函数过程
Private Function Myfac(x As Long) As Double    '函数过程定义开始
    Dim s As Double
    Dim i As Long
    s=1
    For i=1 To x
```

```
        s=s * i
    Next i
    Myfac=s
End Function                                    '函数过程定义结束
```

程序说明：

（1）由于函数 Myfac 的功能是计算阶乘值，所以排列和组合均可以通过多次调用 Myfac 函数计算。

（2）由于阶乘的数据增加很快，为防止数据溢出。本例题中将 s 定义成 Double 类型。

（3）函数过程由一段独立的代码组成，该过程可以被其他过程多次使用。自定义函数过程的一般格式是：

```
[Private|Public][Static] Function 函数名（[形式参数列表]）[As 类型]
    语句组 1
    [ 函数名=返回值
        Exit Function
    ]
    语句组 2
    函数名=返回值
End Function
```

其中，形式参数列表的书写形式如下：

形式参数名 1　As　数据类型 1,形式参数名 2　As　数据类型 2,…

说明：

① 定义函数过程以 Function 语句开头，以 End Function 语句结尾，中间部分是描述操作过程的语句组，称为函数体。当程序执行到 End Function 语句时，退出此函数过程。函数体中，语句 Exit Function 的作用是强制退出函数过程。

② 可选关键字 Private 或 Public 用于指定函数的有效范围。选用 Private 时，表示该函数是私有的局部函数，只能被处于同一代码窗口（或标准模块）中的过程所使用；选用 Public 时，表示该函数是公共的全局过程，可被程序中任何窗体（或标准模块）中的过程所使用。在 Private 和 Public 中只能选择其一，省略时默认为 Public。

③ 可选关键字 Static 表示该函数中使用的变量都是静态变量。有关静态变量的概念参见 6.4.1 节。

④ 函数名的命名规则与变量名相同。

⑤ 形式参数简称为形参，形参的作用是接收使用函数时所提供的各参数值。

⑥ "As 类型"表示函数返回值（即函数的计算结果）的类型。省略时默认为变体型（参见 2.6.3 节）。本例题中，由于计算出的阶乘值可能会很大，故将 Myfac 函数的返回值类型指定为 Double。

⑦ 在函数体中必须存在形如"函数名＝返回值"的语句，其作用是将执行函数所产生的结果保存到函数名中，从而通过函数名返回该值。以本例题 Myfac 函数中的语句

"Myfac＝s"为例,s 中存放的是已经计算出来的 x! 值,通过此语句便将 x 的阶乘值赋予了函数名 Myfac。函数的特点就是可以通过函数名返回一个值。

⑧ 在代码窗口中定义函数过程的方法有两种。其中,最常用的方法是直接在代码区域的空白位置(所有过程之外)自行输入函数的首行,输入回车后将自动出现函数框架。例如,在本例中输入 Private Function Myfac(x As Integer) As Double 后回车,出现如下代码框架:

```
Private Function Myfac(x As Integer) As Double

End Function
```

然后在两行之间输入函数体语句即可。另外,也可以通过"工具"|"添加过程"命令添加过程框架。

(4) 定义函数过程后就可以像使用其他系统函数那样直接使用该函数了,这称为函数调用。调用自定义函数的方法与调用系统内部函数相同,其一般格式是:

函数名(实际参数列表)

其中,实际参数列表的格式为:

实际参数名 1, 实际参数名 2, …

说明:

① 实际参数简称实参,是指调用函数时所提供的参数,其类型及个数必须与定义函数时的形参对应一致,否则将产生编译错误。例如,在定义 Myfac 函数时,只提供了 1 个 Long 类型的形参 x,那么在调用 Myfac 函数时也必须提供 1 个 Long 类型的实参,如 CmdC_Click 事件过程中的 Myfac(n)、Myfac(m),而其中的 n、m 均已定义为 Long 类型。

② 形参是用来接收实参值的,必须是变量;而实参是用来给形参提供具体值的,因而必须是具有确定值的变量、表达式或常量。

③ 在发生函数调用时,系统首先将各实参值一一对应传递给各形参,然后程序流程跳转到被调函数中,执行函数体语句。当执行到 End Function 语句或 Exit Function 语句时,程序流程再次返回到主调函数内调用该函数的地方,并且以函数名的形式返回一个函数值,继续执行下一条语句。在例 6.1 中,调用函数 Myfac(n)时实参与形参间的传递过程如图 6-2 所示。如图 6-3 所示为 CmdC_Click 事件过程的执行流程。

④ 调用函数时,形参 x 中的值等于实参 n 中的值,但在函数 Myfac 中只能使用形参 x,而不能使用实参 n。

⑤ 函数过程与事件过程不同,它不因对象的某个事件而触发执行,即不与任何特定的事件相联系,而是在执行某个过程时通过语句调用来执行。

【例 6.2】 统计列表框中偶数的个数,判断偶数的功能用函数实现。在窗体上添加 1 个列表框、2 个标签和 1 个命令按钮。程序运行时,随机产生 20 个 1～100 的整数并显示在列表框中,单击"统计"按钮,统计其中偶数的个数,并将结果显示在黄色标签中,如图 6-4 和图 6-5 所示。统计时调用函数 IsEvenNum 判断偶数。

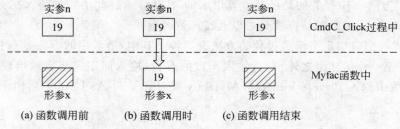

実参n 19 | 实参n 19 | 实参n 19 | CmdC_Click过程中

形参x | 19 形参x | 形参x | Myfac函数中

(a) 函数调用前　　(b) 函数调用时　　(c) 函数调用结束

图 6-2　参数传递过程

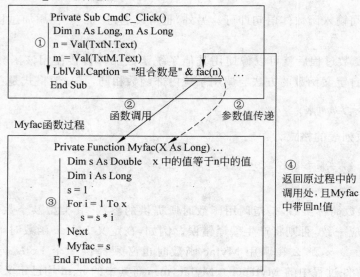

CmdC_Click事件过程

```
Private Sub CmdC_Click()
    Dim n As Long, m As Long
①   n = Val(TxtN.Text)
    m = Val(TxtM.Text)
    LblVal.Caption = "组合数是" & fac(n)  …
    End Sub
```

②　函数调用　　　　②　参数值传递

Myfac函数过程

```
Private Function Myfac(X As Long) …
    Dim s As Double    x 中的值等于n中的值
    Dim i As Long
    s = 1
③   For i = 1 To x
        s = s * i
    Next
    Myfac = s
End Function
```

④
返回原过程中的
调用处，且Myfac
中带回n!值

图 6-3　CmdC_Click 执行流程

图 6-4　设计界面

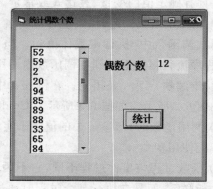

图 6-5　运行界面

【解】　程序代码如下：

```
Private Sub Form_Load()
    Dim i As Long
```

```
        Dim a As Long
        Randomize
        For i=1 To 20
            a=Int(Rnd * 100)+1
            List1.AddItem a
        Next
    End Sub
    Private Sub CmdCount_Click()
        Dim i As Long
        Dim c As Long
        For i=0 To List1.ListCount -1
            If IsEvenNum(List1.List(i))=1 Then        '调用函数 IsEvenNum
                c=c+1
            End If
        Next
        LblNum=c
    End Sub

    '定义名为 IsEvenNum 的函数
    Private Function IsEvenNum(n As Long) As Long
        Dim flag As Long
        If n Mod 2=0 Then
            flag=1
        Else
            flag=0
        End If
        IsEvenNum=flag
    End Function
```

程序说明：

（1）由于系统中没有判断偶数的函数，因此为完成判断偶数的功能，我们自己定义函数 IsEvenNum，该函数的功能是判断整数 n 是否为偶数，如果是返回 1，否则返回 0。

（2）通常情况下，函数所需形参个数与完成该函数功能所需已知条件的个数一致，一个形参对应接收一个已知条件。以 IsEvenNum 函数为例，为了判断 n 是否为偶数，需事先知道 n 的值，所以 IsEvenNum 函数需要一个形参 n。形参的类型则取决于对应已知条件的数据类型。由于已知 n 是整数，故形参 n 定义为 Long 类型。

6.1.2　子程序(Sub)过程的定义与调用

【例 6.3】　子程序过程示例。在窗体上添加 3 个命令按钮。程序运行时，单击命令按钮，在窗体上打印相应的三角矩阵，如图 6-6 所示。

【解】　打印下三角矩阵，需用嵌套循环实现。不同阶数的下三角矩阵体现在循环变量的变化范围不同。因此，可以将阶数作为参数，用子程序实现，然后分别调用即可。因为打印过程不需要返回值，只是完成打印操作，因此用子程序过程实现。

完整程序代码如下：

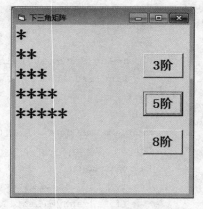

图 6-6　打印 5 阶下三角矩阵

```
Private Sub Myprn(n As Long)
    For i=1 To n
        For j=1 To i
            Print "*";
        Next
        Print
    Next
End Sub
Private Sub CmdThree_Click()
    Cls
    Myprn 3
End Sub
Private Sub CmdFive_Click()
    Cls
    Myprn 5
End Sub
Private Sub CmdEight_Click()
    Cls
    Call Myprn(8)
End Sub
```

程序说明：

（1）程序中定义了子程序过程 Myprn，其功能是在窗体上打印下三角矩阵。与函数一样，定义子程序后，可以多次调用该子程序。本程序中共调用了 3 次。

（2）Sub 过程的一般定义格式为：

```
[Private|Public][Static]Sub  子程序过程名([形参列表])
    语句组 1
    [Exit Sub]
    [语句组 2]
End Sub
```

说明：

① 定义子程序过程以 Sub 语句开头，以 End Sub 语句结尾，在 Sub 和 End Sub 之间是描述操作过程的语句组，称为"子程序体"。当调用子程序过程时，程序流程跳转到子程序过程，执行子程序体，直至 Exit Sub 语句或 End Sub 语句结束，程序流程再次返回到调用处，继续执行其后的语句。语句 Exit Sub 的作用是强制退出子程序过程。

② 子程序过程的命名规则、关键字 Private、Public 和 Static 的含义、实参与形参的要

求等与函数一致。

③ 与函数不同,子程序不能通过子程序名带回任何数据,因而也不存在返回值类型。

(3) 调用子程序过程的一般形式有两种。

第一种形式:

子程序名 [实参列表]

第二种形式:

Call 子程序名 [(实参列表)]

其中,实参列表的格式、要求与函数相同。

说明:

① 在第一种调用形式中,各实参直接写在子程序名后面,不需用括号括起,但子程序名和实参之间必须用空格隔开。在第二种调用形式中,使用 Call 语句调用子程序,此时实参必须用括号括起。本例题中,在 3 个事件过程中分别采用 Myprn 3、Myprn 5 和 Call Myprn(8)两种形式调用了 Myprn 子程序。

② 调用子程序时,形参与实参间的传递方式以及程序执行流程跳转情况同函数。

【例 6.4】 编写函数 Mysort,其功能是用冒泡法对数组 a 中的元素从小到大排序。在窗体上添加 4 个标签和 2 个命令按钮,如图 6-7 所示。程序运行时,单击“产生数据”按钮,随机产生 10 个两位整数显示在绿色标签中;单击“冒泡排序”按钮,则调用 Mysort 函数对 10 个整数进行排序,排序后的整数显示在蓝色标签中,如图 6-8 所示。

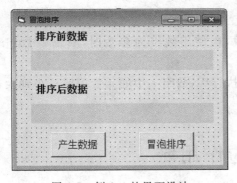

图 6-7　例 6.4 的界面设计

图 6-8　例 6.4 的运行界面

【解】 为了实现 Mysort 函数的功能,需要定义存放整数的数组 a 为窗体级变量。在进行排序时,将数组作为函数的形参。程序代码如下:

```
Dim a(9) As Long
Private Function Mysort(a() As Long)           '定义函数
    Dim i As Long
    Dim j As Long
    Dim t As Long
    For i=1 To 9
        For j=0 To 9 - i
```

```
                If a(j) >a(j+1) Then
                    t=a(j)
                    a(j)=a(j+1)
                    a(j+1)=t
                End If
            Next
        Next
    End Function
    Private Sub CmdRnd_Click()                          '产生随机数
        Dim i As Long
        Randomize
        For i=0 To 9
            a(i)=Int(Rnd * 90)+10
            LblBefore.Caption=LblBefore.Caption & " " & a(i)
        Next
    End Sub
    Private Sub CmdSort_Click()
        Call Mysort(a())                                '调用子函数
        For i=0 To 9
            LblAfter.Caption=LblAfter.Caption & " " & a(i)
        Next
    End Sub
```

程序说明：

(1) 在子函数 Mysort 中，数组 a 作为参数，当使用数组为参数时，只需写数组名即可。

(2) 因为数组作为参数，在子函数 Mysort 执行后，数组 a 中的元素按照从小到大进行了排序，即数组元素发生了变化。

6.2 变量的作用域

一个 VB 应用程序中包含若干个过程，而过程中必不可少地要使用变量。定义变量的位置不同，其使用范围也不同。将变量的有效范围称为变量的作用域。变量按其作用域分为过程级变量、窗体级变量和程序级变量 3 种。本节将分别介绍这些内容。

6.2.1 过程级变量及其作用域

在一个过程的内部，使用 Dim 语句定义的变量称为过程级变量，也叫局部变量。此外，凡采用隐式定义（即不定义而直接使用）的变量，VB 中也视为过程级变量。过程级变量只在定义它的过程中有效。一旦过程结束，该变量被释放，其中的数据消失。

【例 6.5】 过程级变量示例。窗体中添加 1 个标签和 2 个命令按钮（如图 6-9 所示），并输入如下给定的程序代码。程序运行时，连续单击"测试 1"按钮 10 次，观察标签中显示内容的变化情况；再连续单击"测试 2"按钮 10 次，观察标签的变化情况。

```
Private Sub CmdTest1_Click()          '单击"测试 1"按钮时
    Dim a As Long                     '在过程内定义，a 是过程级变量
    a=a+1
    lblTest.Caption=a
End Sub

Private Sub CmdTest2_Click()          '单击"测试 2"按钮时
    Dim a As Long                     '在过程内定义，a 是过程级变量
    lblTest.Caption=a
End Sub
```

【解】 连续单击"测试 1"按钮时，在标签中总是显示 1，而连续单击"测试 2"按钮时，标签中总是显示 0。

程序说明：

（1）对于过程级变量，只有程序执行到该过程时这些变量才产生并被赋予初值，过程结束时，变量消失。例如，单击"测试 1"按钮时，执行 CmdTest1_Click 事件过程，系统自动为 a 分配内存单元，并为其赋初值 0；执行 a＝a＋1 语句后，a 的值变为 1，因而在标签中显示 1，此后过程执行结束，系统立即释放变量 a，a 及 a 中的值

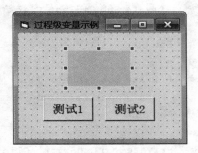

图 6-9 过程级变量示例

都不存在了；再次单击"测试 1"按钮，程序流程再次执行 CmdTest1_Click 事件过程，又重新为 a 分配内存单元并赋初值 0。所以，无论单击多少次按钮，变量 a 的值都从 0 开始，因而在标签中始终显示的是 1。

（2）本例分别在两个事件过程中各定义了一个过程级变量 a，虽然它们名字相同，但却是两个不同的变量，分别在各自所在的过程中起作用，彼此无关。

6.2.2 窗体级变量及其作用域

在一个窗体或模块的所有过程之外，使用 Dim 语句或 Private 语句定义的变量称为窗体级变量，也叫模块级变量。通常书写在代码区域的开始部分。窗体级变量只在定义它的窗体或模块中有效，而其他窗体或模块中不能使用（无效）。一旦窗体被卸载（执行 UnLoad 事件），该变量被释放，其中的数据消失。

【例 6.6】 窗体级变量示例。在第 1 个窗体中添加 1 个标签和 3 个命令按钮（如图 6-10 所示），在第 2 个窗体上添加 1 个标签和 2 个命令按钮（如图 6-11 所示），并输入如下给定的程序代码。运行程序并单击 10 次"测试"按钮，单击"查看"按钮，观察此时黄色

标签中的显示内容;再单击"切换"按钮,进入第二个窗体,单击"显示"按钮后观察此时蓝色标签中的内容。

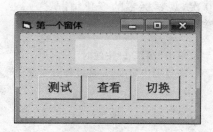

图 6-10　窗体 1 的界面设计

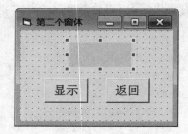

图 6-11　窗体 2 的界面设计

窗体 1 中的程序代码如下:

```
Dim a As Long                    '在所有过程外定义,a 是窗体级变量,只能在此窗体内使用

Private Sub CmdTest_Click()'单击"测试"按钮时
    a=a+1                        '窗体级变量 a,与 CmdShow_Click 事件中的 a 是同一变量
End Sub


Private Sub CmdShow_Click()'单击"查看"按钮时
    LblCheck.Caption=a           '窗体级变量 a,与 CmdTest_Click 事件中的 a 是同一个变量
End Sub


Private Sub CmdSwitch_Click()   '单击"切换"按钮时
    Form1.Hide
    Form2.Show
End Sub
```

窗体 2 中的程序代码如下:

```
Private Sub CmdDisplay_Click() '单击"显示"按钮时
    Dim a As Long                '在过程内定义,a 是过程级变量,只能在此过程中使用
    LblShow.Caption=a            '过程级变量 a,与窗体 1 中的 a 不是同一个变量
End Sub


Private Sub CmdExit_Click()     '单击"返回"按钮时
    Form1.Show
    Form2.Hide
End Sub
```

【解】　程序运行时,单击 10 次"测试"按钮后,再单击"查看"按钮,黄色标签中显示 10。单击"切换"按钮进入第二个窗体后,单击"显示"按钮,蓝色标签中显示 0。

程序说明:

(1) 运行程序时,两个窗体被加载(Load),系统自动为第 1 个窗体中的窗体级变量 a

分配内存单元,并为其赋初值 0;单击"测试"按钮后,执行 a＝a＋1 语句,a 的值变为 1。虽然过程执行结束,但窗体还存在,故变量 a 仍保留;当再次单击"测试"按钮,执行 a＝a＋1 语句时,a 在其原有基础上又加 1,它的值变成 2。以此类推,单击 10 次"测试"按钮后,a 的值变为 10。因为 CmdShow_Click 事件过程与 CmdTest_Click 事件过程位于同一代码窗口中,所以其过程中出现的变量 a(未在本过程中定义而直接使用)引用的就是窗体级变量 a,因此单击"查看"按钮时,显示的是变化了的 a 值。

(2) 在第 2 个窗体中单击"显示"按钮时,执行 CmdDisplay_Click 事件过程,系统为该过程内定义的过程级变量 a 分配内存并赋予初值 0,而此时窗体 1 中的窗体级变量 a 不起作用(不能使用),因而在蓝色标签中显示 0。

(3) 本例在两个窗体中都定义了名为 a 的变量,一个是窗体级变量,另一个是过程级变量,它们互不干涉,各自在自己的有效范围内起作用。

6.2.3 程序级变量及其作用域

在一个窗体或标准模块中的所有过程之外,使用 Public 语句定义的变量称为程序级变量,也叫全局变量。程序级变量在整个程序中有效,在同一程序的任何窗体或模块中均可使用,它的值始终保留。只有当整个应用程序结束时,程序级变量才消失并释放其所占内存空间。

【例 6.7】 程序级变量示例。窗体设计与例 6.6 完全相同,改写程序代码如下。运行程序并单击 10 次"测试"按钮,分别单击"查看"及"显示"按钮,观察此时两标签中的显示内容。

窗体 1 中的程序代码如下:

```
Public a As Long              '在所有过程之外使用 Public 定义,a 是程序级变量
Private Sub CmdTest_Click()   '单击"测试"按钮时
    a=a+1                     '程序级变量 a,与本程序中所有出现的 a 均为同一变量
End Sub


Private Sub CmdShow_Click()   '单击"查看"按钮时
    LblCheck.Caption=a        '程序级变量 a,与程序中出现的所有 a 均为同一变量
End Sub

Private Sub CmdSwitch_Click() '单击"切换"按钮时
    Form1.Hide
    Form2.Show
End Sub
```

窗体 2 中的程序代码如下:

```
Private Sub CmdDisplay_Click() '单击"显示"按钮时
    LblShow.Caption=Form1.a    '引用第一个窗体中的程序级变量 a
End Sub
```

```
Private Sub CmdExit_Click()          '单击"返回"按钮时
    Form1.Show
    Form2.Hide
End Sub
```

【解】 程序运行时,单击 10 次"测试"按钮后,单击"查看"按钮,在黄色标签中显示 10;切换到窗体 2 后,再单击"显示"按钮,在蓝色标签中也显示 10。

程序说明:

（1）程序运行时,系统自动为程序级变量 a 分配内存单元并赋初值 0,该变量可在本程序的所有代码窗口中使用,直至整个程序结束时才释放其内存空间（变量失效）。

（2）在代码中使用其他窗体内所定义的程序级变量时,必须在该变量名前指出其所在的窗体名,如语句 LblShow.Caption=Form1.a。

通过上述几个示例,介绍了各类变量的作用域。在编写较复杂程序时,可能涉及多个窗体和过程。在使用变量时,应尽量选用过程级变量,少用程序级变量。因为过程级变量只在某一过程中有效,不会影响到过程以外的其他代码,使用上比较安全且便于程序调试;而过多地使用程序级变量,不但会增加系统开销,而且也容易造成变量关系混乱,产生逻辑错误。

6.3　标　准　模　块

标准模块是由程序代码组成的独立模块,不属于任何一个窗口。它主要用于定义程序级变量和一些通用过程,从而可以被当前应用程序中的所有窗体和模块使用。

【例 6.8】 参照图 6-12 设计 3 个窗体。程序运行时,若用户输入了正确的用户名及密码,则单击"登录"按钮后进入第二个窗体,否则弹出"输入错误"消息框（如图 6-13 所示）,提示允许再次输入的次数。若输入 3 次均不正确,则自动退出程序。在第二个（或第三个）窗体中,单击"出题"按钮,调用自定义函数 MyData 随机产生并返回两个十以内（或一百以内）的整数,显示在标签中（如图 6-14 所示）;在文本框中输入结果后单击"验证"按钮,调用自定义子程序 MyJudge 判断用户输入是否正确并弹出"正确"或"错误"对话框（如图 6-15 所示）;单击"高级"按钮,进入第三个窗体。在第三个窗体中,单击"退出"按钮,弹出如图 6-16 所示的消息框后结束整个程序。

(a) 第1个窗体的界面设计

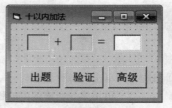
(b) 第2个窗体的界面设计

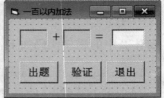
(c) 第3个窗体的界面设计

图 6-12　例 6.8 的程序界面

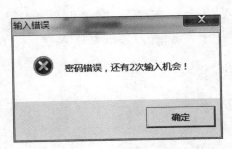

图 6-13　登录错误消息框

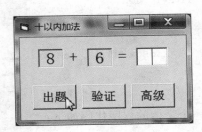

图 6-14　产生数据并显示

图 6-15　正确消息框和错误消息框

图 6-16　退出时显示的消息框

【解】　编写函数 MyData,其功能是产生 n 以内的随机整数;编写子程序 MyJudge,判断两整数 a 和 b 是否相等,并根据判断结果弹出"正确"或"错误"消息框。由于在窗体 2 和窗体 3 中都需要完成产生随机数、验证计算正确性的操作,因而在两个窗体中都要调用 MyData 函数和 MyJudge 子程序。如果在多个窗体中都需要调用同一个过程,则可在标准模块中将其定义成通用的过程。

在工程资源管理器的空白处右击,并在弹出的快捷菜单中选择"添加"|"添加模块"命令,打开"添加模块"对话框,单击"打开"按钮后即添加了名为 Module1 的标准模块,此时在工程资源管理器中可以看到新添加的模块。如图 6-17 所示为包含 3 个窗体和 1 个标准模块的工程资源管理器。

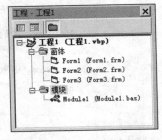

图 6-17　工程资源管理器

标准模块中的程序代码如下:

```
Public num As Long                  '使用 Public 定义,num 为程序级变量,用于记录已做题目数

Public Function MyData(n As Long) As Long      '定义通用函数
    Dim a As Long
    a=Int(Rnd * n)+1
    MyData=a
End Function

Public Sub MyJudge(a As Long, b As Long)        '定义通用子程序
```

```
        If a=b Then
            MsgBox "正确", vbExclamation, "验证"
        Else
            MsgBox "错误", vbCritical, "验证"
        End If
    End Sub
```

第一个窗体的程序代码如下：

```
Dim n As Long                          '使用 Dim 定义,n 为窗体级变量,用于记录输入密码的次数

Private Sub CmdCheck_Click()    '单击"登录"按钮时
    Dim username As String      '输入的用户名
    Dim userpsw As String       '输入的密码
    username=TxtID.Text
    userpsw=TxtPsw.Text
    If username="123" And userpsw="123" Then
        Form1.Hide
        Form2.Show
    Else
        TxtID.Text=""
        TxtPsw.Text=""
        TxtID.SetFocus
        n=n+1
        If n<3 Then
            MsgBox "密码错误,还有" & 3-n & "次输入机会!", vbCritical, "输入错误"
        Else
            MsgBox "抱歉,密码错误,无法登录!", vbInformation, "结束信息"
            End
        End If
    End If
End Sub
```

第二个窗体的程序代码如下：

```
Private Sub CmdLow_Click()      '单击"出题"按钮时
    num=num+1                   '已做题目数加 1
    LblOp1.Caption=MyData(10)   '调用通用函数 MyData,产生 10 以内的随机数
    LblOp2.Caption=MyData(10)
    TxtAns.Text=""
    TxtAns.SetFocus
End Sub


Private Sub CmdTest_Click()     '单击"验证"按钮时
    Dim ans As Long             '正确答案
```

```
    Dim data As Long              '用户输入的答案
    ans=Val(LblOp1.Caption)+Val(LblOp2.Caption)
    data=Val(TxtAns.Text)
    MyJudge ans, data             '调用通用子程序 MyJudge,判断 ans 与 data 是否相等
End Sub

Private Sub CmdHigher_Click() '单击"高级"按钮时
    Form2.Hide
    Form3.Show
End Sub
```

第三个窗体的程序代码如下：

```
Private Sub CmdExit_Click()       '单击"退出"按钮时
    MsgBox "已做总题数为" & num & "道"  '使用程序级变量 num
    End
End Sub

Private Sub CmdHigh_Click()       '单击"出题"按钮时
    num=num+1                     '已做题目数加 1
    LblOp1.Caption=MyData(100)    '调用通用函数 MyData,产生 100 以内的随机数
    LblOp2.Caption=MyData(100)
    TxtAns.Text=""
    TxtAns.SetFocus
End Sub

Private Sub CmdTest_Click()       '单击"验证"按钮时
    Dim ans As Long
    Dim data As Long
    ans=Val(LblOp1.Caption)+Val(LblOp2.Caption)
    data=Val(TxtAns.Text)
    MyJudge ans, data             '调用通用子程序 MyJudge,判断 ans 与 data 是否相等
End Sub
```

程序说明：

（1）文本框的 PasswordChar 属性用于设置文本的显示方式。本例中,将密码文本框的该属性设置为"＊",使输入的密码字符均以"＊"显示。

（2）定义窗体级变量 n,用于记录已经输入密码的次数。每次单击"登录"按钮后,如果密码输入不正确,则将 n 的值加 1。当 n 的值为 3 时,表明用户已 3 次输入错误密码,退出程序。

（3）在每次单击"登录"按钮时,变量 n 中应保留着上一次执行结束时的值（即 CmdCheck_Click 过程执行结束后该变量依然保持有效,其值不消失）,同时又因 n 只在本窗体中使用,因而将其定义为窗体级变量,而非程序级变量。

（4）执行"工程"|"添加模块"命令也可以在当前工程中添加标准模块。标准模块只有代码窗口，主要用于定义程序级变量或通用过程等。本例题在标准模块中定义了一个程序级变量 num（用于记录已做题目总数）和两个通用过程 MyData 函数和 MyJudge 子程序，它们可以被当前应用程序中的所有窗体使用。在标准模块中使用 Public 定义的变量或过程，可以在其他窗体代码中直接使用，如语句 num＝num ＋ 1 和 lblOp1.Caption＝MyData(10)。

（5）与保存窗体一样，标准模块也必须单独进行保存，其文件扩展名为 .bas。如果需要删除一个标准模块，在工程资源管理器中右击该模块，在弹出的菜单中选择"移除模块"命令即可。

6.4　提　高　部　分

6.4.1　静态变量的使用

使用 Static 语句定义的变量称为静态变量。静态变量的特点是，在整个程序运行期间，它都始终占据内存空间，一直保留其当前值。

【例 6.9】　静态变量使用示例。参照图 6-18，在窗体上添加 4 个标签和 2 个命令按钮。程序运行时，单击"测试 1"按钮和"测试 2"按钮各 10 次，观察两黄色标签中显示内容的变化。给定的程序代码如下：

```
Private Sub CmdTest1_Click()        '单击"测试 1"按钮
    Dim a As Long                   '过程内用 Dim 定义,a 是过程级变量
    Static b As Long                '过程内用 Static 定义,b 是过程级静态变量
    a=a+1                           '每次执行此过程时,a 都重新分配地址并赋初值 0
    b=b+1                           '每次执行此过程时,b 都保留其上一次的值
    LblA.Caption=a
    LblB.Caption=b
End Sub


Private Static Sub CmdTest2_Click() '单击"测试 2"按钮,定义为静态过程
    Dim a As Long                   '定义过程级静态变量 a
    Dim b As Long                   '定义过程级静态变量 b
    a=a+1                           '每次执行此过程时,a 都保留其上一次的值
    b=b+1                           '每次执行此过程时,b 都保留其上一次的值
    LblA.Caption=a
    LblB.Caption=b
End Sub
```

【解】　程序运行时，单击"测试 1"按钮 10 次后，两黄色标签中显示内容如图 6-18 所示；单击"测试 2"按钮 10 次后，两黄色标签中显示内容如图 6-19 所示。

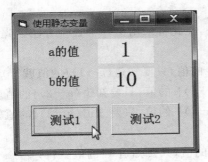

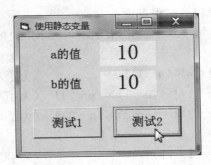

图 6-18　单击"测试 1"按钮 10 次后　　　　图 6-19　单击"测试 2"按钮 10 次后

程序说明：

（1）在 CmdTest1_Click 事件中，分别使用 Dim 语句和 Static 语句定义了变量 a 和 b。由于是在过程内定义的，所以它们都是过程级变量，其中 b 又称为过程级静态变量。作为过程级变量，a 和 b 只能在这个过程中使用，一旦离开此过程则无效。但因变量 b 同时还是一个静态变量，所以虽然在过程外不能使用，但它并没有被释放，其中所存放的值还继续保留。当再次执行 CmdTest1_Click 过程时，变量 a 被重新分配内存并赋予初值 0，而变量 b 则被"激活"，继续使用。所以，单击 10 次"测试 1"按钮后，变量 a 中的值还是 1，而变量 b 中的值则增加到 10。

（2）编写 CmdTest2_Click 事件过程时，在子程序名前使用了关键字 Static。VB 规定，在定义过程时若使用关键字 Static，则系统自动将该过程内定义的所有过程级变量（含隐式定义的变量）处理为静态变量。因此，在 CmdTest2_Click 事件过程中定义的变量 a 和 b 均为过程级静态变量，所以，单击 10 次"测试 2"按钮后，变量 a 和 b 中的值都变成 10。

（3）本例题中，虽然在 CmdTest1_Click 和 CmdTest2_Click 事件过程中都分别定义了两个同名变量 a 和 b，但它们彼此互不影响，各自在自己所在的过程中起作用。在不同过程中，可以使用同名的过程级变量，它们相互独立，就像不同楼房中的同一房间号一样。若过程级变量与窗体级变量（或程序级变量）重名，则在过程内部，该过程所属的过程级变量起作用，而窗体级变量（或程序级变量）被暂时屏蔽掉。

6.4.2　过程的递归调用

VB 允许在一个过程中再次调用该过程自身，称为过程的递归调用。

【例 6.10】　过程的递归调用示例。编写函数 myFct，用递归的方法计算 n!。在窗体上添加 1 个标签和 1 个命令按钮。程序运行时，单击"输入"按钮，在弹出的输入框中输入一个整数，调用自定义函数 myFct 计算其阶乘值并显示在标签中，如图 6-20 所示。

图 6-20　计算阶乘

【解】 编程点拨：

在第 4 章中曾介绍用循环语句求 $n!$ 的方法，在此将采用另一种处理方法。先看以下各式：

$n!=n\times(n-1)!$　　　　　　（为了求 $n!$ 的值，只要知道$(n-1)!$的值就行）

$(n-1)!=(n-1)\times(n-2)!$　（为了求 $(n-1)!$ 的值，只要知道$(n-2)!$的值就行）

$(n-2)!=(n-2)\times(n-3)!$　（为了求 $(n-2)!$ 的值，只要知道$(n-3)!$的值就行）

…

$2!=2\times1!$　　　　　　　　（为了求 $2!$ 的值，只要知道 $1!$ 的值就行）

$1!=1$　　　　　　　　　　　（已知 $1!$ 的值为 1）

因此，计算 $n!$ 可用下列式子表示：

$$n!=\begin{cases}1, & \text{当}\ n=0\ \text{或}\ 1\ \text{时}\\ n\times(n-1)!, & \text{当}\ n>1\ \text{时}\end{cases}$$

根据上述公式，可以编写出计算 $n!$ 的函数 myFct。具体计算步骤如下：

(1) 判断 n 的值是否为 0 或 1，如果是则返回 1；

(2) 否则，返回 $n\times(n-1)!$ 的值。

在计算$(n-1)!$的时候，又需要再次调用 myFct 函数，只是这时的参数值已由原来的 n 变成 $n-1$。不断执行上述操作，使问题由求 $n!$ 逐渐递推到求 $1!$，而 $1!$ 已知为 1，所以将 $1!$ 值再带回到求 $2!$ 中，从而得到 $2!$，在逐步回退的过程中，依次得到了各阶乘的值，并最终计算出 $n!$。程序代码如下：

```
Private Sub CmdInput_Click()
    Dim m As Long
    m=Val(InputBox("请输入一个 1 至 12 间的整数: ", "计算阶乘"))
    If m< 0 Or m >12 Then                   ' 为防止数据溢出,m 的值不能过大
        MsgBox ("非法数据!")
        Exit Sub                            '退出当前过程
    Else
        LblValue.Caption=m & "!=" & myFct(m) '调用 myFct 函数
    End If
End Sub


Private Function myFct(n As Long) As Long   '定义 myFct 函数
    If n=0 Or n=1 Then
        myFct=1                             '给函数名赋值,返回 1
    Else
        myFct=n * myFct(n -1)               '递归调用 myFct 函数
    End If
End Function
```

程序说明：

(1) 下面以输入整数 3 为例（即求 $3!$），介绍程序执行的具体过程。

① 在 cmdInput_Click 事件过程中，通过输入框给 m 输入了 3，因此调用 myFct 函数

时实参为 3。

② 第一次调用 myFct 函数时,形参 n 得到 3,执行语句 myFct＝3 ＊ myFct(2),然而为了得到 myFct(2)的值,还要再次调用 myFct 函数。

③ 第二次调用 myFct 函数时,形参 n 得到 2,执行语句 myFct＝2 ＊ myFct(1),然而为了得到 myFct(1)的值,还要再次调用 myFct 函数。

④ 第三次调用 myFct 函数时,形参 n 的值为 1,因此执行语句 myFct＝1,通过函数名返回函数值 1(不再调用 myFct 函数)。

⑤ 程序流程从 myFct 函数的第 3 次调用中返回到第 2 次调用内的 myFct＝2 ＊ myFct(1)语句处,并得到 myFct(1)的值 1,从而可以计算出 2 ＊ myFct(1)的值 2。

⑥ 程序流程从 myFct 函数的第 2 次调用中返回到第 1 次调用内的 myFct＝3 ＊ myFct(2)语句处,并得到 myFct(2)的值 2,从而可以计算出 3 ＊ myFct(2)的值 6。

⑦ 程序流程从 myFct 函数的第 1 次调用中返回到 cmdInput_Click 事件过程内的 lblValue. Caption＝m & "！＝" & myFct(m)语句处,得到 myFct(3)的值 6,从而在标签中显示出计算结果。

上述求解 n!的执行过程如图 6-21 所示。

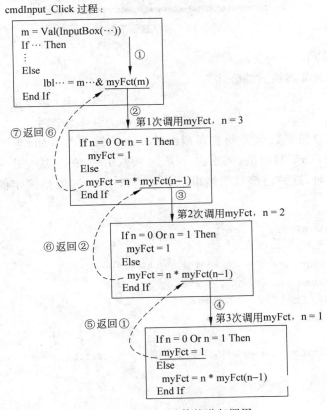

图 6-21　myFct 函数的递归调用

（2）与本例相比，使用循环语句的求解方法更能节省内存，而且执行效率也高。在实际应用中应尽量避免使用递归算法。这里只是为了使学习者能够通过这个简单的例子，了解递归调用的过程。有些实际问题若不使用递归的方法，则无法解决。

（3）递归调用是一个反推的过程，即要解决一个问题，必须先解决一个子问题；为了解决这一子问题，还要解决另一子问题，以此类推；而求解每一个子问题的处理方法都相同，并且最终一定能推导至使递归调用结束的条件。

（4）语句 Exit Sub 的作用是提前结束当前的过程。

【例 6.11】 编写递归函数 Myfib，计算 n 阶菲波那契级数。窗体上添加 1 个标签和 1 个按钮。程序运行时，单击"输入"按钮，在弹出的输入框中输入阶数 n，调用 Myfib 函数计算 n 阶菲波那契级数并显示在标签中，如图 6-22 所示。

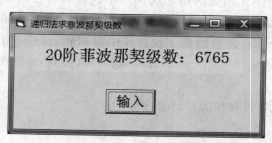

图 6-22　求菲波那契级数

【解】　编程点拨：

计算 n 阶菲波那契级数的公式为：

$$f(n) = \begin{cases} 1, & \text{当 } n = 1 \text{ 或 } 2 \text{ 时} \\ f(n-1) + f(n-2), & \text{当 } n > 2 \text{ 时} \end{cases}$$

本例题使用递归函数求解菲波那契级数。由计算公式可知，为了求出 $f(n)$，需要知道 $f(n-1)$ 和 $f(n-2)$ 的值，而求出 $f(n-1)$、$f(n-2)$ 的方法与求解 $f(n)$ 相同；当阶数 n 达到 1 或 2 时，这种递推过程结束，即 $f(1)$ 和 $f(2)$ 的值是确定的（均为 1）。程序代码如下：

```
Private Sub CmdInput_Click()
    Dim m As Long
    m=Val(InputBox("请输入一个整数：", "输入"))
    If m<=0 Then
        MsgBox "输入错误,请重新输入!"
        Exit Sub
    Else
        LblOut.Caption=m & "阶菲波那契级数：" & Myfib(m)
    End If
End Sub


Private Function Myfib(n As Long) As Long
    If n=1 Or n=2 Then
```

```
        Myfib=1
    Else
        Myfib=Myfib(n -1)+Myfib(n -2)
    End If
End Function
```

程序说明：

在 Myfib 函数中，首先需要判断 n 的值是否为 1 或 2，如果是则返回 1；否则，要计算 Myfib(n−1)和 Myfib(n−2)的值。在计算 Myfib(n−1)和 Myfib(n−2)的过程中，还需再次调用 Myfib 函数，上述过程将反复执行到 Myfib(1)和 Myfib(2)。

6.5　章节练习

【练习6.1】　编写函数 mySum，其功能是计算 1～n 所有整数的和。在窗体上添加 3 个标签、1 个文本框和 2 个命令按钮。程序运行时，在文本框中输入一个整数 n 后，单击"总和"按钮，调用 mySum 函数计算 1～n 所有整数的和，并显示在黄色标签上，如图 6-23 所示。单击"平均值"按钮，调用 mySum 函数计算 1～n 所有整数之和后，再进一步计算出平均值，将其显示在黄色标签上，如图 6-24 所示。

图 6-23　计算总和

图 6-24　计算平均值

拓展：编写 myAdd 函数，其功能是计算 1～n 能被 3 整除，且个位是 5 的整数之和；编写 myNum 函数，返回 1～n 能被 3 整除，且个位是 5 的整数个数。程序运行时，单击"总和"或"平均值"按钮时，调用 myAdd 函数或 myNum 函数计算 1～n 能被 3 整除，且个位是 5 的整数之和与平均值，然后显示。

【练习6.2】　编写通用的子程序 mySwap，其功能是交换两变量中的值。在窗体 1 上添加 2 个标签和 2 个命令按钮，窗体 2 上添加 3 个文本框和 2 个命令按钮。程序运行时，单击"交换"按钮，调用 mySwap 子程序交换 2 个标签中的内容，如图 6-25 所示；单击"切换"按钮，进入窗体 2。在窗体 2 中，输入 3 个整数并单击"升序"按钮，多次调用 mySwap 子程序将 3 个整数按升序重新显示在文本框中，如图 6-26 所示；单击"返回"按钮回到窗体 1。

图 6-25 交换字符串   图 6-26 按升序显示

习 题 6

基础部分

1. 判断正误。在 Visual Basic 集成环境中,运行含有多个窗体的程序时,总是从启动窗体开始执行。

2. 判断正误。在某过程内定义的变量一定是过程级变量;在窗体的通用声明部分中定义的变量一定是窗体级变量;在标准模块中定义的变量一定是程序级变量。

3. 下面事件过程的功能是每次单击命令按钮时,在图像框中交替显示图 f1.bmp 和图 f2.bmp。请补充完整程序代码。

```
【1】      '此处编写一条语句,定义程序级变量 s
Private Sub Command1_Click()
    【2】      '此处编写若干语句,根据 s 的值在图像框中显示 f1.BMP 或 f2.BMP 文件
    s=Not s
End Sub
```

4. 有如下程序段:

```
Dim b As Long
Private Sub Form_Click()
    Dim a As Long
    a=2
    b=a+b
    abc a, b
    Print a, b
End Sub


Sub abc(x As Long, y As Long)
    x=x+1
    y=y+1
```

End Sub

程序运行时,连续两次单击窗体后屏幕上输出的内容是_____。

5. 编写函数 myFun1,其功能是计算表达式 $\frac{1}{2}+\frac{3}{4}+\frac{5}{6}+\cdots+\frac{n}{n+1}$(其中 n 为奇数)的值。窗体中有 1 个标签、1 个文本框和 2 个命令按钮。程序运行时,在文本框中输入 n 值后,单击"计算"按钮,调用该函数计算表达式的值,并弹出消息框显示结果,如图 6-27 所示;单击"退出"按钮,结束程序运行。

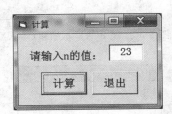 

图 6-27　题 5 的运行界面及显示计算结果的消息框

6. 编写函数 myFun2,其功能是计算表达式 $1+\frac{1}{2}+\frac{1}{3}+\cdots+\frac{1}{n}$ 的值。窗体界面设计及按钮功能同第 5 题。程序运行结果如图 6-28 所示。

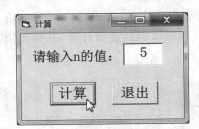 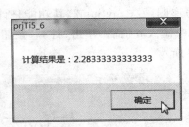

图 6-28　题 6 的运行界面及显示计算结果的消息框

7. 编写子程序过程 mySub,其功能是在窗体中以给定字符输出图形。程序运行时,单击窗体,出现输入框,在输入框中输入一个字符(如果输入多个字符,则取第一个字符)后,单击"确定"按钮,调用 mySub 子程序在窗体上显示由该字符组成的图形,如图 6-29 所示;单击"取消"按钮,不做任何操作。

8. 编写子程序过程 myPrn,其功能是在窗体中以给定字符输出图形。程序运行时,单击窗体并在弹出的输入框中输入一个字符(如果输入多个字符,则取第一个字符)后,单击"确定"按钮,调用 myPrn 子程序在窗体上显示由该字符组成的图形,如图 6-30 所示;单击"取消"按钮,不做任何操作。

提高部分

9. 编写递归函数 mySum1,其功能是计算表达式 $1^2+2^2+3^2+\cdots+n^2$ 的值。程序运行时,在文本框中输入 n 值后,单击"计算"按钮,调用该函数进行计算,并弹出消息框显示结果,如图 6-31 所示。

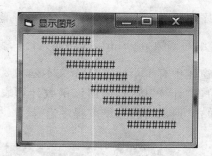

图 6-29   题 7 的显示结果(输入字符 ﹡ 时)   图 6-30   题 8 的显示结果(输入字符 ♯ 时)

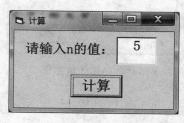
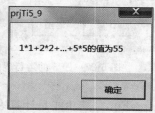

图 6-31   题 9 的运行界面及显示结果的消息框

10. 编写递归函数 mySum2,其功能是计算表达式 $1+2+3+\cdots+n$ 的值。程序运行时,在文本框中输入 n 值后,单击"计算"按钮,调用该函数进行计算,并弹出消息框显示结果,如图 6-32 所示。

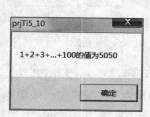

图 6-32   题 10 的运行界面及显示结果的消息框

第 7 章 文 件

本章将介绍的内容

基础部分：

- 文件和记录的概念、文件访问模式概述。
- 驱动器列表框、目录列表框和文件列表框控件的使用。
- 顺序文件的操作：打开、关闭及读/写数据。

提高部分：

- 文件系统控件与通用对话框控件的进一步讨论。
- 声明和使用记录类型、记录类型变量。
- 随机文件的读写操作。
- 用 On Error 语句进行出错处理。
- 文件操作语句和函数。

各例题知识要点

例 7.1　文件系统控件：驱动器列表框、目录列表框和文件列表框。

例 7.2　顺序文件的写操作：Open 语句；Print ＃语句；Close 语句。

例 7.3　顺序文件的读操作：Line Input ＃语句；Input ＃语句。

例 7.4　编写读写文件函数，从顺序文件中"读"多项数据到数组。

（以下为提高部分例题）

例 7.5　声明和使用记录类型；定义和使用记录类型的数组、变量；引用记录类型变量的成员。

例 7.6　随机文件的读写：Open ＃语句；Get ＃语句；Put ＃语句；LOF 函数；Trim 函数；With 语句；固定长度的 String 类型。

例 7.7　通用对话框的 CancelError 属性；On Error 语句；Kill 语句；Refresh 方法；常用文件操作语句及函数介绍。

到目前为止，程序中所涉及的所有输入输出都是通过键盘和显示器完成的，即通过键盘输入数据，再将处理结果以某种形式显示在显示器上。采用此种操作方法的弊端是：每次运行程序时都需要重新输入数据，且程序的运行结果不能保存。为此，可以通过文件操作将输入或输出数据以文件的形式存储在计算机中，实现数据的长期保存，便于数据的输入及查询等操作。文件及文件操作是程序设计中十分重要的内容，本章将就这些内容进行介绍。

7.1 文 件 概 述

1. 文件

在计算机领域中，文件是一个非常重要的概念。在处理实际问题时，经常会将那些需要保留的信息以文件的形式存放在磁盘上。例如，将 VB 中编写的程序以窗体文件和工程文件的形式保存在磁盘上。概括地说，文件就是存储在外部介质（如磁盘）上的数据的集合。

人们常常从不同的角度对文件进行分类，例如，按照存储内容的不同，文件可分为程序文件和数据文件；而按文件的组织形式，又可以分为文本文件和二进制文件。

在文本文件中，数据以字符的 ASCII 码形式存储。以整型数据 1234 为例，其存储方式如图 7-1(a)所示，文件中顺序存放的是字符"1""2""3""4"的 ASCII 码值，即 49、50、51和 52 的二进制表示。每个字符占用 1 个字节，总共需要 4 个字节。而在二进制文件中，数据的存储方式与其在内存中的存储形式完全相同，整数 1234 在二进制文件中的存储方式如图 7-1(b)所示，占用 2 个字节。

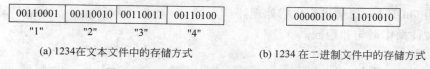

| 00110001 | 00110010 | 00110011 | 00110100 |
| "1" | "2" | "3" | "4" |

| 00000100 | 11010010 |

(a) 1234在文本文件中的存储方式   (b) 1234 在二进制文件中的存储方式

图 7-1   文本文件和二进制文件的存储形式

在对文件进行操作时，文本文件不仅能够在屏幕上直接输出，也能够通过键盘直接输入；二进制文件则不能。但由于二进制文件不需要数据的格式转换，因而其处理速度比文本文件快。

2. 记录

记录是一组相互关联的数据项集合。例如，一名学生的学号、姓名和成绩这 3 项数据就可以构成一条记录，该记录反映了这名学生的具体信息。其中学号、姓名和成绩是构成记录的基本数据项，称为字段或域。如果将这样的 50 个记录（即 50 名学生的信息）存放在一个文件中，该文件就是一个学生信息的数据文件。

3. 文件访问模式

在 Visual Basic 中，文件的访问模式分为 3 种：顺序访问、随机访问和二进制访问。

在实际应用中,应根据数据文件的类型选用合适的访问模式。

顺序访问:适用于数据连续存放的文本文件。

随机访问:适用于记录长度固定的文本文件或二进制文件。

二进制访问:适用于任意结构的文件。

7.2 文 件 浏 览

在应用程序中,常常需要对文件进行打开、编辑及保存等处理操作。为此,首先需要
浏览计算机的文件系统,以选择文件。

【例 7.1】 设计图片浏览器。在窗体中添加驱动器列表框、目录列表框、文件列表
框、标签、单选按钮和图像框等控件。程序运行时,选择指定类型的图形文件后,在图像框
中显示该图形,如图 7-2 所示。

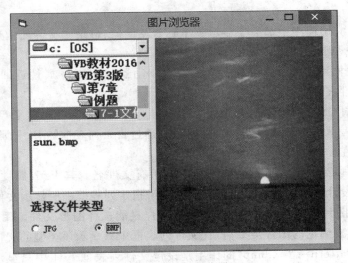

图 7-2 图片浏览器

【解】 VB 中提供了 3 种文件系统控件:驱动器列表框、目录列表框和文件列表框。
作为标准控件,它们分别以图标 、 和 的形式显示在工具箱中。通过使用这 3 种控
件的组合,可以创建出满足各种特殊需要的自定义文件系统对话框。程序代码如下:

```
Private Sub Form_Load()            '使文件列表框显示所有格式的文件
    Fil1.Pattern="*.*"
End Sub

Private Sub Drv1_Change()          '保持驱动器列表框与目录列表框的一致性
    Dir1.Path=Drv1.Drive
End Sub
```

```
Private Sub Dir1_Change()            '保持目录列表框与文件列表框的一致性
    Fil1.Path=Dir1.Path
End Sub


Private Sub Fil1_Click()
    ImgShow.Picture=LoadPicture(Fil1.Path & "\" & Fil1.FileName)
End Sub


Private Sub OptJpg_Click()           '使文件列表框只显示 jpg 格式的文件
    Fil1.Pattern="*.jpg"
End Sub


Private Sub OptBmp_Click()
    Fil1.Pattern="*.bmp"
End Sub
```

程序说明：

（1）在许多应用程序中都需要显示关于磁盘驱动器、目录和文件的信息，为使用户能够利用文件系统，Visual Basic 提供了文件系统控件。

驱动器列表框用于显示系统中所有的有效驱动器，其 Drive 属性返回或设置当前所选驱动器，该属性在设计阶段不可用。

目录列表框用于分层显示当前路径下的所有上一级目录及下一级子目录。程序运行时，双击目录列表框可选择或改变其当前路径。通过目录列表框的 Path 属性可返回或设置当前路径，但在设计阶段不可用。

文件列表框以列表形式显示当前路径下的所有文件名。其 Path 属性用于返回或设置当前路径，在设计阶段不可用；Pattern 属性用于指定列表框中所显示文件的类型。

（2）由于是图片浏览器，本例题中应限制用户只能选择图形文件。用户在下方的单选按钮中指定所要浏览的图片类型后，在文件列表框中只显示该类型的文件。

语句 Fil1.Pattern="*.bmp"的作用是设定文件列表框 Fil1 中只显示 bmp 类型的文件名。用户对单选按钮的不同选择，为文件列表框指定相应的 Pattern 属性值。

（3）在使用文件系统控件时，必须要编写相应的程序代码以使驱动器列表框、目录列表框和文件列表框的显示内容保持一致，同步变化。

用户改变当前驱动器的操作将产生驱动器列表框的 Change 事件。为使驱动器列表框与目录列表框的显示内容保持一致，应将目录列表框的当前路径做相应变动。语句 Dir1.Path=Drv1.Drive 是把驱动器列表框 Drv1 中当前选定的驱动器设置成目录列表框 Dir1 的当前路径，使目录列表框中显示当前驱动器上的所有一级目录。

同样地，在改变目录列表框的当前路径（即目录列表框发生 Change 事件）时，也应同时改变文件列表框的当前路径，即执行语句 Fil1.Path=Dir1.Path，使文件列表框 Fil1 和目录列表框 Dir1 的当前路径保持一致。

（4）文件列表框的 Path 属性和 FileName 属性分别返回所选文件的路径和文件名。为了得到完整的文件名，应使用分隔符"\"将文件路径与文件名进行连接，即 Fil1.Path

& "\" & Fil1. FileName。

7.3　顺序文件的读写操作

　　文件操作包含两个方面的内容：一是将数据从内存输出到文件中，这个过程称为"写"文件；二是从已建立的数据文件中将所要的数据输入到内存，这个过程称为"读"文件。

　　本节将介绍顺序文件的读写操作。顺序文件是按顺序存储方式存储数据的文本文件。在这类文件中，各数据按照写入的先后顺序依次排列，若要对文件进行读写操作，也只能从第 1 个记录开始顺序进行。

　　【例 7.2】　向顺序文件中写入数据。窗体上添加 1 个标签、1 个文本框和 1 个命令按钮，如图 7-3 所示。程序运行时，在文本框中输入字符串后，单击"保存"按钮，将字符串保存到 a. dat 文件中。

　　【解】　在对文件进行操作时，必须先打开文件，一旦操作完毕后还要及时将其关闭，以保护文件不受破坏。使用 Print ♯ 语句可以将字符串写入文件中，其用法与 Print 方法十分相似。程序代码如下：

图 7-3　例 7.2 的界面设计

```
Private Sub CmdSave_Click()
    Open "a.dat" For Output As #1    '打开 a.dat 文件,准备向里"写入"数据
    Print #1, TxtInput.Text          '将文本框中的内容"写入"文件中
    Close #1                         '关闭文件
    MsgBox "完成文件保存!"
End Sub
```

程序说明：

（1）语句"Open　"a.dat"　For　Output　As　♯1"的作用是新建并打开名为 a. dat 的文件，准备向文件中"写入"数据，同时给该文件指定文件编号 1。

　　对文件进行操作前必须使用 Open 语句将文件打开，使用如下格式的 Open 语句将按顺序访问模式打开一个文本文件：

　　Open　文件名　For　打开方式　As　♯文件号　[Len=缓冲区大小]

其中，"文件名"指定要打开文件所在的路径（驱动器及文件夹）及文件名称；"打开方式"指定文件的操作类型，在顺序访问模式下，可以执行以下 3 种操作：

　　Input——从文件中读出字符。

　　Output——向文件中写入字符。

　　Append——在文件原有内容的尾部追加字符。

　　为了能够向文件中写入字符串，本例题选择"写"方式打开文件 a. dat。在使用

Output 方式打开文件时，Open 语句将首先创建该文件，然后再打开它。若指定的文件已经存在，则原有文件内容全部丢失。

"文件号"是一个界于 1～511 的整数，为当前打开的文件指定一个编号，在随后的操作中将通过该文件号引用相应的文件。当同时打开多个文件时，应给每个文件指定不同的文件号。

可选参数 Len 指定缓冲区的字符数，完成文件与程序间的数据复制。

（2）语句"Print ♯1，TxtInput. Text"的作用是将文本框 TxtInput 中的文本写入文件号为 1 的文件中。使用 Print ♯ 语句可以将格式化显示的数据写入到顺序文件中，其语法格式为：

```
Print  #文件号,[输出项列表][,|;]
```

在多个输出项间可以使用分隔符——分号或逗号进行分隔，分隔符的使用方法与 Print 方法相同（参见 2.6.1 节）。没有输出项的 Print ♯ 语句将向文件中插入一个空白行。

除 Print ♯ 语句外，使用 Write ♯ 语句也可实现文件的写操作。Write ♯ 语句的使用方法与 Print ♯ 基本相同，只是在写入数据时自动在各数据间加入逗号，对于字符型数据还会添加双引号将其括起。

（3）Close ♯1 的作用是关闭文件号为 1 的文件。在完成读写操作，特别是"写"操作后，必须将文件立即关闭。正常关闭文件可以避免数据的丢失和破坏！通过 Close 语句可以关闭使用 Open 语句所打开的文件，并终结文件与文件号之间的关联，文件号可再次分配给其他文件使用。Close 语句的一般形式是：

```
Close  [文件号]
```

如果省略文件号，则关闭所有已打开的文件。

（4）程序运行结束后，系统在当前工作路径下建立了名为 a. dat 的顺序文件，文件内容可以通过 Windows 记事本进行查看。

【例 7.3】 从顺序文件中读取数据。在例 7.2 的基础上再添加 2 个标签和 1 个命令按钮，如图 7-4 所示。程序运行时，在文本框中输入字符串后，单击"保存"按钮，将字符串保存到 a. dat 文件中；单击"读取"按钮，则将 a. dat 文件中的内容读出并显示到黄色标签中，如图 7-5 所示。

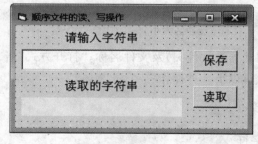

图 7-4　例 7.3 的界面设计

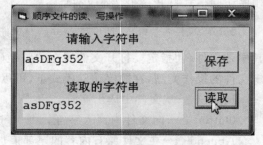

图 7-5　读取并显示文件内容

【解】 为了从顺序文件中读取数据，可使用 Input ♯ 或 Line Input ♯ 语句，这时也同样需要先用 Open 语句将文件打开，并在操作完毕后立即关闭。"读取"按钮的 Click 事件过程代码如下：

```
Private Sub CmdRead_Click()
    Dim s As String
    Open "a.dat" For Input As #1        '打开 a.dat 文件,准备"读取"数据
    Line Input #1, s                    '从 1 号文件中读出一行字符,赋给变量 s
    LblOutput.Caption=s
    Close #1
End Sub
```

程序说明：

(1) 语句"Open "a.dat" For Input As ♯1"的作用是以"读"方式打开文件 a.dat，并赋予其文件号 1。关键字 Input 指定了以"读"方式打开文件，用于从 a.dat 中读出字符。使用 Input 方式打开文件时，要求该文件必须已经存在，否则将产生文件错误。

(2) 语句"Line Input ♯1,s"的作用是从文件号为 1 的文件中读出一行字符并赋给字符变量 s。Line Input ♯ 语句的语法格式是：

Line Input #文件号, 字符型变量名

该语句的功能是从已打开的顺序文件中读出一行字符，并将其保存到指定的字符型变量中。在顺序读出字符序列时，只要遇到回车符(Chr(13))、换行符 (Chr(10)) 或文件结束符即完成本次"读"操作。在读出的字符序列中不包括回车或换行符。当再次执行 Line Input ♯ 语句时，将从新的一行开始读取。

通常情况下，Print ♯ 语句与 Line Input ♯ 语句匹配使用。

除 Line Input ♯ 语句外，还可以使用 Input ♯ 语句以数据项为单位对文件进行读取。Input ♯ 语句的语法格式是：

Input #文件号, 变量列表

该语句将按照变量列表中所提供的变量个数及类型，从文件中依次读取相应数目的数据项并赋给各变量。文件中各数据项的排列顺序及数据类型必须与变量列表中的各变量——对应匹配。Input ♯ 语句常与 Write ♯ 语句配合使用。

【例 7.4】 编写用户登录程序(要求用函数实现文件的读写)。程序运行时，在文本框中输入密码并单击"保存"按钮，可将该密码保存至 D 盘下的 password.txt 密码文件中；在文本框中输入密码并单击"登录"按钮(如图 7-6 所示)，若输入密码与密码文件中的任一密码匹配，则弹出消息框显示"祝贺你！登录成功！"(如图 7-7 所示)，否则弹出消息框提示错误；单击"帮助"按钮，则可将 password.txt 密码文件中的所有密码以消息框的方式弹出，供用户查看。

【解】 因为考虑到密码文件会存储多个密码，从文件读出密码时，需要将多个密码存放在一个字符数组中，所以，定义一个窗体级的数组 a 用来存放从文件读出的多个密码。

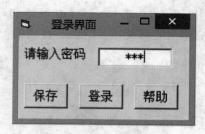

图 7-6　登录界面　　　　　　　　　图 7-7　登录成功界面

程序运行时，只要输入密码与其中任一密码匹配，即可进入下一窗体。程序代码如下：

在"登录界面"中：

```
Dim a(50) As String              '存放从文件读出来的多个密码

Private Sub CmdCheck_Click()     '单击"登录"按钮时
    Dim sign As Long             '密码是否匹配的标志
    Dim s As String              '用户输入的密码
    Dim n As Long                '读出来的密码的个数
    Dim f As String              '存放密码的文件名
    s=TxtPassword.Text
    f="D:\password.txt"          '存放密码的文件存放在 D 盘下
    sign=0                       '密码是否匹配标志置 0—不匹配
    n=ReadFile(f, a)             '以文件名 f 和数组 a 作为实参调用读文件函数,n 为读
                                  出的密码的个数

    For i=0 To n
        If s=a(i) Then           '如果用户输入密码 s 与从文件中读出的当前密码 a(i)相同
            sign=1               '密码是否匹配标志置 1—匹配
            MsgBox "祝贺你!登录成功!"
            Exit For
        End If
    Next
    If sign=0 Then               '输入的密码不正确
        MsgBox "密码错误,无法登录!"
    End If
End Sub

Private Sub CmdHelp_Click()      '单击"帮助"按钮
    Dim s As String, f As String
    f="D:\password.txt"
    n=ReadFile(f, a)             '以文件名 f 和数组 a 作为实参调用读文件函数,n 为读
                                  出的密码个数
    For i=0 To n
```

界面设计与 Visual Basic(第 4 版)

```
        s=s & a(i) & Chr(10) & Chr(13)
    Next
    MsgBox s
End Sub

Private Sub CmdSave_Click()
    Dim f As String
    f="D:\password.txt"
    WriteFile f, TxtPassword.Text    '以文件名 f 和当前要保存的密码作为实参调用写文
                                      件子程序

End Sub

Public Sub WriteFile(f As String, s As String)    '写文件函数
    Open f For Append As #1          '以追加的方式打开要写的文件
    Print #1, s                      '将新的密码写入密码文件
    Close #1
End Sub

Public Function ReadFile(f As String, a() As String) As Long
    Dim i As Long
    i=0
    Open f For Input As #1           '以读方式打开文件
    Do While Not EOF(1)              '文件未结束
        Line Input #1, a(i)          '从 1 号文件中读出 1 行密码,放到 a 数组中
        i=i+1                        'a 数组下标,同时记录读出的密码的个数
    Loop
    Close #1
    ReadFile=i                       '将读出的密码的个数作为函数值
End Function
```

程序说明:

(1) 定义一个窗体级的数组 a,用于存放文件中的所有密码。

(2) 在"登录"事件过程中,变量 sign 用于记录密码匹配状态。在密码数组中找到匹配的密码时,置 sign 为 1,否则为 0。sign 的初始状态为 0。在结束 For 循环后,需要依据 sign 变量的值来判断密码是否错误,因而在退出 For 循环后判断 sign 值来进行错误处理。

(3) 在读文件函数中,由于已经使用 ReadFile 函数将密码全部读取到 a 数组中,所以在登录代码中,只要循环依次将用户输入的密码 s 与数组 a(i) 进行比较,一经匹配成功,则置标识变量 sign 的值为 1,并在执行相应处理后通过 Exit For 语句提前结束循环。

(4) 在 WriteFile 函数中,有 f 和 s 作为实参,f 是要写的文件名,s 是要保存的新密码。

(5) 在 ReadFile 函数中,有 f 和 a 作为实参,f 是要读取的文件名,a 数组用于存放读

出的所有密码。在顺序文件的读取过程中，可以使用 EOF 函数判断是否已经读到文件的尾部。函数 EOF 的调用格式是：

EOF(文件号)

当读取到文件结束符时函数返回 True，否则返回 False。本程序中，Do While 循环执行的条件是未读到文件结束符，即 EOF(1) 的值为 False 时执行循环体，因此在书写循环条件时应在 EOF(1) 前使用 Not 运算符。

7.4 提 高 部 分

7.4.1 文件系统控件与通用对话框

本章中初步学习、使用了新的控件——文件系统控件，下面将就它们的常用属性、事件和方法做进一步的综合介绍。

1. 驱动器列表框

（1）属性。
Drive 属性　返回或设置运行时所选择的驱动器，设计时不可用。
（2）事件。
Change 事件　当选择一个新的驱动器或通过代码改变驱动器的 Drive 属性时发生。
此外，驱动器列表框的常用事件还有 KeyPress、KeyDown 和 KeyUp 等键盘事件，其触发条件与文本框等其他控件相同。

2. 目录列表框

（1）属性。
Path 属性　返回或设置当前路径，设计时不可用。其属性值是一个指示路径的字符串，默认值为当前路径。
（2）事件。
Change 事件　在目录列表中双击一个新的目录或通过代码改变其 Path 属性时发生。
此外，目录列表框还可以识别 KeyPress、KeyDown 和 KeyUp 等键盘事件，Click、MouseDown、MouseUp 和 MouseMove 等鼠标事件。

3. 文件列表框

（1）属性。
FileName 属性　返回或设置所选文件的路径和文件名。该属性在设计阶段不可用。
List 属性　返回或设置列表框中显示的各文件名。List 属性是一个字符串数组，每一元素对应列表中的一个文件名。

ListCount 属性　返回列表框中显示的文件个数。

ListIndex 属性　返回或设置在列表框中所选文件的索引,设计时不可用。

MultiSelect 属性　指定在列表框中能否进行复选以及进行复选的方式。

Path 属性　返回或设置当前路径,设计时不可用。其属性值是一个指示路径的字符串,默认值为当前路径。

Pattern 属性　指定在列表框中所显示文件的类型。当需要同时指定多个显示类型时,应使用";"将各描述符隔开。例如,在语句"filFile. Pattern＝"＊.bmp;＊.ico""的作用下,将在文件列表框 filFile 中同时显示 bmp 和 ico 两种类型的文件名。

Selected 属性　返回或设置列表框中各文件的选择状态,设计时不可用。该属性是一个布尔型数组,每一元素对应列表中的一个文件状态,True 表示选中,False 表示未选中。

(2) 事件。

PathChange 事件　通过设置列表框的 FileName 属性或 Path 属性而导致当前路径发生改变时发生。

PatternChange 事件　改变列表框中所显示文件的类型时发生。

此外,文件列表框还可以识别 KeyPress、KeyDown 和 KeyUp 等键盘事件,Click、DblClick、MouseDown、MouseUp 和 MouseMove 等鼠标事件。

说明:在使用驱动器列表框、目录列表框和文件列表框时,必须编写代码使它们之间彼此同步。

4. 通用对话框

(1) 属性。

Action 属性　返回或设置被显示的对话框类型,在设计时无效。通用对话框可以提供 6 种形式的对话框,在程序运行时可以通过设置 Action 属性或调用不同的方法以指定其类型。通用对话框类型、调用方法和 Action 属性值之间的对应关系如表 7-1 所示。

表 7-1　通用对话框的 Action 属性与方法

方法名	对话框类型	Action 属性值
ShowOpen	显示"打开"对话框	1
ShowSave	显示"另存为"对话框	2
ShowColor	显示"颜色"对话框	3
ShowFont	显示"字体"对话框	4
ShowPrinter	显示"打印"或"打印选项"对话框	5
ShowHelp	调用 Windows 帮助引擎	6

说明:Action 属性　是为了与 Visual Basic 早期版本兼容而提供的,可由对话框的相应方法替代。

CancelError 属性　指出在对话框中选取"取消"按钮时是否按出错处理。当属性值为 True 时,无论何时选取"取消"均产生 32755(cdlCancel)号错误。

Flags 属性　用于设置或返回对话框的参数选项。其中,与"打开""另存为"对话框有关的 Flags 参数设置如表 7-2 所示;与"字体"和"颜色"对话框有关的 Flags 参数设置如表 7-3 和表 7-4 所示。

表 7-2　与"打开"/"另存为"对话框有关的 Flags 参数

Flags 值	描　　述
2	保存一个同名文件时,询问是否覆盖原有文件
8	将对话框打开时的目录设置成当前目录
16	在对话框中显示帮助按钮
256	允许在文件名中使用非法字符
512	允许在文件名列表框中同时选择多个文件
8192	当文件不存在时,提示创建文件

表 7-3　与"字体"对话框有关的 Flags 参数设置

Flags 值	描　　述
1	对话框中列出系统支持的屏幕字体
2	对话框中列出打印机支持的字体
3	对话框中列出可用的打印机和屏幕字体
256	允许设置删除线、下画线以及颜色等效果
512	对话框中的"应用"按钮有效

表 7-4　与"颜色"对话框有关的 Flags 参数设置

Flags 值	描　　述
1	设置初始颜色值
2	颜色对话框中包括自定义颜色窗口部分
4	颜色对话框中"规定自定义颜色"按钮无效
8	颜色对话框中显示"帮助"按钮

说明:可以将 Flags 属性设置成表中多个参数的和,此时对话框将同时满足各参数值的要求。

以下为"打开""另存为"对话框的常用属性:

DefaultExt 属性　返回或设置对话框默认的文件扩展名。当保存一个没有扩展名的文件时,系统自动为其添加该扩展名。

DialogTitle 属性　返回或设置对话框标题栏中所显示的字符串。注意:对于"颜色""字体"或"打印"对话框,该属性无效。

FileName 属性　返回或设置所选文件的路径和文件名。如果没有选择文件,则返回空字符串。

FileTitle 属性　仅返回要打开或保存文件的名称(没有路径)。

Filter 属性　指定在对话框的文件列表框中所显示文件的类型。通过设置该属性,可以为对话框提供一个"文件类型"列表,用它可以选择列表框中显示文件的类型。设置通用对话框过滤器(Filter)属性的格式是:

显示文本|通配符

当需要设置多个过滤器时,应在各过滤器间使用管道符号"|"隔开。注意:在管道符的前后不能添加空格。

FilterIndex 属性　返回或设置一个默认的过滤器。为对话框指定一个以上的过滤器时,需通过该属性为其指定默认的过滤器显示。注意:第一个过滤器的索引是1。

InitDir 属性　为对话框指定初始路径,默认时使用当前路径。

MaxFileSize 属性　返回或设置在对话框中所选文件的文件名最大尺寸,以便系统分配足够的内存来存储这些文件名。取值范围是 1~32K,默认值是 256。

Max、Min 属性　返回或设置在"大小"列表框中显示的字体最大、最小尺寸。使用此属性前必须先置 cdlCFLimitSize 标志。

以下为"字体"对话框的常用属性:

Color 属性　返回或设置选定的字体颜色,必须先设置 Flags=256。

FontBold 属性　返回或设置是否选定粗体。

FontItalic 属性　返回或设置是否选定斜体。

FontName 属性　返回或设置选定的字体名称。

FontSize 属性　返回或设置选定的字体大小。

FontStrikethru 属性　返回或设置是否选定删除线,必须先设置 Flags=256。

FontUnderline 属性　返回或设置是否选定下画线,必须先设置 Flags=256。

Max、Min 属性　返回或设置字体的最大、最小尺寸,必须先设置 Flags=8192。

以下为"颜色"对话框的常用属性:

Color 属性　返回或设置选定的字体颜色,必须先设置 Flags=1。

(2) 方法。

AboutBox 方法　显示"关于"对话框。与在对象属性窗口中单击"关于"属性相同。

ShowColor 方法　显示"颜色"对话框。

ShowFont 方法　显示"字体"对话框。特别注意:在使用 ShowFont 方法前,必须将通用对话框的 Flags 属性设置为 1~3 中的任一值与其他参数值的和(即必须规定对话框中所列字体的范围),否则将产生"没有安装的字体"提示,并产生一个运行时错误。

ShowHelp 方法　运行 WINHLP32.EXE 并显示指定的帮助文件。

说明:在使用 ShowHelp 方法前,必须先将其 HelpFile 和 HelpCommand 属性设置为相应的一个常数或值,否则 WINHLP32.EXE 不能显示帮助文件。

ShowOpen 方法　显示"打开"对话框。

ShowPrinter 方法　显示"打印"对话框。

ShowSave 方法　显示"另存为"对话框。

7.4.2　记录类型

在现实生活中,经常需要从多个方面描述同一个对象。例如,在人事管理工作中,需要记录每一名职工的编号、姓名、性别、参加工作时间等多方面的信息;如果分别使用不同类型的多个变量进行存储,不仅所需变量数目繁多,而且也难以反映出各变量间的内部关联。

在 Visual Basic 中,允许用户将类型相同或不同的多个变量进行组合,灵活地构造出各种新的数据类型——记录类型,也称用户定义类型。例如,使用如下的语句可以构造出记录类型 employee,用于存储职工的相关信息:

```
Private Type employee
    code As Long                '职工编号
    name As String * 10         '姓名
    sex As Boolean              '性别：True—男,False—女
    workdate As Date            '参加工作时间
End Type
```

在一个程序中允许构造多个记录类型,但必须在使用它们之前用 Type 语句进行声明。Type 语句必须置于窗体(或模块)的声明部分,其语法格式是:

```
[Private|Public]  Type  记录类型名称
    数据成员1  As  数据类型1
    数据成员2  As  数据类型2
    ⋮
    数据成员n  As  数据类型n
End Type
```

使用关键字 Public 时,Type 语句必须置于标准模块中,在标准模块或类模块中声明的记录类型的默认类型为公有(Public)。

由于记录类型是人们自己构造的一种类型,因此也叫自定义类型。记录类型与第6章中介绍的数组相似,都由若干个基本的数据成员组合而成,但它们有着本质区别:构成数组的每个元素都具有相同的数据类型,而构成记录类型的各数据成员却可以是不同的数据类型。在有些书中也将数据成员称为数据项。

在完成记录类型的声明之后,就可以像定义普通变量那样使用 Dim 语句定义记录类型的变量。如:

```
Dim  emp  As  employee            '变量 emp 可以存放一名职工的信息
Dim  emps(30)  As  employee       'emps 数组可以存放 31 名职工的信息
```

定义 emp 是 employee 类型的变量,可用于保存 1 名职工的信息;而 emps 是 employee 类

型的一维数组,可以存放 31 名职工的信息,如 emps(0)中存放第 1 名职工的信息,emps(1)中存放第 2 名职工的信息……

【例 7.5】 已知学生信息由姓名和语文、数学成绩组成。程序运行时,单击"添加"按钮,依次弹出 3 个输入框以输入一名学生的信息,并将该学生姓名添加到列表框中,如图 7-8 所示;在列表框中选择学生姓名后,单击"显示"按钮,则将该学生的语文、数学成绩显示到蓝色标签中,如图 7-9 所示。

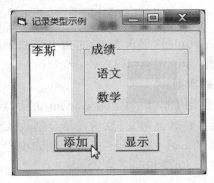
图 7-8　输入并添加学生信息

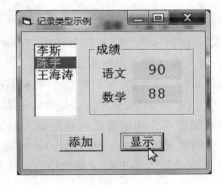
图 7-9　显示学生成绩

【解】 为了保存学生信息,自定义 student 记录类型,其包含 String 类型数据成员 name,用于存放学生姓名;Long 类型数据成员 chinese 和 math,用于存放学生的语文和数学成绩。程序代码如下:

```
Private Type student                      '自定义 student 记录类型
    name As String
    chinese As Long
    math As Long
End Type

Dim stu(100) As student                   '定义 student 类型的一维数组 stu
Dim n As Long                             '记录已输入学生信息的个数

Private Sub CmdAdd_Click()                '单击"添加"按钮
    Dim t As student                      '定义 student 类型的变量 t
    t.name=InputBox("请输入学生姓名:", "输入姓名", 0)    '输入变量 t 的 name 成员
    t.chinese=InputBox("请输入语文成绩:", "输入语文成绩", 0) '输入变量 t 的 chinese 成员
    t.math=InputBox("请输入数学成绩:", "输入数学成绩", 0) '输入变量 t 的 math 成员
    lstStu.AddItem t.name                 '将变量 t 的 name 成员添加到列表框中
    stu(n)=t                              '将变量 t 整体赋值给 stu 数组中下标为 n 的元素
    n=n+1
End Sub

Private Sub CmdShow_Click()      '单击"显示"按钮
    If lstStu.ListIndex<>-1 Then
```

```
            i=lstStu.ListIndex
            lblChinese.Caption=stu(i).chinese    '将数组元素 stu(i)的 chinese 成员值
                                                     显示到标签中
            lblMath.Caption=stu(i).math          '将数组元素 stu(i)的 math 成员值显示
                                                     到标签中

       End If
End Sub
```

程序说明：

（1）在窗体的"声明"部分使用 Type 语句声明 student 记录类型，它由 3 个数据成员组成；定义窗体级一维数组 stu，它包含 101 个元素：stu(0)，stu(1)，…，stu(100)，每个元素都是 student 类型，可以存放 1 个 student 类型的数据。

（2）在"添加"按钮的 Click 事件过程中，首先使用 Dim 语句定义 student 记录类型的变量 t；随后再使用赋值语句将由输入框输入的学生姓名及语文、数学成绩分别放入该变量的不同数据成员中。表达式 t.name 表示变量 t 的 name 成员，t.chinese 表示变量 t 的 chinese 成员。为了引用记录类型变量中的数据成员，应采用如下格式：

变量名.数据成员名

（3）记录类型变量间可以进行整体赋值。语句 stu(n)=t 就是将变量 t 的值整体赋值给 stu 数组中下标为 n 的元素，此语句等价于如下的 3 条语句：

```
stu(n).name=t.name
stu(n).chinese=t.chinese
stu(n).math=t.math
```

（4）在"显示"按钮的 Click 事件过程中，根据列表框当前所选项的索引号得到该学生在 stu 数组中所对应的元素下标 i，从而将 stu(i)的 chinese 和 math 成员值显示到标签中。

（5）在使用记录类型时，应注意区分记录类型名、数据成员名及记录类型的变量名这 3 个不同概念。出现在记录类型中的成员名可以和程序中的变量名相同，不同记录类型中的成员名也可以同名，它们不会混淆。可以将多个变量定义成同一个记录类型，但一个变量只能从属于一个记录类型。

7.4.3 文件的进一步介绍

在 7.3 节中介绍了顺序文件的访问，在此继续讨论随机文件的读写操作。所谓随机文件，是指具有固定长度记录结构的文本文件或者二进制文件。在随机文件中，一行数据对应一条记录，并提供一个记录号；在读写文件时只要给出记录号即可直接访问该记录，而不像顺序文件那样必须从第 1 个记录开始逐个进行，我们把文件的这种访问方式形象地称为随机访问或直接访问。

与顺序文件一样，在访问随机文件前需使用 Open 语句将其打开，而读写操作结束后应及时使用 Close 语句将其关闭。用于打开随机文件的 Open 语句格式如下：

```
Open 文件名 For Random As #文件号 Len=记录长度
```

其中,关键字 Random 指定了文件的访问方式为随机存取,凡是以此种方式打开的文件都被认为是由相同长度的记录集合组成的。

【例 7.6】 假设每名学生的信息由姓名和语文、数学成绩组成,且保存在文件 score. dat 中。程序运行时的初始界面如图 7-10 所示,组合框中列出 score. dat 文件中保存的所有学生姓名,此时 3 个文本框和"保存"按钮不可用;单击"输入"按钮,用户可在文本框中输入学生信息,此时"保存"按钮可用;单击"保存"按钮,若 3 个文本框中已全部输入,则将该学生信息添加到文件 score. dat 中,同时窗体恢复为运行时的初始界面,否则消息框提示"学生信息输入不完整!";单击组合框中任意学生姓名,可将保存在文件中的该学生信息显示在文本框内,此时"保存"按钮不可用,如图 7-11 所示。

图 7-10 例 7.6 的初始运行界面

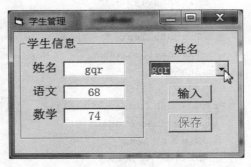

图 7-11 在组合框中选择学生姓名后

【解】 程序代码如下:

```
Private Type student              '自定义记录类型
    name As String * 8            '字符串长度固定为 8
    chinese As Long
    math As Long
End Type

Private Sub Form_Load()
    Dim stu As student            '定义 student 类型的变量 stu,用于存放一条学生记录
    Dim n As Long                 '一条学生信息的长度,字节数
    Dim num As Long               '已保存学生信息的个数
    Dim i As Long
    TxtName.Enabled=False
    TxtChinese.Enabled=False
    TxtMath.Enabled=False
    CmdSave.Enabled=False
    CboName.Clear
    n=Len(stu)                    '计算一条记录的长度
    Open "score.dat" For Random As #1 Len=n        '打开随机文件 score.dat
```

```
    num=LOF(1) / n                    '计算 1 号文件中已有的记录个数
    For i=1 To num                    '依次读出各条记录
        Get #1, i, stu                '从 1 号文件中读出第 i 条记录赋给 stu 变量
        CboName.AddItem Trim(stu.name)    '将 stu 的 name 成员添加到组合框
    Next
    Close #1                          '关闭 1 号文件
End Sub


Private Sub CmdIn_Click()            '单击"输入"按钮
    TxtName.Enabled=True
    TxtChinese.Enabled=True
    TxtMath.Enabled=True
    CmdSave.Enabled=True
    TxtName.Text=""
    TxtChinese.Text=""
    TxtMath.Text=""
    TxtName.SetFocus
End Sub


Private Sub CmdSave_Click()          '单击"保存"按钮
    Dim stu As student
    Dim n As Long
    Dim num As Long
    If TxtName.Text<>"" And TxtChinese.Text<>"" And TxtMath.Text<>"" Then
        With stu                      '使用 With 语句为 stu 变量的各个成员赋值
            .name=TxtName.Text
            .chinese=Val(TxtChinese.Text)
            .math=Val(TxtMath.Text)
        End With
        n=Len(stu)
        Open "score.dat" For Random As #1 Len=n
        num=LOF(1) / n
        Put #1, num+1, stu            '将变量 stu 中的值写入 1 号文件的第 num+1 条记录位置
        Close #1
        TxtName.Text=""
        TxtChinese.Text=""
        TxtMath.Text=""
        TxtName.SetFocus
        Form_Load
    Else
        MsgBox "学生信息输入不完整!"
    End If
End Sub
```

```
Private Sub cboName_Click()          '单击组合框中的学生姓名
    Dim stu As student
    Dim i As Long
    Dim n As Long
    Dim num As Long
    n=Len(stu)
    Open "score.dat" For Random As #1 Len=n
    num=LOF(1) / n
    For i=1 To num
        Get #1, i, stu
        If CboName.Text=Trim(stu.name) Then
            TxtName.Text=Trim(stu.name)
            TxtChinese.Text=stu.chinese
            TxtMath.Text=stu.math
            Exit For                  '提前结束 For 循环
        End If
    Next
    Close #1
    CmdSave.Enabled=False
End Sub
```

程序说明:

(1) 本例题中,将 student 类型中的 name 成员定义为 String 类型,其长度固定为 8。在随机文件中,要求每条记录都具有相同且固定的长度,因而出现在记录结构中的字符型数据成员也必须是定长的字符串,否则在随机读写操作中将产生"记录长度错误"。当用户输入的姓名不足 8 位字符时,系统将自动在其尾部添加空格以补齐 8 位后再写入文件;若输入数据超出 8 位,则超出部分被自动删除。为此,在设计界面时将用于输入姓名的文本框 MaxLength 属性设置成 8。

(2) 由于从文件中读出的学生姓名均为 8 位的字符串,其中可能含有补位的空格,所以在添加到组合框或文本框时,先通过 Trim 函数去掉 stu.name 的首、尾空格。

(3) 为了简化程序,在代码中使用了 With 语句。在需要对一个对象执行一系列的语句时,使用该语句可以不用重复指定对象的名称。请注意,属性前的"."不能省略。With 语句的一般形式是:

```
With   对象名
    语句组
End  With
```

一条 With 语句只能设定一个对象。

(4) 使用 LOF 函数可以返回给定文件号的文件大小,该大小以字节为单位。例如,LOF(1) 将返回 1 号文件的字节数目。注意:LOF 函数只能用于已被打开的文件,对于尚未打开的文件可以使用 FileLen 函数求出。

(5) 语句"Get #1, i, stu"的作用是从 1 号文件中读取第 i 条记录放到 stu 变量中;

与此对应,语句"Put♯1,i,stu"的作用是将变量 stu 中的数据写入 1 号文件的第 i 条记录位置上。通常情况下 Put 语句和 Get 语句匹配使用。

Get 语句和 Put 语句的语法格式是:

```
Get #文件号,记录号,存放记录的变量名
Put #文件号,记录号,存放记录的变量名
```

(6) 在随机文件中,Close 语句的使用方法与顺序文件完全相同。

(7) 随机文件的存取速度较快,但其占用的空间大。

除顺序访问和随机访问以外,还可以对文件进行二进制访问。在二进制文件中,可以以字节为单位进行读写操作,提供了对文件的完全控制。此外,由于二进制文件中不存在固定长度的字节限制,从而使磁盘空间的使用率达到最高,当对文件大小有特殊要求时应尽量使用二进制文件。因二进制文件的操作与随机文件类似,在此不再介绍,请参看相关书籍。

7.4.4　常用文件操作语句和函数

【例 7.7】　如图 7-12 所示设计 2 个窗体。程序运行时,单击"新建"按钮,清空文本框内容并使光标置于其中,等待用户输入;单击"打开"或"保存"按钮时,弹出如图 7-13 所示的"打开文件"对话框或"保存文件"对话框,选择文件类型及文件名后,单击"打开"或"保存"按钮,在文本框中显示该文件内容或保存文本框内容至指定文件,若单击"取消"按钮,则消息框提示"无效操作";单击"删除"按钮时,进入"选择文件"窗体,选择某一文件后弹出如图 7-14 所示的消息框,单击"确定"按钮则删除该文件,否则提示"无效操作"后返回到"文件操作"窗体;单击"退出"按钮,结束整个程序。

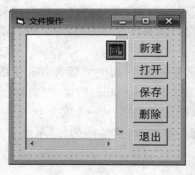

图 7-12　例 7.7 的窗体设计

【解】　设置文本框的 MultiLine 属性为 True,ScrollBars 属性为 3。程序代码如下:

```
Private Sub CmdNew_Click()              '单击"新建"按钮
    TxtShow.Text=""
    TxtShow.SetFocus
End Sub


Private Sub CmdOpen_Click()             '单击"打开"按钮
```

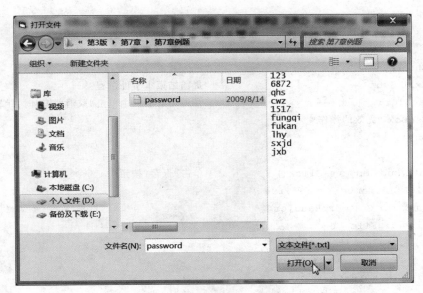

图 7-13 "打开文件"对话框

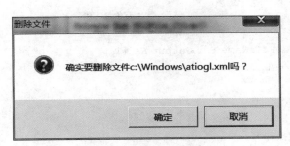

图 7-14 "删除文件"消息框

```
Dim s As String                    '存放从文件中读出的全部内容
dlgFile.CancelError=True           '在通用对话框中单击"取消"按钮时出错
On Error GoTo ErrHandler           '出错时跳转至标号 ErrHandler
With dlgFile                       '使用 With 语句设置通用对话框的各属性
    .DialogTitle="打开文件"
    .InitDir="D:\"
    .Filter="文本文件[＊.txt]|＊.txt|数据文件[＊.dat]|＊.dat"
    .FilterIndex=0
    .Action=1                      '等价于.ShowOpen
End With
If dlgFile.FileName<>"" Then
    s=""
    Open dlgFile.FileName For Input As #1
    Do While Not EOF(1)            '当 1 号文件未结束时执行
        Line Input #1, t           '从 1 号文件中读出一行字符,放入 t 中
        s=s & t & Chr(13) & Chr(10)
```

```
            Loop
            Close #1
            TxtShow.Text=s
        End If
        Exit Sub                            '提前结束本事件过程
    ErrHandler:                             '在通用对话框中单击"取消"按钮时,跳转至此
        MsgBox "无效的操作"
    End Sub


    Private Sub CmdSave_Click()             '单击"保存"按钮
        dlgFile.CancelError=True
        On Error GoTo ErrHandler
        With dlgFile
            .DialogTitle="保存文件"
            .FileName="未命名.txt"
            .InitDir="D:\"
            .Filter="文本文件[*.txt]|*.txt|数据文件[*.dat]|*.dat"
            .DefaultExt="txt"
            .Action=2                       '等价于.ShowSave
        End With
        Open dlgFile.FileName For Output As #1
        Print #1, txtShow.Text
        Close #1
        Exit Sub
    ErrHandler:
        MsgBox "无效操作"
    End Sub


    Private Sub CmdDel_Click()              '单击"删除"按钮
        Form1.Hide
        Form2.Show
    End Sub


    Private Sub CmdEnd_Click()              '单击"退出"按钮
        End
    End Sub


    Private Sub dirFile_Change()
        FilFile.Path=DirFile.Path
    End Sub


    Private Sub DrvFile_Change()
        DirFile.Path=DrvFile.Drive
    End Sub
```

　　　　　　　　　　　　　界面设计与 Visual Basic(第4版)

```
Private Sub FilFile_Click()                    '单击文件列表框
    Dim ans As Long                            '在消息框中单击"确定"或"取消"按钮的代号
    Dim fn As String                           '在文件列表框中所选文件的完整路径及文件名
    fn=FilFile.Path & "\" & FilFile.FileName
    ans=MsgBox("确实要删除文件" & fn & "吗?", 1+32+256, "删除文件")
    If ans=1 Then                              '单击"确定"按钮
        Kill fn                                '删除 fn 文件
        FilFile.Refresh                        '刷新文件列表框的显示
    Else                                       '单击"取消"按钮
        MsgBox "无效的操作"
    End If
    Form2.Hide
    Form1.Show
End Sub
```

程序说明:

(1) 通过通用对话框控件的 CancelError 属性可以指定在对话框中单击"取消"按钮时是否按出错处理。若使用默认值 False 则忽略不计,而设置为 True 时,则在单击"取消"按钮时产生 cdlCancel(32755 号)错误。

(2) 语句 On Error GoTo ErrHandler 的作用是当程序发生错误时自动跳转到标号"ErrHandler:"位置,执行其后的错误处理语句。一般情况下,程序运行时发生的任何错误都会导致程序中止并显示错误信息;而使用 On Error 语句可以为程序指定一个出错时的跳转标识,使程序出错时不再产生中断,而是自动跳转至指定的标识位置,执行相应的出错处理程序。On Error 语句有如下 3 种结构:

```
On Error GoTo 标号
On Error Resume Next
On Error 0
```

① On Error GoTo 标号

此结构中的标号用来指示出错处理程序的开始位置。注意,On Error 语句中指定的标号位置必须与 On Error 语句出现在同一个过程中。用以标识出错处理程序开始位置的标号行可以是任何字符的组合(不区分大小写),但必须以字母开头、以冒号":"结尾,且从第一列开始输入。

② On Error Resume Next

使程序跳过产生错误的语句,继续执行下一条语句。使用此语句将使程序忽略运行过程中发生的错误,维持程序的继续运行。

③ On Error 0

关闭当前过程中已启动的所有错误处理程序。

(3) 可以使用如下的 3 种方法设置通用对话框的属性:

① 在属性窗口中设置;

② 在属性页对话框中设置；

③ 在代码中设置。

本例采用第 3 种方法。在实际操作中，应根据具体情况选择适当的设置方法。有些属性只能在代码中使用，需谨慎对待。

（4）语句 DlgFile. Action＝1 等价于 DlgFile. ShowOpen，以"打开文件"对话框形式打开通用对话框。Action 属性在设计阶段无效。

（5）对于通用对话框控件，应在设置完其他的全部属性后再设置 Action 属性或调用 ShowOpen 等方法。

（6）在读取文件时，每次使用 Line Input ♯语句读取 1 行文本，并连接到字符型变量 s 中。由于使用该语句读取的数据中不包含行尾的回车、换行符，因此需要人为地添加。注意：Chr(13) 和 Chr(10) 的顺序不能颠倒。

（7）语句 Kill fn 的作用是删除文件名为 fn 的文件。使用 Kill 语句可以从磁盘中删除指定的文件，其语句格式是：

```
Kill   待删除文件名
```

完成文件的删除操作后应及时刷新文件列表框中的显示内容。语句 FilFile. ReFresh 将重新显示文件列表框 FilFile 的内容。

VB 中提供了大量的文件系统操作语句和函数，下面仅就部分常用内容作简单介绍。

FileCopy 语句

格式：FileCopy   被复制的原文件名,复制后的新文件名

功能：将原文件复制到新文件中。语句中的原文件名和新文件名都应提供完整的文件路径及文件名，且 FileCopy 语句不能复制已打开的文件，否则将产生错误。

Name 语句

格式：Name 原文件名 As 新文件名

功能：更改文件名。将原文件移动到指定路径并改名，要求改名的文件必须处于关闭状态，使用 Name 语句并不能创建新的文件或文件夹。

ChDrive 语句

格式：ChDrive 驱动器名

功能：改变当前的驱动器。

ChDir 语句

格式：ChDir   默认路径

功能：将指定路径设置成新的默认路径或文件夹，该语句只改变默认路径，不改变默认驱动器。

MkDir 语句

格式：MkDir   创建目录名

功能：创建一个新的目录或文件夹。

RmDir 语句

格式：RmDir   删除目录名

功能：删除指定的目录或文件夹，要求被删目录必须为空。

CurDir 函数

格式：CurDir （驱动器）

功能：返回当前的路径。

Dir 函数

格式：Dir（文件名，文件属性）

功能：返回一个表示文件名或目录名的字符串，它与指定的文件属性相匹配。

FileLen 函数

格式：FileLen(文件名)

功能：以字节为单位返回文件的长度（文件打开前的大小）。

FileDateTime 函数

格式：FileDateTime(文件名)

功能：返回文件被创建或最后修改的日期和时间。

FreeFile 函数

格式：FreeFile （0 或 1）

功能：返回下一个可供 Open 语句使用的文件号。

Seek 函数

格式：Seek(文件号)

功能：在 Open 语句打开的文件中指定当前的读/写位置。

7.5 章节练习

【练习 7.1】 设计文本编辑器，实现对 Word 文档或 txt 文档的编辑。程序运行时的界面如图 7-15 所示，组合框中可供选择的文件类型只有 Word 文件（ * . doc）和 txt 文件（ * . txt）两种，根据组合框的选择在文件列表框中显示相应类型的文件名；在文件列表框中双击 doc 类型的文件时，在 Word 应用程序中打开该文件进行编辑；若双击 txt 类型的文件，则启动 Windows 记事本对该文件进行编辑。

拓展：添加窗体 2，其中包含 1 个多行文本框和 2 个命令按钮，如图 7-16 所示。程序运行时，若在文件列表框中双击扩展名为 . doc 的文件，则启动 Word 应用程序并打开该文件进行编辑；若双击扩展名为 . txt 的文件，则切换到窗体 2，将该文件显示在文本框中供用户进行编辑；单击"保存"按钮，更新保存该文件；单击"返回"按钮，返回原窗体。

提示：调用 Shell 函数可以运行一个指定的应用程序，其语法格式是：

    变量名=Shell(应用程序名 [,运行窗口样式])

其中，第一个参数指定要执行的程序名及其所在的完整路径（与程序安装位置有关）；第二个可选参数用于指定程序运行时的窗口样式，如表 7-5 所示，省略时程序窗口将以最小化的形式显示在状态栏中。

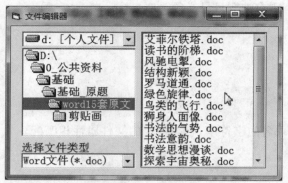

图 7-15 文本编辑器

图 7-16 扩展功能窗体

表 7-5 Shell 函数中允许使用的窗口样式

参 数 值	参 数 常 量	窗 口 样 式
0	vbHide	隐藏窗口,焦点移到隐式窗口
1	VbNormalFocus	以原有的大小和位置显示窗口,焦点移到此窗口
2	VbMinimizedFocus	窗口以图标显示,焦点在图标上
3	VbMaximizedFocus	最大化显示窗口,焦点移到此窗口
4	VbNormalNoFocus	以最近使用的大小和位置显示,焦点在当前窗口
5	VbMinimizedNoFocus	窗口以图标显示,焦点在当前窗口

为了在应用程序中打开指定的文件,应在程序名之后直接给出文件名,并使用空格将二者分开,如本题中的语句 t＝Shell(exe_name & " " & fil_name,3)。注意:函数中给定的文件名必须与应用程序中可以打开的文件类型一致,否则将报错。当 Shell 函数调用成功时,其返回一个 Double 类型的数值,代表该程序的任务标识代号,若不成功则返回 0。

【练习 7.2】 使用字体和颜色对话框对标签中的文字进行设置。在窗体中添加 1 个标签、2 个命令按钮和 1 个通用对话框,如图 7-17 所示。程序运行时,单击"字体"或"颜色"按钮,打开如图 7-18 或图 7-19 所示的对话框,对标签中的文字进行字体或颜色设置。

图 7-17 练习 7.2 的界面设计

拓展:添加程序功能,使标签文字在窗体中从左至右循环移动,且以 0.5s 的时间间隔闪烁。

【练习 7.3】 在窗体中添加 2 个标签、1 个列表框、1 个文本框和 2 个命令按钮。程序运行时,在列表框中显示当前可用屏幕字体,如图 7-20 所示,此时"显示"按钮不可用;选择其中一项或多项字体后,单击"保存"按钮,将所选字体名称写入文件 MyFont.dat 中,同时"显示"按钮可用,如图 7-21 所示;单击"显示"按钮,将 MyFont.dat 文件中的内容显示在文本框中。

界面设计与 Visual Basic(第 4 版)

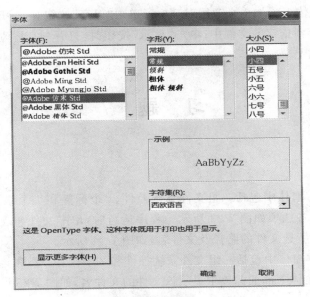

图 7-18　设置字体对话框

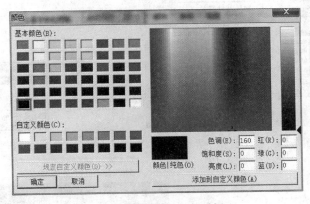

图 7-19　设置颜色对话框

图 7-20　列表框中显示屏幕字体

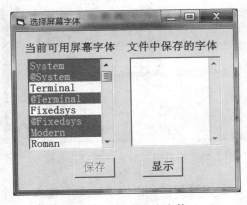

图 7-21　选中多个字体

拓展：在原窗体上添加 1 个通用对话框。单击"保存"按钮时，打开"保存"对话框，将所选字体名称保存到指定的文件中；单击"显示"按钮时，打开"打开"对话框，将所选字体文件显示在文本框上。

习　题　7

基础部分

1. 编写程序。窗体中包括一组文件系统控件、1 个标签和 1 个组合框（如图 7-22 所示），其中组合框内各选项如图 7-23 所示。程序运行时，单击文件列表框中的文件，以消息框形式显示用户所选文件的路径及文件名，如图 7-24 所示。

2. 编写程序。窗体中包括一组文件系统控件和 2 个标签。程序运行时，双击文件列表框中的文件，在窗体下部的标签中显示该文件的文件名，如图 7-25 所示。

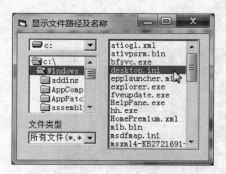

图 7-22　题 1 的程序界面

图 7-23　组合框选项

图 7-24　消息框显示文件路径及名称

图 7-25　显示文件名

3. 编写程序。窗体中有 1 个标签、1 个多行文本框、1 个通用对话框和 2 个命令按钮。程序运行时，单击"添加"按钮，打开"选择文件"对话框，并将用户选择的文件名添加到文本框中,如图 7-26 所示;单击"保存"按钮,则打开"保存文件"对话框,将文本框中的内容保存至指定文件中。

4. 编写程序。窗体中包括 1 个标签、1 个列表框、1 个通用对话框和 1 个命令按钮。程序运行时,单击"读取"按钮,打开"打开文件"对话框,用户选择题 3 中已保存的文件后,将其中保存的文件名依次添加到列表框中,如图 7-27 所示。

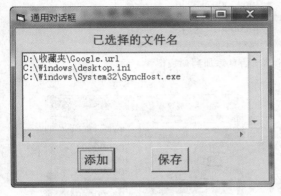 

图 7-26 文本框中显示所选文件名   图 7-27 读取文件内容

提高部分

5. 编写程序。在窗体中添加 1 个框架(内含 2 个标签和 2 个文本框)、2 个标签、2 个列表框、2 个命令按钮和 1 个通用对话框,如图 7-28 所示。程序运行时,可在框架内的文本框中输入学生学号及成绩。单击"添加"按钮,将输入的学生信息添加到列表框中,同时保存到数组中,如图 7-29 所示;单击"保存"按钮,打开"保存文件"对话框,将输入的所有学生信息保存到指定文件中。

图 7-28 题 5 的界面设计

6. 编写程序。在窗体中添加 3 个文件系统控件、3 个标签和 1 个列表框。程序运行时,利用文件系统控件找到并双击题 5 中所保存的学生信息文件,将其中存放的所有学生学号显示到列表框中,如图 7-30 所示;单击列表框中的学号时,在标签中显示此学生的成绩,如图 7-31 所示。

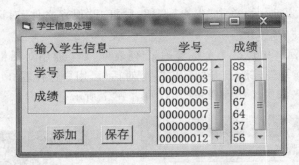

图 7-29　将输入的学生信息添加到列表框

图 7-30　列表框显示所有学生学号

图 7-31　显示学生成绩

7. 已知在 Message.dat 文件中保存了某班学生的全部信息。程序运行时,在列表框中列出该班学生的全部学号,如图 7-32 所示;单击"添加"按钮,用户可在文本框中输入学生信息,此时"保存"按钮可用,而"添加"和"删除"按钮不可用;单击"保存"按钮后,将文本框中输入的信息添加到文件尾部,同时刷新列表框中的显示;单击列表框中的学号,从文件中读取该学生信息显示在文本框中,如图 7-33 所示;单击"删除"按钮,从文件中删除该学生信息,同时刷新列表框中的显示,如图 7-34 所示。

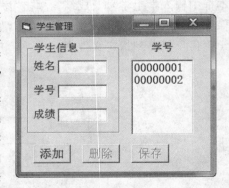

图 7-32　列表框显示学生学号

8. 已知在 Message.dat 文件中保存了某班学生的全部信息。程序运行时,在组合框中列出该班学生的全部学号,此时两个命令按钮均不可用;单击组合框中的学号,从文件中读取该学生信息显示在框架内的文本框中,且"修改"按钮可用,如图 7-35 所示;单击"修改"按钮,可修改文本框中的内容,同时"保存"按钮可用,如图 7-36 所示;单击"保存"按钮,则用修改后的信息替换掉原文件中该学生的相关信息,同时刷新组合框中的显示。

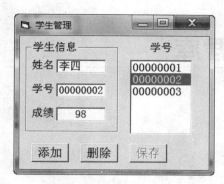

图 7-33　显示学生信息

图 7-34　删除学生信息

图 7-35　从文件中读取学生信息

图 7-36　修改文件中的学生信息

第 **8** 章 访问数据库

本章将介绍的内容

基础部分：

- 数据库的概念、数据库和数据表的建立。
- DataGrid 网格控件、ADO 控件、使用 ADO 控件访问数据库。

提高部分：

- Data 数据控件、用 Data 控件访问数据库。

各例题知识要点

例 8.1　数据库的概念、用 Access 建立数据库。

例 8.2　ADO 控件与数据库连接；DataGrid 控件与 ADO 控件的绑定。

例 8.3　显示控件与 ADO 的绑定；记录的添加、删除、修改和更新；记录指针的移动。

例 8.4　记录的查找；记录的引用。

（以下为提高部分例题）

例 8.5　使用 VB 环境中的可视化数据管理器建立数据库。

例 8.6　Data 控件连接数据库；显示控件与 Data 控件的绑定。

例 8.7　用 Data 控件添加、删除、修改记录。

提到数据库，大家可能不会觉得陌生，因为在日常生活中，数据库无处不在，小到个人通讯录，大到银行储蓄管理、国民经济信息库等，它们都是不同形式的数据库应用。

8.1　数据库的概念与建立

8.1.1　数据库概念

数据库是具有一定组织结构的相关信息的集合。它是将一些相关数据表组织在一起,并通过功能设置,使数据表之间建立关系,从而构成的一个完整数据库。

通常将数据库的结构形式(即数据之间的联系)称为数据模型。目前最为流行的是关系模型。关系模型建立在严格的数学理论基础上,采用人们所熟悉的二维表格形式存储数据(像电子表格)。二维表中的每一列称为一个字段,表中的第一行是字段名称。从表的第二行开始,每一行代表一条记录,每条记录含有相同类型和数量的字段。例如,如表8-1所示的菜单管理表中包含ID、menuName、menuPrice、menuSelect共4个字段,从表的第二行起每一条记录(共7条记录)包含了一道菜的所需信息,即编号、菜名、菜价以及点菜情况。根据表的主题内容将不同类型的数据保存在不同的数据表中,然后建立它们之间的关系。

表8-1 菜单管理表

ID	menuName	menuPrice	menuSelect
1	鱼香肉丝	18	0
2	宫保鸡丁	20	0
3	木须肉	15	0
4	清蒸鲑鱼	45	0
5	辣子鸡	32	0
6	东北拉皮	10	0
7	皮蛋豆腐	8	0

8.1.2 数据库和表的建立

Visual Basic 支持 Access 2000 和 2003(文件扩展名.mdb),不支持更高版本的 Access(扩展名.accdb),如果用的是更高版本的 Access,则需将创建的数据库保存成 VB 支持的格式。

【例8.1】 建立一个菜单管理系统数据库,库中包含如表8-1所示的菜单管理表。

【解】 通过 Access 数据库软件建立数据库的操作步骤如下:

第1步,启动 Microsoft Office Access。执行"开始"|"程序"|Microsoft Office|Microsoft Office Access 2003 命令,启动数据库应用程序。

第2步,建立数据库。执行"文件"|"新建"命令,并在"新建文件"窗格中选择"空数据库…"选项,在随后弹出的"文件新建数据库"对话框中指定数据库名称 db1.mdb 及保存路径,单击"创建"按钮后出现如图8-1所示的窗口。

第3步,建立数据表结构。新建的数据库 db1.mdb 是一个不含任何数据表的空库,需要为其添加数据表。选择"使用设计器创建表"项并执行上方的"设计"命令,出现如图8-2所示的窗口,在此窗口中按照表8-2所示内容创建表结构。

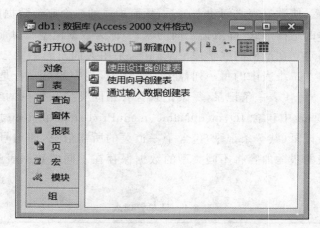

图 8-1　数据库窗口

表 8-2　菜单管理表结构

字段名称	数据类型	字段名称	数据类型
ID	数字	menuPrice	数字
menuName	文本	menuSelect	数字

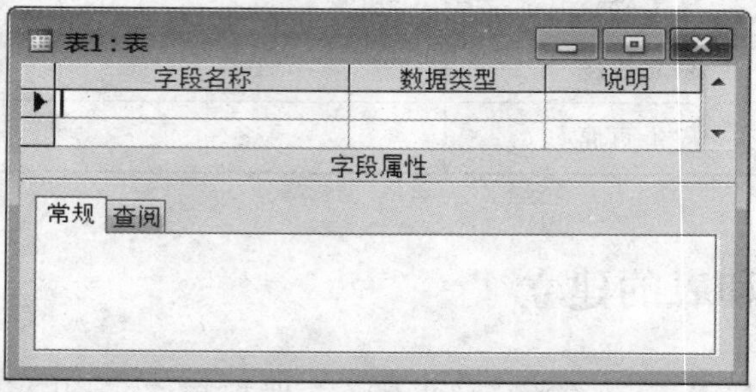

图 8-2　创建表结构窗口

　　第 4 步,设置主键。主键是一个数据表中应该具有的一项,用来唯一标识一条记录,作为主键的字段不能出现重复数据,本表中将 ID 字段设置为主键。在 ID 字段所在行上右击并选择"主键"命令,设置主键后的表结构如图 8-3 所示。

　　第 5 步,保存表结构。关闭图 8-3 表结构窗口,系统提示是否保存并在弹出的"另存为"窗口中输入表名 menu。至此,db1.mdb 数据库中的 menu 数据表建立完成。重复步骤 2～5,可以为数据库创建多张数据表。

　　第 6 步,编辑数据表中的数据。建立 menu 表结构后的 db1.mdb 数据库窗口如图 8-4 所示(多了一个 menu 表)。此时的 menu 表是一个仅有表结构的空表,还需向表中添加数据。双击 menu 选项将其打开,并按照表 8-1 输入数据。由于 ID 是主键,当 ID 列输入重复数据时系统报错。

　　在图 8-4 状态下,选中 menu 后再次单击"设计"命令,可以重新修改 menu 表结构。

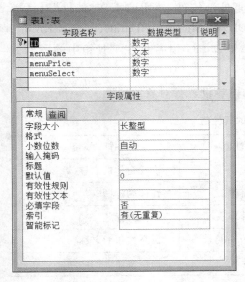

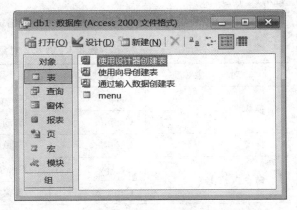

图 8-3 设置主键

图 8-4 创建 menu 表结构后的数据库窗口

8.2 用 ADO 控件访问数据库

ADO(ActiveX Data Object)数据访问接口,是 Microsoft 公司提出的最新数据访问策略。它是一种 ActiveX 对象,用户可以使用 ADO 数据控件方便、快捷地与数据库建立连接,并通过它实现对数据库的访问。

下面以菜单管理系统为例,介绍用 ADO 控件访问数据库的方法。该系统包含 3 个窗体:启动窗体、点菜窗体和菜单编辑窗体,在 3 个窗体中都会用到例 8.1 所创建的数据库表 menu。本节将通过例 8.2~例 8.4 加以介绍。

【例 8.2】 实现菜单管理系统中启动窗体的功能。在窗体上添加 1 个标签、3 个命令按钮、1 个 ADO 控件和 1 个 DataGrid 控件,如图 8-5 所示。程序运行时,在 DataGrid 中显示 menu 表中的全部数据,如图 8-6 所示。

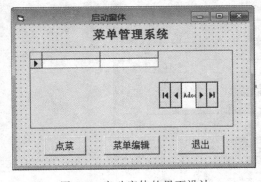

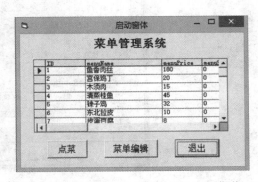

图 8-5 启动窗体的界面设计

图 8-6 在 DataGrid 控件中显示全部菜谱

【解】 ADO 数据控件和 DataGrid 网格控件是外部控件,使用前需在"部件"对话框中选择 Microsoft ADO Data Control 6.0(OLEDB)和 Microsoft DataGrid Control 6.0(OLEDB)选项,将它们添加到工具箱。ADO 控件和 DataGrid 控件在工具箱中的图标分别是 🔧 和 🔲。

在窗体上添加所需控件,并按照表 8-3 给出的内容设置各对象的属性。

表 8-3 例 8.2 对象的属性值

对　　象	属性名	属性值	作　　用
窗体	(名称)	Form1	启动窗体的名称
	Caption	启动窗体	窗体的标题
标签	Caption	菜单管理系统	标签的标题
命令按钮 1	(名称)	CmdOrder	命令按钮的名称
	Caption	点菜	命令按钮上的标题
命令按钮 2	(名称)	CmdEdit	命令按钮的名称
	Caption	菜单编辑	命令按钮上的标题
命令按钮 3	(名称)	CmdExit	命令按钮的名称
	Caption	退出	命令按钮上的标题
ADO 数据控件	(名称)	AdoMenu	ADO 数据控件的名称
	Visible	False	运行时不可见
DataGrid 网格控件	(名称)	DgdShow	DataGrid 网格控件的名称
	DataSource	AdoMenu	用于显示数据表内容

接下来要将 ADO 数据控件与数据库建立连接,方法如下:

(1)进入连接界面。在窗体中右击 ADO 控件,并在弹出的快捷菜单中选择"ADO DC 属性"命令,打开如图 8-7 所示的"属性页"对话框。

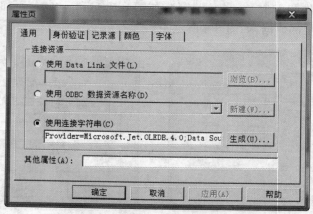

图 8-7 "属性页"对话框

（2）选择数据库提供者。在"属性页"对话框的"通用"选项卡中选择"使用连接字符串"单选按钮，单击"生成"按钮进入"数据链接属性"对话框，在"提供程序"选项卡中选择 Microsoft Jet 4.0 OLE DB Provider 作为数据库的提供者，如图 8-8 所示。

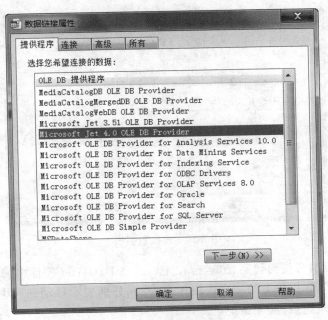

图 8-8　选择数据库提供者

（3）连接数据库。单击"下一步"按钮进入"连接"选项卡，单击其中的"…"按钮，选择要连接的数据库 db1.mdb，如图 8-9 所示。单击"测试连接"按钮时弹出"测试连接成功"对话框，表示 ADO 数据控件与数据库连接成功，单击"确定"按钮返回"属性页"窗口。

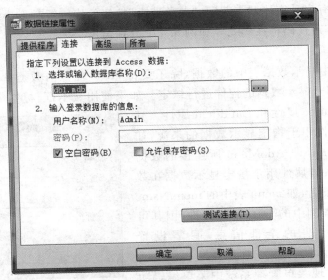

图 8-9　连接数据库

（4）连接数据表。数据库中可能包含多张数据表，但 ADO 控件只能连接一张表。在"属性页"对话框中选择"记录源"选项卡，选择"命令类型"为 2-adCmdTable，表示 ADO 控件与数据库中的表连接，在"表或存储过程名称"中选择数据表 menu，如图 8-10 所示。

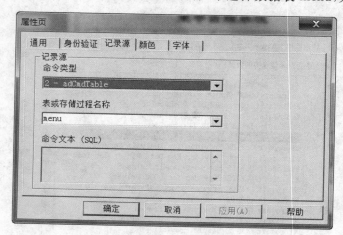

图 8-10　连接数据表

此时虽然还没编写任何代码，但运行程序后已在 DataGrid 控件中列出 menu 表中的全部信息。AdoMenu 控件上的 4 个按钮 ⏮️、⏭️、◀️、▶️ 分别表示移动到表中第一条记录、最后一条记录、前一条记录、后一条记录。

编写程序代码如下：

```
Private Sub CmdExit_Click()
  End
End Sub
```

由于目前只有启动窗体，"点菜"和"菜单编辑"按钮的代码暂时无法编写，所以本例题只有退出代码，其余代码将在例 8.3 和例 8.4 中分别给出。

程序说明：

为了在窗体中显示数据表中的数据，除了要将 ADO 控件与数据库中的数据表建立连接，还需要与用于显示数据的控件进行绑定。如果使用文本框、标签等控件显示数据，需设置其 DataSource 属性和 DataField 属性。其中 DataSource 属性用于指定显示数据的来源，如本例中的 AdoMenu（即 AdoMenu 所连接的数据表 menu），DataField 属性用于指定显示数据在数据表中所在的字段名，如 menu 表中的 menuName 字段。如果使用本例中的 DataGrid 控件，因其可以同时显示整张表的全部信息，只需设置 DataSource 属性即可。

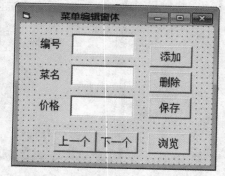

图 8-11　菜单编辑窗体的界面设计

【例 8.3】　实现菜单管理系统中菜单编辑功能。在例 8.2 的工程中添加如图 8-11 所示的新窗体,实现如下菜单编辑功能:单击"上一个"按钮,显示 menu 表中上一条菜品记录;单击"下一个"按钮,显示下一条菜品记录;单击"添加"按钮,在文本框中输入新的菜品信息;单击"保存"按钮,则将输入的新菜品添加到 menu 中;单击"删除"按钮,删除表中当前菜品记录;单击"浏览"按钮,切换到启动窗体,DataGrid 控件中显示编辑后的新菜单。

【解】 打开例 8.2 的工程,添加新窗体,并按表 8-4 给出的内容设置各对象属性。

表 8-4　例 8.3 对象属性值

对　象	属性名	属性值	作　用
窗体 2	(名称)	Form2	窗体的名称
	Caption	菜单编辑窗口	窗体的标题
标签 1、2、3	Caption	编号、菜名、价格	标签的标题
命令按钮 1、2	(名称)	CmdPrevious、CmdNext	命令按钮的名称
	Caption	上一个、下一个	命令按钮的标题
命令按钮 3、4	(名称)	CmdAdd、CmdDel	命令按钮的名称
	Caption	添加、删除	命令按钮的标题
命令按钮 5、6	(名称)	CmdSave、CmdLook	命令按钮的名称
	Caption	保存、浏览	命令按钮的标题
文本框 1、2、3	(名称)	TxtID、TxtName、TxtPrice	文本框的名称
	Locked	True	文本框锁定
	Text	(置空)	文本框中显示的内容

在启动窗体中补充如下代码,单击"菜单编辑"按钮后,切换到菜单编辑窗体。

```
Private Sub CmdEdit_Click()
    Form2.Show
    Form1.Hide
End Sub
```

在菜单编辑窗体中编写代码如下:

```
Private Sub Form_Load()                      '将显示控件——文本框与 ADO 控件绑定
    Set TxtID.DataSource=Form1.AdoMenu
    TxtID.DataField="ID"
    Set TxtName.DataSource=Form1.AdoMenu
    TxtName.DataField="menuName"
    Set TxtPrice.DataSource=Form1.AdoMenu
    TxtPrice.DataField="menuPrice"
End Sub
Private Sub CmdPrevious_Click()              '单击"上一个"按钮
    Form1.AdoMenu.Recordset.MovePrevious
```

```
        If Form1.AdoMenu.Recordset.BOF=True Then
            Form1.AdoMenu.Recordset.MoveFirst
        End If
    End Sub
    Private Sub CmdNext_Click()                     '单击"下一个"按钮
        Form1.AdoMenu.Recordset.MoveNext
        If Form1.AdoMenu.Recordset.EOF=True Then
            Form1.AdoMenu.Recordset.MoveLast
        End If
    End Sub
    Private Sub CmdAdd_Click()                      '单击"添加"按钮
        Form1.AdoMenu.Recordset.AddNew
        Form1.AdoMenu.Recordset.Fields(3)=0
    End Sub
    Private Sub CmdDel_Click()                      '单击"删除"按钮
        Form1.AdoMenu.Recordset.Delete              '删除当前记录
        Form1.AdoMenu.Recordset.Update              '更新数据库
    End Sub
    Private Sub CmdSave_Click()                     '单击"保存"按钮
        Form1.AdoMenu.Recordset.Update              '更新数据库
    End Sub
    Private Sub CmdLook_Click()                     '单击"浏览"按钮
        Form1.Show
        Form2.Hide
    End Sub
```

程序说明：

（1）在菜单编辑窗体中，应将 AdoMenu 控件与显示控件——文本框进行绑定。由于二者不在同一窗体中，无法在设计阶段通过属性窗口进行设置，为此在该窗体的 Load 事件过程中，通过语句 Set TxtID. DataSource＝Form1. AdoMenu 和 TxtID. DataField＝"ID"等分别对 3 个文本框进行绑定。由于 DataSource 的属性值是对象，因此赋值时需使用 Set 语句。

（2）工程中每个窗体都要用到 AdoMenu 控件，为了数据操作的一致性，整个工程最好使用同一个 ADO 数据控件，本例中放置在启动窗体上。在其他窗体中引用 AdoMenu 控件时，需指明其所在窗体名，如 Form1. AdoMenu。

（3）当 ADO 数据控件连接到数据库的某数据表之后，ADO 控件的 Recordset 记录集即表示该数据表。代码中 AdoMenu. Recordset 就表示数据表 menu。例如：

AdoMenu. Recordset. MoveFirst——移动 menu 表中的记录指针，使其指向第 1 条记录；

AdoMenu. Recordset. MoveLast——移动 menu 表中的记录指针，使其指向最后 1 条记录；

AdoMenu. Recordset. MoveNext——移动 menu 表中的记录指针,使其指向下 1 条记录;

　　AdoMenu. Recordset. MovePrevious——移动记录指针,使其指向上 1 条记录;

　　AdoMenu. Recordset. Fields(0)——引用表中记录指针当前所指记录的第 1 字段值;

　　AdoMenu. Recordset. Fields("ID")——引用表中记录指针当前所指记录的 ID 字段值。

　　引用 Fields 属性时,可以提供字段的索引号或字段名。注意:数据表中第 1 字段的索引号是 0,第 2 字段的索引号是 1,以此类推。

　　(4) 数据表有 2 个重要标志:BOF(开始标志)和 EOF(结束标志),值为 True 时表示表中记录指针当前指向 BOF 或 EOF 标志,否则,记录指针所指位置是当前记录。通常利用 EOF 判断是否完成数据表的全部访问。例如,在窗体的 Load 事件过程中,为了将 menu 表中所有记录的 menuSelect 字段值设置为 0,首先将表中记录指针指向第一条记录,然后通过循环判断 EOF 标志确定是否达到表尾,只要 EOF 标志为 False,就将当前记录的 menuSelect 值(即 Fields(3))置 0,然后移动记录指针至下一条记录。在 menu 表中,menuSelect 字段值为 1 时表示点取该菜品,为 0 时表示未点取。

　　(5) 单击“上一个”按钮时,通过语句 Form1. AdoMenu. Recordset. MovePrevious 使记录指针向上移动一条记录。当反复单击该按钮时,记录指针将不断上移。为了防止因记录指针移出记录集而导致程序错误,当记录指针指向 BOF 标志时,应使其停留在第一条记录上,即 Form1. AdoMenu. Recordset. MoveFirst。类似地,单击“下一个”按钮时,当记录指针指向 EOF 标志时,应使其停留在最后一条记录上。

　　(6) 调用 Recordset 对象的 AddNew、Delete 和 Update 方法可以为其创建一条新记录、删除指定记录、保存对当前记录所做的所有更改。注意:单击“添加”按钮时,仅在记录集中添加一条空记录,并没有把文本框内容添加到数据库中,所以还需要在“保存”按钮中进行更新。对 Recordset 进行添加、删除、修改等操作后,都应使用 Update 方法及时更新数据库。

　　【例 8.4】　实现菜单管理系统中的点菜功能。在例 8.3 的原有工程中添加如图 8-12 所示的点菜窗体。程序运行时,单击“上一个”或“下一个”按钮,在标签中显示上一条或下一条菜品信息。单击“查找”按钮,弹出输入框输入菜名,并在 menu 表中查找该菜品,如果找到,在标签中显示该菜品信息,否则弹出消息框提示不存在该菜品。选中“点此菜”复选框时,表示点取当前标签中所示菜品。单击“下订单”按钮,如果已点取菜品,则返回启动窗体并在 DataGrid 控件中显示用户点菜信息,同时弹出消息框显示本次点菜总金额,此时“点菜”和“菜单编辑”按钮不可用;如果未点取任何菜品,弹出消息框提示“您没有点菜,请先点菜!”。单击“取消”按钮,取消所有点菜操作,返回启动窗体。

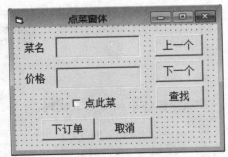

图 8-12　点菜窗体的界面设计

【解】 打开例 8.3 的工程,添加窗体后按照表 8-5 给出的内容设置各对象的属性。

表 8-5 例 8.4 对象的属性值

对　　象	属性名	属性值	作　　用
窗体 3	(名称)	Form3	窗体的名称
	Caption	点菜窗体	窗体的标题
标签 1、2	Caption	菜名、价格	标签的标题
标签 3、4	(名称)	LblName、LblPrice	标签的名称
	Caption	(置空)	标签中无显示信息
命令按钮 1、2	(名称)	CmdPrevious、CmdNext	命令按钮的名称
	Caption	上一个、下一个	命令按钮的标题
命令按钮 3、4、5	(名称)	CmdFind、CmdOrder、CmdEsc	命令按钮的名称
	Caption	查找、下订单、取消	命令按钮的标题
复选框	(名称)	ChkOrder	复选框的名称
	Caption	点此菜	复选框的标题

在启动窗体中补充如下代码:

```
Private Sub CmdOrder_Click()               '单击"点菜"按钮时切换到点菜窗体
    Form3.Show
    Form1.Hide
End Sub
Private Sub CmdExit_Click()                '单击"退出"按钮
    Form1.AdoMenu.Recordset.MoveFirst      '将记录指针移动到第 1 条记录上
    Do While Form1.AdoMenu.Recordset.EOF=False  '循环全部记录
        Form1.AdoMenu.Recordset.Fields(3)=0      '将第 4 个字段数据清零
        Form1.AdoMenu.Recordset.MoveNext
    Loop
    End
End Sub
```

在点菜窗体中编写如下代码:

```
Private Sub Form_Load()
    Set LblName.DataSource=Form1.AdoMenu    '标签与 AdoMenu 绑定
    LblName.DataField="menuName"            '设置要显示的字段
    Set LblPrice.DataSource=Form1.AdoMenu
    LblPrice.DataField="menuPrice"
End Sub
Private Sub CmdPrevious_Click()             '单击"上一个"按钮
    Form1.AdoMenu.Recordset.MovePrevious    '将记录指针指向上 1 条记录
    If Form1.AdoMenu.Recordset.BOF=True Then '已经到达开始标志 BOF
```

```
        Form1.AdoMenu.Recordset.MoveFirst          '将记录指针指向第 1 条记录
      End If
      ChkOrder.Value=Form1.AdoMenu.Recordset.Fields(3)   '与点菜同步
End Sub
Private Sub CmdNext_Click()                       '单击"下一个"按钮
      Form1.AdoMenu.Recordset.MoveNext
      If Form1.AdoMenu.Recordset.EOF=True Then    '已经到达结束标志 EOF
          Form1.AdoMenu.Recordset.MoveLast        '将记录指针指向最后 1 条记录
      End If
      ChkOrder.Value=Form1.AdoMenu.Recordset.Fields(3)   '与点菜同步
End Sub
Private Sub CmdFind_Click()                       '单击"查找"按钮
      Dim s As String
      s=InputBox("请输入菜名：","输入菜名")
      If s<>"" Then
          Form1.AdoMenu.Recordset.MoveFirst            '从第 1 条记录开始找
          Form1.AdoMenu.Recordset.Find "menuName='" & s & "'"   '查找记录
          If Form1.AdoMenu.Recordset.EOF=True Then     '到 EOF 时说明没找到
              Form1.AdoMenu.Recordset.MoveFirst        '记录指针从 BOF 移到第 1 条记录
              MsgBox "对不起,没有您要的菜!"
          Else
              ChkOrder.Value=Form1.AdoMenu.Recordset.Fields(3)
          End If
      End If
End Sub
Private Sub ChkOrder_Click()                      '单击"点此菜"复选框
      Form1.AdoMenu.Recordset.Fields(3)=ChkOrder.Value   '点此菜情况
      Form1.AdoMenu.Recordset.Update                     '更新数据库
End Sub
Private Sub CmdOrder_Click()                      '单击"下订单"按钮
      Dim sum As Long
      Form1.AdoMenu.Recordset.Filter="menuSelect=1"      '筛选点过的菜
      If Form1.AdoMenu.Recordset.EOF=True Then           '如果记录指针在 EOF 上
          Form1.AdoMenu.RecordSource="menu"          '重新连接,否则记录集中无数据
          Form1.AdoMenu.Refresh               '重新连接数据表后需要刷新,否则没有显示
          MsgBox "您没有点菜,请先点菜!"
      Else                                      '用户选了菜,开始计算总金额
          sum=0
          Form1.AdoMenu.Recordset.MoveFirst
          Do While Form1.AdoMenu.Recordset.EOF=False
              If Form1.AdoMenu.Recordset.Fields(3)=1 Then     '挑选已选菜品
                  sum=sum+Form1.AdoMenu.Recordset.Fields(2)   '单价累加
              End If
              Form1.AdoMenu.Recordset.MoveNext
```

```
            Loop
            Form3.Hide
            Form1.Show
            MsgBox "您本次消费是: " & sum & "元。"
        End If
    End Sub
    Private Sub CmdEsc_Click()                              '单击"取消"按钮
        Form1.Show
        Form3.Hide
    End Sub
```

程序说明:

(1) 单击"上一个"或"下一个"按钮时,在标签中显示菜品信息的同时,应根据当前记录的 Fields(3)属性值决定复选框的状态,即复选框 Value 属性等于当前记录的 Fields(3)属性值: 1 为选中,0 为未选中。

(2) 使用 Find 方法可以搜索 Recordset 中满足指定条件的记录。如果找到符合条件的记录,记录指针指向该记录,否则指向 EOF 标记。由于 Find 方法是从当前记录开始向下查找,通常在查找前先将记录指针移至第 1 条记录。

语句 Form1. AdoMenu. Recordset. Find "menuName='宫保鸡丁'"的作用是在 menu 表中查找菜名(menuName 字段)为"宫保鸡丁"的菜品,其中字符型常量"宫保鸡丁"需用单引号括起。语句 Form1. AdoMenu. Recordset. Find "menuPrice=25"的作用是查找价格(menuPrice 字段)为 25 的菜品。

(3) ADO 控件的 Filter 属性用于设置 Recordset 中记录的筛选条件,并使记录指针指向 Recordset 中的最后一条记录。语句 AdoMenu. Recordset. Filter = "menuSelect=1"的作用是筛选 menu 表中 menuSelect 字段值等于 1 的记录置于 Recordset 中。通常在执行筛选操作后要进一步对 EOF 加以判断,确定 Recordset 中是否存在符合筛选条件的记录。

(4) 通过 ADO 控件的 RecordSource 属性为其指定记录来源,使 ADO 与一张具体的数据表建立关联。在单击"下订单"按钮时,如果没有点取任何菜品,则记录集 RecordSet 为空,筛选不到任何记录。为此需设置 AdoMenu 的 RecordSource 属性,为其重新指定数据表 menu,并调用 Refresh 方法刷新 AdoMenu 后才可以在标签中再次浏览到全部的菜品信息。

(5) 在启动窗体中的"退出"按钮中,补充了初始化数据库记录的功能,即在退出时,将用户点菜的标记(数据库表中 menuSelect 字段)统一清零,以便下次点菜时不出现错误。

8.3 提 高 部 分

【例 8.5】 使用可视化数据管理器建立一个学生成绩管理数据库,库中包含如表 8-6所示的学生成绩表。

表 8-6　学生成绩表

班级	学号	姓名	数学	英语	语文
A	A40001	张薇	95	86	90
B	B40001	刘磊	78	67	69
A	A40003	吴晓琛	87	77	72
C	C40005	李锡林	89	49	64
B	B40011	刘勇	51	65	70
A	A40004	金永清	81	66	63
A	A40006	郭丽娜	68	90	87
C	C40008	李冉	60	46	61

【解】　操作步骤如下：

第 1 步，启动数据管理器。执行"外接程序"|"可视化数据管理器"命令，打开如图 8-13 所示的数据管理器窗口。

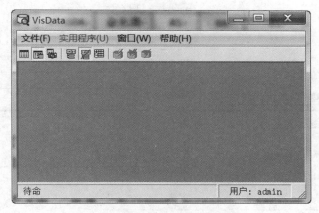

图 8-13　可视化数据管理器窗口

第 2 步，建立数据库。在"可视化数据管理器"窗口中，执行"文件"|"新建"|Microsoft Access…|Version 7.0 MDB 命令，并在随后出现的对话框中指定数据库保存路径及文件名 stu.mdb，单击"保存"按钮后进入如图 8-14 所示的窗口。如果要打开已有的数据库，则在"可视化数据管理器"窗口中执行"文件"|"打开数据库"|命令，选择要访问数据库的类型，并在"打开…数据库"对话框中指定数据库文件即可。

第 3 步，建立数据表结构。在如图 8-14 所示的窗口中右击并执行"新建表"命令，在"表结构"对话框中输入表名称 student 后单击"添加字段"按钮，如图 8-15 所示，打开"添加字段"对话框。按照表 8-7 依次向 student 表中添加各字段，全部字段添加结束后单击"关闭"按钮，返回"表结构"对话框，此时会在"字段列表"中列出 student 中所含的全部字段名。选择某一字段并单击"删除字段"按钮可以删除该字段。单击"生成表"按钮，返回如图 8-16 所示的窗口，其中的"数据库窗口"中出现 student 表。

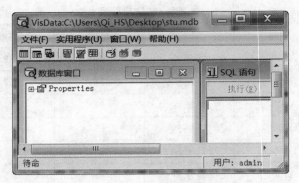

图 8-14 建立 Access 数据库

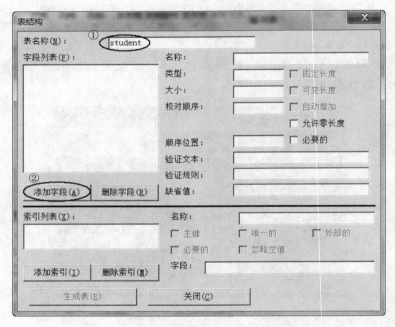

图 8-15 "表结构"对话框

图 8-16 创建 student 数据表

表 8-7　学生成绩表结构

字段名	类型	大小	字段名	类型	大小
班级	Text	6	数学	Long	4（默认）
学号	Text	8	英语	Long	4（默认）
姓名	Text	10	语文	Long	4（默认）

第 4 步，编辑数据表中的数据。建立 student 表结构后，还需向表中添加数据。右击数据表 student，执行"打开"命令后出现如图 8-17 所示的对话框，输入记录数据并通过"添加""删除"等按钮完成相应操作。

【例 8.6】 窗体上添加 6 个标签、1 个文本框控件数组（包含 6 个文本框）和 1 个 Data 数据控件。程序运行时，在文本框中显示例 8.5 所建数据库表的记录信息，如图 8-18 所示。

图 8-17　在表中输入数据　　　　　图 8-18　显示 student 表中的记录

【解】 Data 控件是 VB 的标准控件，在工具箱中的图标是▦，利用它能方便地创建应用程序与数据库之间的连接，并可实现对数据资源的访问。添加 Data 控件并设置其 Caption 属性为"学生成绩"。为了在程序中通过 Data 控件访问 student 表，还需设置其 DatabaseName 属性为数据库文件 stu.mdb、RecordSource 属性为数据表 student。

本例借助文本框数组显示记录信息，绑定文本框与 Data 控件的方法与 ADO 控件相同，需分别设置各文本框的 DataSource 属性和 DataField 属性。

编写程序代码如下：

```
Private Sub Form_Load()
    For i=0 To 5
        TxtStu(i).Locked=True          '设置文本框不可编辑
    Next
End Sub

Private Sub Datscore_Reposition()      '单击 Data 控件上的某按钮时
    DatScore.Caption="第" & (datScore.Recordset.AbsolutePosition+1) & "条"
```

```
End Sub
```

程序说明：

（1）绑定文本框与 Data 控件后，编辑文本框内容将导致记录集中相应记录的数据随之改变，为此在 Form_Load 事件过程中锁定 6 个文本框，防止用户修改。

（2）单击 Data 控件上的某个按钮进行记录间的移动，或者通过程序代码改变 Recordset 中当前记录的属性或记录指针位置时均触发 Data 控件的 Reposition 事件。

代码中的 DatScore. Recordset 表示 datScore 控件所控制的记录集，即数据表 student。通过 DatScore. Recordset 可以浏览和操作数据表中的记录。

Recordset 对象的 AbsolutePosition 属性返回当前记录的索引值，其中第 1 条记录的索引值为 0。表达式 DatScore. Recordset. AbsolutePosition ＋ 1 表示记录集当前记录位置。

【例 8.7】 参照图 8-19 修改例 8.6 的窗体，增加 4 个按钮。程序运行时，单击"添加"按钮，在数据表中添加一条空记录，同时"添加"和"退出"按钮分别变为"保存"和"取消"按钮，如图 8-20 所示，单击"保存"按钮将文本框内容添加到数据表新记录中，单击"取消"按钮则撤销添加操作；单击"修改"按钮，可对文本框中当前显示的记录进行编辑，同时"修改"和"退出"按钮分别变为"保存"和"取消"按钮，单击"保存"按钮后将修改后的记录保存到数据表中，而单击"取消"按钮则撤销修改操作；单击"删除"按钮，弹出消息框询问是否删除记录，并根据选择情况删除当前记录或取消本次删除操作；单击"退出"按钮，结束程序。

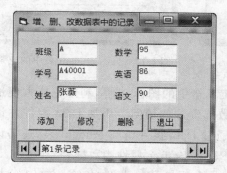

图 8-19 例 8.7 界面设计

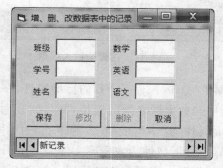

图 8-20 单击添加按钮后

【解】 为了使 Datscore 控件总显示在窗体的下部，将该控件的 Align 属性设为 2。编写程序代码如下：

```
Private Sub Form_Load()
    For i=0 To 5
        TxtStu(i).Locked=True
    Next
End Sub


Private Sub CmdAdd_Click()                    '单击"添加"按钮时
```

```
    CmdEdit.Enabled=Not CmdEdit.Enabled
    CmdDelete.Enabled=Not CmdDelete.Enabled          每执行一次此部分,True 变为
    For i=0 To 5                                      False,False 变为 True
        TxtStu(i).Locked=Not TxtStu(i).Locked
    Next
    If CmdAdd.Caption="添加" Then
        Datscore.Recordset.AddNew           '添加一条空记录
        Datscore.Caption="新记录"
        CmdAdd.Caption="保存"
        CmdExit.Caption="取消"
        TxtStu(0).SetFocus
    Else
        Datscore.Recordset.Update           '将数据加入到新添加的空记录中
        Datscore.Recordset.MoveLast         '使记录集中的最后一条记录成为当前记录
        CmdAdd.Caption="添加"
        CmdExit.Caption="退出"
    End If
End Sub


Private Sub CmdEdit_Click()                 '单击"修改"按钮时
    CmdAdd.Enabled=Not CmdAdd.Enabled
    CmdDelete.Enabled=Not CmdDelete.Enabled
    For i=0 To 5
        TxtStu(i).Locked=Not TxtStu(i).Locked
    Next
    If CmdEdit.Caption="修改" Then
        Datscore.Recordset.Edit             '使当前记录成为可编辑状态
        CmdEdit.Caption="保存"
        CmdExit.Caption="取消"
    Else
        Datscore.Recordset.Update           '用修改后的数据替换原来的记录
        CmdEdit.Caption="修改"
        CmdExit.Caption="退出"
    End If
End Sub


Private Sub CmdDelete_Click()               '单击"删除"按钮时
    answer=MsgBox("确实删除该记录吗?", vbYesNo+vbQuestion, "警告")
    If answer=vbYes Then
        Datscore.Recordset.Delete           '删除当前记录
        Datscore.Recordset.MoveNext         '记录指针下移一条
        If Datscore.Recordset.EOF Then
            Datscore.Recordset.MoveLast     '使最后一条记录成为当前记录
        End If
```

```
            End If
    End Sub


    Private Sub CmdExit_Click()                     '单击"退出"按钮时
        If CmdExit.Caption="退出" Then
            End
        Else
            Datscore.Recordset.CancelUpdate   '取消所做的添加、修改记录的操作
            CmdAdd.Enabled=True
            CmdEdit.Enabled=True
            CmdDelete.Enabled=True
            For i=0 To 5
                TxtStu(i).Locked=Not TxtStu(i).Locked
            Next
            CmdExit.Caption="退出"
            CmdAdd.Caption="添加"
            CmdEdit.Caption="修改"
            Datscore.Refresh                        '刷新记录集中的记录
        End If
    End Sub


    Private Sub Datscore_Reposition()
        Datscore.Caption="第" & Datscore.Recordset.AbsolutePosition+1 & "条记录"
    End Sub
```

程序说明：

（1）程序运行中，应注意各命令按钮之间的互相制约关系。如：单击"添加"按钮后，不允许再单击"修改""删除"等按钮。代码中通过 CmdEdit. Enabled＝Not CmdEdit. Enabled 等语句实现按钮的状态转换，使其在可用与不可用间变化。

（2）本例题的主要功能是增加、修改和删除数据表中的记录。添加记录时，需两次单击"添加"按钮才能完成。第 1 次单击时，执行语句 Datscore. Recordset. AddNew，其作用是调用记录集 Recordset 的 AddNew 方法，将一条空记录添加到记录集的末尾。此时可在文本框中输入各字段值。第 2 次单击时，执行语句 Datscore. Recordset. Update，用文本框中输入的数据更新空记录，同时执行语句 Datscore. Recordset. MoveLast，使记录指针指向最后一条记录，即最新添加的记录。

（3）修改记录时，语句 Datscore. Recordset. Edit 的作用是使当前记录处于可编辑状态。完成修改操作后，还需执行 Datscore. Recordset. Update 语句进行更新，确认所做修改。

（4）删除记录时，语句 Datscore. Recordset. Delete 的作用是删除当前记录。执行删除操作后，应通过语句 Datscore. Recordset. MoveNext 使下一条记录成为当前记录。但如果删除的是最后一条记录，则调用 MoveNext 方法后将使记录指针指向 EOF 标志（无效的记录）。为此，代码中使用 If 语句对记录集的 EOF 标志进行判断，当记录指针指向

EOF 时，将记录指针移动到最后一条记录上，使之成为当前记录。

（5）语句 Datscore. Recordset. CancelUpdate 的作用是撤销当前操作，如取消添加或修改记录的操作。语句 Datscore. Refresh 的作用是刷新与 Datscore 相连接的记录集，并将记录指针指向第一条记录。

8.4 章节练习

【练习 8.1】 建立数据库 course 及数据表 crs，其中 crs 的表结构及记录数据参见表 8-8 和表 8-9。完成如下数据库访问功能：

表 8-8 选修课信息表 crs 的表结构

字段名	类型	大小	字段名	类型	大小
课程序号	数字	整型	课程学分	数字	整型
课程名称	文本	20	选课标志	数字	整型
教师姓名	文本	10			

表 8-9 选修课信息表 crs 中的记录内容

课程序号	课程名称	教师姓名	课程学分	选课标志
1	市场营销	张晓敏	2	0
2	现代金融	吴光明	2	0
3	网页制作	刘萌	2	0
4	影视欣赏	李长生	2	0
5	经济学基础	朱爱国	2	0
6	艺术导论	赵龙	2	0
7	数码照片处理	韩毅峰	2	0
8	数据库应用	李靖	2	0

（1）工程中有 4 个窗体，窗体 1 上有 1 个标签、2 个文本框、2 个单选按钮、2 个命令按钮和 1 个 ADO 控件，如图 8-21 所示；窗体 2 上有 4 个标签、4 个文本框（是控件数组）和 6 个命令按钮，如图 8-22 所示；窗体 3 上有 3 个标签、1 个复选框和 3 个命令按钮，如图 8-23 所示；窗体 4 上有 1 个 DataGrid 控件和 1 个命令按钮，如图 8-24 所示。

（2）运行程序，出现窗体 1。输入正确密码后单击"登录"按钮，以"管理员"身份登录时进入窗体 2，以

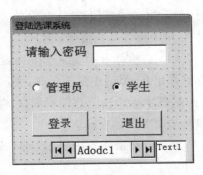

图 8-21 窗体 1 的界面

"学生"身份登录时进入窗体3。如果密码输入错误,单击"登录"按钮时弹出如图8-25所示的提示消息框;当3次输入均不正确时显示"无法登录"消息框后结束程序;单击"退出"按钮,显示结束语消息框后结束整个程序。

图 8-22　窗体 2 的界面

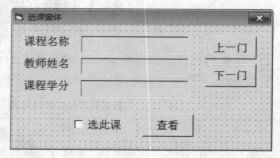
图 8-23　窗体 3 的界面

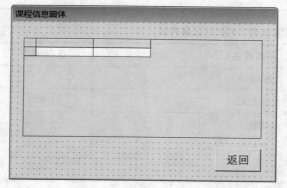
图 8-24　窗体 4 的界面

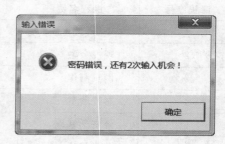
图 8-25　"输入错误"对话框

(3) 在窗体 2 上,单击"添加""删除""修改"按钮时,实现对选修课信息表 crs 的相应操作;单击"上一门"或"下一门"按钮时,在文本框中显示 crs 中上一条或下一条记录信息;单击"显示"按钮,切换到窗体 4,显示所有选修课信息,单击"返回"按钮,再次回到窗体 2;单击窗体 2 的■按钮时结束整个程序。

(4) 在窗体 3 中实现学生选课功能。单击"上一门"或"下一门"按钮时,标签中显示选修课信息;当选中复选框时,表示学生选修当前所示课程;单击"查看"按钮,切换到窗体 4 显示该学生所选全部课程信息,单击"返回"按钮,再次回到窗体 3;单击窗体 3 的■按钮时结束整个程序。

拓展:在窗体 3 中添加"统计"按钮,单击时以消息框形式显示全部所选课程的总学分。

【练习 8.2】　将练习 8.1 中的 ADO 控件改为 Data 控件,实现原程序功能。

习　题　8

基础部分

1. 建立数据库，库中包含如表 8-10 所示的职工信息情况表。在窗体上用 ADO 数据控件和 DataGrid 控件实现对该表的浏览，如图 8-26 所示。

表 8-10　职工信息情况表

部门	姓名	性别	出生年月	职称	月收入
计算机系	修佳宜	女	1955-02	正教授	3221.90
数学系	郑小武	女	1963-11	副教授	2578.30
计算机系	张君	男	1978-05	讲师	1988.60
数学系	席忠	男	1952-01	正教授	3560.50
外语系	叶湘	女	1968-09	副教授	2365.40
外语系	欧阳峰	男	1980-06	助教	1320.10
计算机系	单荣	女	1970-03	讲师	2228.30

2. 建立数据库，库中包含如表 8-10 所示的职工信息情况表。在窗体上用 ADO 数据控件和文本框实现对该表的浏览，如图 8-27 所示。

图 8-26　题 1 的运行结果

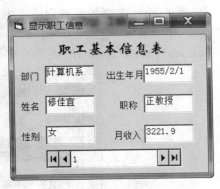

图 8-27　题 2 的运行结果

3. 在题 1 的基础上添加"查询"按钮。程序运行时，单击"查询"按钮，弹出如图 8-28 所示的输入框，输入月收入并单击"确定"按钮后，在 DataGrid 网格控件上显示月收入大于输入值的职工信息，如图 8-29 所示。

4. 在题 2 的基础上添加"查询"按钮。程序运行时，单击"查询"按钮，弹出输入框，输入职称并单击"确定"按钮后，在文本框中显示职称为该输入值的职工信息；若存在多条记

图 8-28　输入框

录,则可使用 ADO 控件进行查看,如图 8-30 所示。

图 8-29　显示月收入查询结果

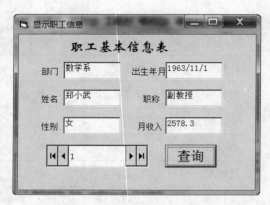

图 8-30　显示职称查询结果

提高部分

5. 通过 Data 数据控件查询题 1 中所建立的数据库数据。程序运行时,组合框中添加"1000－2000""2000－3000""3000－4000""全体"等月收入范围;选择其中一项后,在 MSFlexGrid 控件中显示与所选项匹配的职工信息,运行结果如图 8-31 所示。

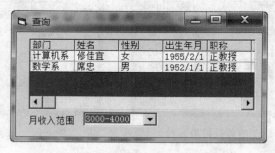

图 8-31　使用 Data 控件查询数据

6. 通过 Data 数据控件访问题 1 中所建立的数据库数据。程序运行时,在 MSFlexGrid 控件中选择某条记录后,单击"显示年龄"按钮,在标签中显示该职工的实足年龄,其中当前日期采用系统日期(格式为 yyyy-mm-dd),如图 8-32 所示。

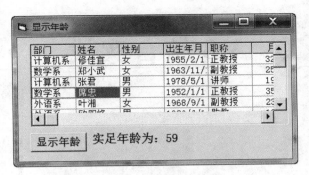

图 8-32　计算职工年龄

第 **9** 章 VB 综合实战

本章拟实现一个花卉知识程序,综合演练前面各章节中出现的 VB 的多种知识。

9.1 系统功能

程序的主窗体界面非常简单,窗体的主体部分是空白的工作区,顶部是菜单栏,如图 9-1 所示,单击其中的菜单,则将在其中打开不同的功能界面。

图 9-1 主窗体

在主窗体界面中单击"功能"|"观花"菜单项,打开观花窗体(如图 9-2 所示),其中显示了花名、别名、英文名、花语、花的图片、花期等内容。可以在 ADO DC 控件中单击"上一个""下一个"按钮观看其他花卉信息。

在主窗体界面中单击"功能"|"寻花"菜单项,打开寻花窗体(如图 9-3 所示)。花卉的基本信息以表格的形式体现其中,还可以根据花卉颜色进行筛选。

在主窗体界面中单击"功能"|"识花"菜单项,打开识花界面。根据上方花卉图片,识别并点选其名称,并在右方显示识别的正确率,如图 9-4 所示。

在主窗体界面中单击"功能"|"添加新花"菜单项,打开"新花"对话框。在文本框中输入花名等信息,并导入图片,选择开花月份,如图 9-5 所示,单击右下角的"添加"按钮后,

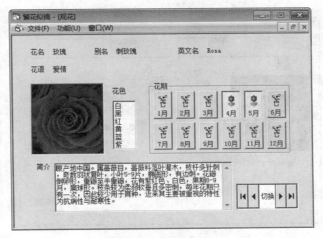

图 9-2 "观花"窗体

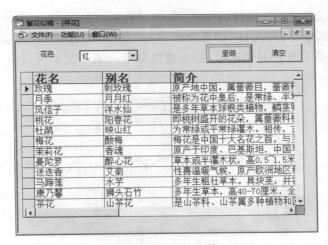

图 9-3 "寻花"窗体

图 9-4 "看图识花"窗体

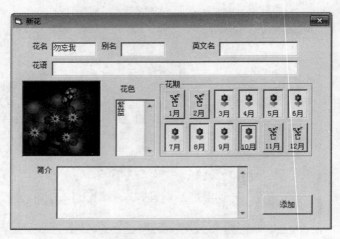

图 9-5 "新花"对话框

可在数据库中添加新的花卉信息。

在主窗体界面中单击"文件"|"养花小窍门"菜单项,打开"养花小窍门"对话框(如图 9-6 所示)。每次打开此对话框时,都将随机显示一条养花小窍门,并且还可以随机显示另一条小窍门。

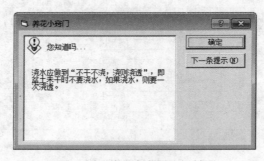

图 9-6 "养花小窍门"对话框

9.2 数据库结构设计

本章中程序需要用到 Access 数据库,为保证兼容性,可选择 Access 2003,数据库名为"花.mdb"。数据库内容比较简单,其中"花"数据表存储花卉的基础信息,其表数据结构如表 9-1 所示。

表 9-1 "花"表数据结构

字段名称	数据类型	说　　明
ID	自动编号	主键,有索引(无重复)
花名	短文本	必需,非空,有索引(无重复)

字段名称	数据类型	说　　明
别名	短文本	
英文名	短文本	
花语	短文本	
花期	短文本	必需，非空，以逗号分隔月份编号，如"3,4,5"表示 3、4、5 这 3 个月开花
简介	长文本	

由于每种花卉可能存在多种颜色，因而还需要一张数据表来存储其颜色信息，"花色"数据表结构如表 9-2 所示。

表 9-2　"花色"表数据结构

字段名称	数据类型	说　　明
ID	数字	长整型
花色	短文本	必需，非空

其中，"花"表中 ID 字段与"花色"表中的 ID 字段建立关联，即这两个字段应该是一对多的关系，如图 9-7 所示。

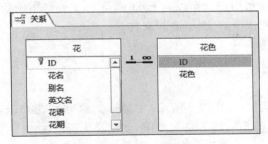

图 9-7　两表 ID 字段关联

9.3　其他文件准备

9.3.1　图片素材

本实战案例中会用到一些花卉图片，图片皆为 jpg 文件，图片文件名即为花卉名，如图 9-8 所示。这些图片都放在 images 文件夹中，而 images 文件夹和本例的 VB 工程文件放于相同的文件夹中。

程序的主窗体界面的背景也需要一张图片，这里建议使用 wmf 或 emf 格式，从而可以适应多种尺寸的窗体尺寸。

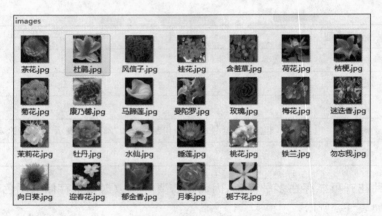

图 9-8　花卉图片素材

　　另外,还需要准备两张尺寸为 16×16 像素的小图片,分别表示开花状态和未开花状态,用于生动形象地标明花期。这里准备的是 Flower1.gif 和 Flower2.gif 两张素材。

9.3.2　音频素材

　　在如图 9-4 所示的"看图识花"窗体中,如果正确或错误地选出了花卉的名称,则将播放相应的音频文件以提示用户。可以是 mp3 或是 wav 等常用的音频格式。在本例中,提供了"答对.wav"和"答错.wav"两个音频文件。

9.3.3　文本素材

　　"养花小窍门"对话框(如图 9-6 所示)中显示的这些养花知识,就是保存在纯文本文件中的,每条养花知识都是一段不长的文字,如图 9-9 所示。

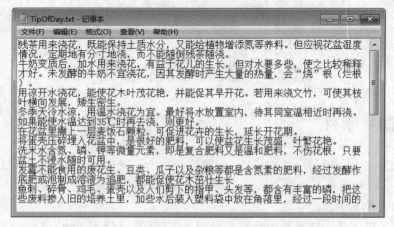

图 9-9　养花窍门文本素材

9.4 各模块功能实现

为方便描述，以下以各窗体为相对独立的模块，分别讲解本程序各个组成部分的界面设计与代码实现。

9.4.1 "观花"窗体的实现

"观花"窗体中将显示花卉的详细信息，以及展示其图片，如图 9-10 所示设计界面以及对编程中用到的控件命名。窗体名称为 frmView，Caption 属性为"观花"，且窗体尺寸为 8000×5600 像素。

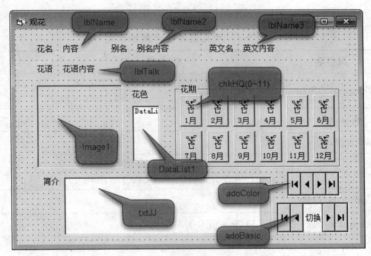

图 9-10 "观花"窗体界面设计

其中 DataList1 控件是 DataList 控件 ，与标准列表框极为相似，但有一些重要的不同之处，这种不同使这个控件在数据库应用程序中具有极大的适应性和用武之地，它可以被它所绑定的数据库字段自动填充。DataList 控件在标准的控件工具箱中是没有的，可通过"工程"|"部件"菜单项添加进来，如图 9-11 所示。

本窗体中用到了两个 ADO 控件，其中 adoBasic 控件对应"花"数据表，而 adoColor 控件对应"花色"数据表。图 9-10 中"花期"框架中有 12 个类似按钮的控件，其实它们是复选框，且为控件数组。

本窗体中各控件的属性值如表 9-3 所示。

编程点拨：

由于 lblName、lblName2、lblName3、lblTalk、txtJJ 已经绑定了数据库字段，因而无须对这几个控件进行编程。

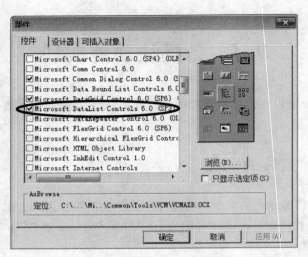

图 9-11　DataList 控件

表 9-3　观花窗体控件属性设置

控件名	属性名	属性值	备注
adoBasic	ConnectionString	Provider = Microsoft. Jet. OLEDB. 4. 0；Data Source=花. mdb；Persist Security Info=False	
	CommandType	2-aCmdTable	
	RecordSource	花	
adoColor	ConnectionString	Provider = Microsoft. Jet. OLEDB. 4. 0；Data Source=花. mdb；Persist Security Info=False	
	CommandType	2-aCmdText	
	RecordSource	SELECT ＊ FROM 花色	
	Visible	False	
lblName	DataSource	adoBasic	
	DataField	花名	
lblName2	DataSource	adoBasic	
	DataField	别名	
lblName3	DataSource	adoBasic	
	DataField	英文名	
lblTalk	DataSource	adoBasic	
	DataField	花语	
txtJJ	DataSource	adoBasic	
	DataField	简介	
	Locked	True	只读

控件名	属性名	属　性　值	备　　注
txtJJ	MultiLine	True	
	ScrollBars	2-Vertical	
DataList1	RowSource	adoColor	DataList 控件
	ListField	花色	
chkKH	Index	0～11	控件数组
	Caption	1～12 月	
	Style	1-Graphical	图片按钮
	Picture	Flower1. gif	未选状态图
	DownPicture	Flower2. gif	选中状态图
Image1	BorderStyle	1-FixedSingle	
	Stretch	True	

"花"数据表中的"花期"字段内容为逗号分隔的月份数字,例如"3,4,5",所以需要将其拆开成为一个数组,然后再根据数组中的各个数字,使控件数组 chkKH 中的对应复选框呈现选中状态。

在本窗体中,单击 adoBasic 控件的向前或向后按钮,则切换花卉信息及图片,也即当其 Recordset(数据集)当前位置改变后触发事件,所以应在其 MoveComplete 事件中编写代码。双击 adoBasic 控件,对其添加如下代码:

```
Private Sub adoBasic_MoveComplete(ByVal adReason As ADODB.EventReasonEnum,
ByVal pError As ADODB.Error, adStatus As ADODB.EventStatusEnum, ByVal pRecordset
As ADODB.Recordset)
On Error Resume Next              '发生错误时,让程序继续执行下一句代码
    Dim a, i As Long, m As Long
    Image1.Picture=LoadPicture(App.Path & "/images/" & pRecordset.Fields("花
名") & ".jpg")
    For i=0 To 11
        chkKH(i).Tag=0           '标志位
        chkKH(i).Value=0        '未选中,表示该月不开花
    Next
    a=Split(pRecordset.Fields("花期"), ",")  '以逗号为分隔符,拆分为数组
    For i=0 To UBound(a)         '遍历数组中的每个月份数字字符
        m=Val(a(i))
        chkKH(m-1).Tag=1        '标志位
        chkKH(m-1).Value=1     '选中,即显示开花图片
    Next
    adoColor.RecordSource="SELECT * FROM 花色 WHERE ID=" & pRecordset.Fields
("ID")                           '设置数据源为花色表中 ID 与当前花卉 ID 相同的数据
```

```
    adoColor.Refresh                    '刷新 adoColor 的数据源
End Sub

Private Sub chkKH_Click(Index As Integer)
    chkKH(Index).Value=chkKH(Index).Tag    '使复选框不可被用户修改
End Sub
```

说明：

（1）App. Path 所代表的就是应用程序所在的目录，这是一个绝对路径。

（2）Split 函数用于将字符串按照指定分隔符拆分为数组，而 UBound 用来确定数组上界。

（3）控件的 Tag 属性，作用相当于一个跟随控件的临时变量，其中可以存取数字。本例中，为了防止"花期"复选框被用户修改，把 Tag 属性当作一个标志，即该开花的月份将 Tag 设置为 1，未开花的月份将 Tag 设置为 0——而在单击这些复选框时，只将复选框的 Value 设置成和 Tag 一样的值即可。

（4）adoColor 控件并不是直接对应数据库中的"花色"表，而要根据当前 adoBasic 数据集中的 ID 字段，来找到对应的花色，这是一个非常简单的 SQL 语句，即

```
SELECT * FROM 花色 WHERE ID=当前 adoBasic 中的 ID 字段
```

当 ADO 控件的 CommandType 属性为 adCmdText 时，则 RecordSource 应为访问和处理数据库的标准的计算机语言 SQL，SELECT、FROM、WHERE 皆为 SQL 的关键词。SQL 语句的基础用法可通过互联网资料自学。

9.4.2 "寻花"窗体的实现

"寻花"窗体允许用户根据不同的花色来筛选花卉的显示，如图 9-12 所示对编程中用到的控件命名。窗体名称为 frmFind，Caption 属性为"寻花"，且窗体尺寸为 8000×5600。

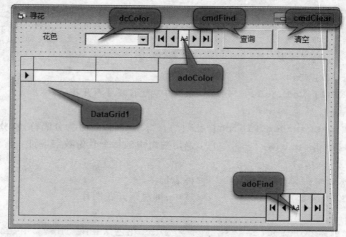

图 9-12 "寻花"窗体界面设计

DataGrid 是一个重要的数据显示控件,它不仅可以把数据库的记录以表格形式显示出来,而且可以表格形式编辑数据表的记录。DataGrid 控件在标准的控件工具箱中是没有的,可通过"工程"|"部件"菜单项添加进来,如图 9-13 所示。

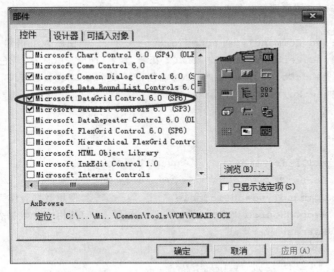

图 9-13　DataGrid 控件

本窗体中各控件的属性值如表 9-4 所示。

表 9-4　"寻花"窗体控件属性设置

控件名	属性名	属 性 值	备 注
adoFind	ConnectionString	Provider ＝ Microsoft. Jet. OLEDB. 4. 0;Data Source＝花. mdb;Persist Security Info＝False	
	CommandType	2-aCmdTable	
	RecordSource	花	
	Visible	False	
adoColor	ConnectionString	Provider ＝ Microsoft. Jet. OLEDB. 4. 0;Data Source＝花. mdb;Persist Security Info＝False	
	CommandType	2-aCmdText	
	RecordSource	SELECT DISTINCT 花色 FROM 花色	不重复的记录
	Visible	False	
DataGrid1	DataSource	adoFind	
dcColor	RowSource	adoColor	DataCombo 控件
	ListField	花色	
	Style	2-dbcDropdownList	

在本模块中,查询功能其实就是根据花色,对"花"表和"花色"表进行联合查询(通过

ID 字段关联），其代码如下：

```
Private Sub cmdFind_Click()
    If dcColor.Text="" Then                        '未选择花色则无法查询
        MsgBox "请先选择花色"
    Else
        adoFind.CommandType=adCmdText              '使用 SQL 语句查询数据集
        adoFind.RecordSource="SELECT 花名,别名,简介 FROM 花,花色 WHERE 花色.花
        色='" & dcColor.Text & "' AND 花色.ID=花.ID"两表联合查询
        adoFind.Refresh
    End If
End Sub

Private Sub cmdClear_Click()
    dcColor.Text=""
    adoFind.CommandType=adCmdTable                 '使用数据表作为数据集
    adoFind.RecordSource="花"                      '使用"花"数据表
    adoFind.Refresh
End Sub
```

说明：对于 DataGrid 控件，在设计时设置了 DataSource 属性后，运行后就会用数据源的数据自动进行填充。右击 DataGrid1 控件，选择"检索字段"菜单并在如图 9-14 所示的对话框中单击"是"按钮，则会自动填充好其内表格的列标头，如图 9-15 所示。

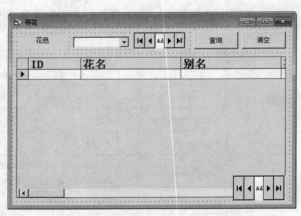

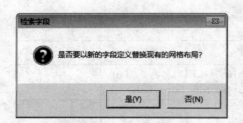

图 9-14　检索字段并替换网格布局　　　　　图 9-15　检索字段后的列标头

检索字段之后，网格中的字段太多，这里也许并不需要显示这么多。右击 DataGrid 控件，在弹出的快捷菜单中选择"属性"命令，在弹出的"属性页"对话框中切换到"布局"选项卡，设置 Column 0(ID)列不可见，如图 9-16 所示；用同样的方法，设置英文名、花语、花期等列不可见。

切换至"字体"选项卡，如图 9-17 所示，设置列标头为"粗体"，并设置合适的字体、大小，使得列标头文字比网格内普通文字更加醒目。

单击"确定"按钮关闭"属性页"对话框。再次右击 DataGrid 控件，在弹出的快捷菜单

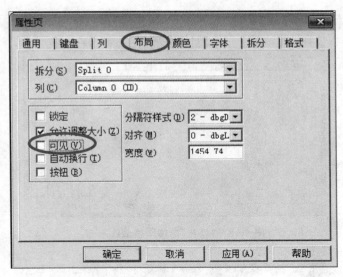

图 9-16 隐藏网格列

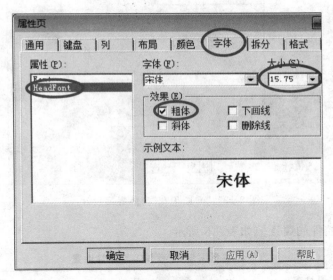

图 9-17 设置列标头字体

中选择"编辑"命令,然后即可以拖曳调整各列的宽度,最终如图 9-18 所示。

9.4.3 "看图识花"窗体的实现

识花窗体将随机展示不同的花卉照片,并在其下显示 4 个待选的花卉名称,玩家可根据花卉照片点选正确的花卉名称,回答正确或错误,都将影响答题的正确率。如图 9-19 所示对编程中用到的控件命名。窗体名称为 frmMem,Caption 属性为"看图识花",且窗体尺寸为 8000×5600。

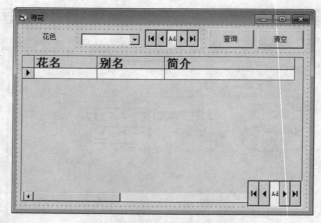

图 9-18 "寻花"窗体网格最终形态

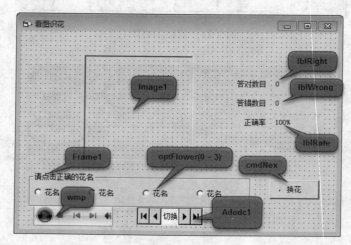

图 9-19 "看图识花"窗体界面设计

本窗体中各控件的属性值如表 9-5 所示。

表 9-5 "看图识花"窗体控件属性设置

控件名	属性名	属 性 值	备 注
Adodc1	ConnectionString	Provider＝Microsoft. Jet. OLEDB. 4. 0；Data Source＝花. mdb；Persist Security Info＝False	
	CommandType	2-aCmdText	
	Visible	False	
optFlower	Index	0～3	控件数组
wmp	Visible	False	WindowsMediaPlayer 控件

本窗体中的 wmp 控件是一个 WindowsMediaPlayer 控件，顾名思义，它将调用本

机的 Windows Media Player 播放器,可以播放声音和视频。在本例中,如果选择了正确的花卉名称,则播放"答对.wav"声音文件,否则播放"答错.wav"声音文件。WindowsMediaPlayer 同样是一个非标准控件,可以通过"工程"|"部件"菜单项添加它,如图 9-20 所示。

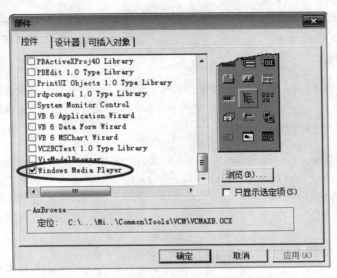

图 9-20   Windows Media Player 控件

本例的功能比较简单明确,即先从"花"表中随机取出 4 个花卉名称,将其设置为 optFlower 的 Caption 属性,再由这 4 个花卉中随机取出一个,将花卉图片显示在 Image1 图像框中。具体代码如下:

```
Dim rightIndex As Long                        '当前显示的花卉图片对应的单选按钮 Index

Private Sub cmdNext_Click()
    Dim i As Long
    Adodc1.RecordSource="SELECT 花名 From 花 ORDER BY rnd(id-" & Timer & ")"
    Adodc1.Refresh
    rightIndex=Int(Rnd * 4)                   '4 个单选按钮中,随机认定一个为正确选项
    For i=0 To 3
        optFlower(i).Caption=Adodc1.Recordset.Fields("花名")
        optFlower(i).ForeColor=vbBlack
        optFlower(i).Value=False
        Adodc1.Recordset.MoveNext
    Next
    Image1.Picture=LoadPicture(App.Path & "/images/" & optFlower
    (rightIndex).Caption & ".jpg")
    Frame1.Enabled=True                       '使 4 个单选按钮可用
End Sub
```

```
Private Sub optFlower_Click(Index As Integer)          '点选了花卉名称
    Dim r As Long, w As Long
    r=Val(lblRight.Caption)                            '答对次数
    w=Val(lblWrong.Caption)                            '答错次数
    If Index=rightIndex Then                           '选择正确花卉
        wmp.URL=App.Path & "/答对.wav"                 '播放答对音频文件
        r=r+1                                          '答对次数增加
        lblRight.Caption=r
    Else
        wmp.URL=App.Path & "/答错.wav"                 '播放答错音频文件
        w=w+1                                          '答错次数增加
        lblWrong.Caption=w
    End If
    lblRate.Caption=Format(r / (r+w) * 100, "0.00") & "%"  '答题正确率
    optFlower(rightIndex).ForeColor=vbRed              '正确答案标红
    Frame1.Enabled=False                               '禁用 4 个单选按钮
End Sub


Private Sub Form_Load()
    Randomize                                          '初始化随机数种子
    cmdNext_Click                                      '随机出图
End Sub
```

说明:

(1) Format 函数用于将数值、日期或字符串转换为指定格式的字符串。其语法为:

```
Format(<表达式>[,<格式字符串>])
```

其中,<表达式>指要格式化的数值、日期或字符串表达式,<格式字符串>指定表达式的值的输出格式,格式字符要加引号。格式字符有 3 类:数值格式、日期格式和字符串格式。这里以例子说明 Format 函数中最常用的一些格式字符的使用。

```
Print Format(543.21,"0000.000")    '"0"为数字占位符,显示一位数字或零。输出结果为
                                     0543.210
Print Format(543.21,"0.0")         '输出结果为 543.2
Print Format(543.21,"####.###")    '"#"为数字占位符,显示一位数字或什么都不显示。
                                     输出结果为 543.21
Print Format(543.21,"#.#")         '输出结果为 543.2
Print Format(0.618,".##")          '输出结果为 .62
Print Format(0.618,"0.##")         '输出结果为 0.62
```

也常用 Format(<表达式>)将一个数值型数据转换成字符串。例如,Format(3.14) 的值为字符串"3.14"。

(2) 简单介绍一下 WindowsMediaPlayer 控件▶,其常用属性如表 9-6 所示。其中,controls 属性可用来对播放器进行基本控制,其常用方法如表 9-7 所示;settings 属性内

部也有一些属性,如表 9-8 所示。

表 9-6　WindowsMediaPlayer 控件常用属性简介

属性名称	数据类型	说　明
URL	String	指定媒体位置,本机或网络地址。默认情况下,设置了 URL 则将自动播放此媒体
uiMode	String	播放器界面模式,可为 Full、Mini、None、Invisible
fullScreen	Boolean	是否全屏显示
controls		播放器基本控制
settings		播放器基本设置

表 9-7　WMP 控件 Controls 属性之控制方法

方法名称	说　明
play	播放
pause	暂停
stop	停止
fastForward	快进
fastReverse	快退

表 9-8　WMP 控件 Settings 属性之内部属性

属性名称	数据类型	说　明
volume	Integer	音量,0~100
autoStart	Boolean	是否自动播放
mute	Boolean	是否静音
playCount	Integer	播放次数

9.4.4　"新花"窗体的实现

此窗体用于向数据库中增加新的花卉信息及图片,如图 9-21 所示对编程中用到的控件命名。窗体名称为 frmAdd,Caption 属性为"新花",且窗体尺寸为 7850×5450。为禁止用户改变窗体尺寸,设置窗体 BorderStyle 属性为 3-Fixed Dialog。

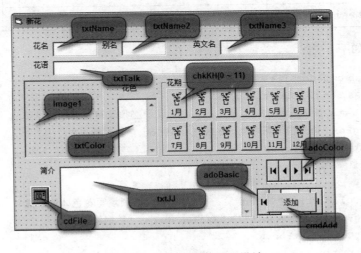

图 9-21　"新花"窗体界面设计

本窗体中各控件的属性值如表 9-9 所示。

表 9-9 "新花"窗体属性设置

控件名	属性名	属 性 值	备 注
adoBasic	ConnectionString	Provider = Microsoft. Jet. OLEDB. 4. 0；Data Source＝花. mdb；Persist Security Info＝False	
	CommandType	2-aCmdTable	
	RecordSource	花	
	Visible	False	
adoColor	ConnectionString	Provider = Microsoft. Jet. OLEDB. 4. 0；Data Source＝花. mdb；Persist Security Info＝False	
	CommandType	2-aCmdTable	
	RecordSource	花色	
	Visible	False	
txtJJ	MultiLine	True	
	ScrollBars	2-Vertical	
txtColor	MultiLine	True	
	ScrollBars	2-Vertical	
chkKH	Index	0～11	控件数组
	Caption	1～12 月	
	Style	1-Graphical	图片按钮
	Picture	Flower1. gif	未选状态图
	DownPicture	Flower2. gif	选中状态图
Image1	BorderStyle	1-FixedSingle	
	Stretch	True	

程序代码如下：

```
Private Sub cmdAdd_Click()
    Dim i As Long, s As String, a
    If txtName.Text="" Then                    '必须填写花名才能继续
        MsgBox "请先输入花名", vbExclamation, "数据缺失"
        txtName.SetFocus
        Exit Sub
    End If
    If txtColor.Text="" Then                    '必须填写花色才能继续
        MsgBox "请先输入花色", vbExclamation, "数据缺失"
        txtColor.SetFocus
        Exit Sub
```

```vb
        End If
        For i=0 To 11                                    '遍历 12 个月
            If chkKH(i).Value=1 Then                      '判断开花的月份(选中状态)
                s=s & i+1 & ","                           '月份间用逗号连接
            End If
        Next
        If Len(s)=0 Then                                  '必须选了花期才能继续
            MsgBox "请先选择花期再进行保存", vbExclamation, "数据缺失"
            Exit Sub
        Else
            s=Left(s, Len(s)-1)                           '将花期字符串末尾的逗号去掉
        End If
        '必须有花卉图片文件存在,否则不能继续
        If Dir(App.Path & "/images/" & txtName.Text & ".jpg")="" Then
            MsgBox "缺少图片文件", vbExclamation, "数据缺失"
            Exit Sub
        End If
        With adoBasic.Recordset                           '对 adoBasic 中数据集进行处理
            .AddNew                                       '添加新记录
            .Fields("花名")=txtName.Text
            .Fields("别名")=txtName2.Text
            .Fields("英文名")=txtName3.Text
            .Fields("花语")=txtTalk.Text
            .Fields("花期")=s
            .Fields("简介")=txtJJ.Text
            .Update                                       '更新数据集
            .MoveLast                                     '移至最后一条记录,即刚才新添加的花卉
            a=Split(txtColor.Text, vbNewLine)             '将花色字符串根据回车换行符进行拆分
            For i=0 To UBound(a)                          '遍历花色
                s=a(i)
                AddColor .Fields("ID"), s                 '调用自定义过程添加花色信息
            Next
        End With
        MsgBox "成功添加" & txtName.Text, vbInformation, "提示"
        Unload Me                                         '关闭当前窗体
End Sub

Sub AddColor(ID As Long, color As String)                '自定义过程
    With adoColor.Recordset                               '对 adoColor 中数据集进行操作
        .AddNew                                           '添加新记录
        .Fields("ID")=ID
        .Fields("花色")=color
        .Update                                           '更新数据集
    End With
```

```
End Sub

Private Sub Form_Load()
    adoBasic.Refresh                          '此处必不可少
    adoColor.Refresh                          '此处必不可少
End Sub

Private Sub Image1_Click()
    If txtName.Text<>"" Then
        cdFile.ShowOpen                       '打开文件对话框
        If cdFile.FileName<>"" Then
            Image1.Picture=LoadPicture(cdFile.FileName)
            '将图片文件复制至应用程序所在目录下 images 文件夹内
            FileCopy cdFile.FileName, App.Path & "/images/" & txtName.Text & ".jpg"
        End If
        ChDir App.Path                        '改变当前的目录到应用程序所在目录
    Else
        MsgBox "请先输入花名", vbInformation, "提示"
        txtName.SetFocus
    End If
End Sub
```

说明：

（1）Me 代表当前打开的窗体，在窗体代码区可以用 Me 代表当前窗体。

（2）Unload 是卸载的意思，卸载当前窗体或控件，是将窗体及窗体中其他控件占用的内存释放，还给操作系统，窗体也将从屏幕上消失（被关闭）。

（3）CopyFile 的作用是将源文件复制到目标位置，它的两个参数分别是源文件和目标文件的路径，其语法如下：

```
FileCopy 要被复制的文件名, 要复制的目标文件名
```

（4）可用 ChDir 改变当前目录为指定目录，例如：

```
ChDir "C:\Windows"
```

如果想改变当前目录为应用程序所在的目录，可以使用 App. Path 实现，例如：

```
ChDir App.Path
```

9.4.5　"养花小窍门"对话框的实现

此窗体将从一个纯文本文件中读取若干行文字，并随机从中抽取一条显示。文件操作的方法在前面的章节里已经讲过，但用来实现本窗体还是略显麻烦。其实，VB 专门为这种情况预设好了解决方法，选择"工程"|"窗体"菜单项后，在如图 9-22 所示的对话框中

选择"日积月累",新建窗体如图 9-23 所示。

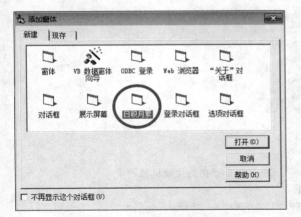

图 9-22　添加非标准窗体

图 9-23　"日积月累"对话框

此窗体的默认名称是 frmTip,保持不变。修改其 Caption 属性为"养花小窍门",并取消选中其底部的"在启动时显示提示"复选框。此窗体已经具备了相应的代码和功能,删除与本例不相干的部分代码,整理后的代码如下所示:

```
Dim Tips As New Collection                     '内存中的养花小窍门集合
Const TIP_FILE="TIPOFDAY.TXT"                   '养花小窍门文件名称
Dim CurrentTip As Long                         '当前正在显示的提示集合的索引

Private Sub DoNextTip()
    CurrentTip=Int((Tips.Count * Rnd)+1)       '随机选择一条小窍门
    frmTip.DisplayCurrentTip                    '显示小窍门
End Sub

Function LoadTips(sFile As String) As Boolean  '加载小窍门文本文件
    Dim NextTip As String                      '从文件中读出的每条提示
    Dim InFile As Integer                      '文件的描述符
    InFile=FreeFile                            '包含下一个自由文件描述符
    If Dir(sFile)="" Then                      '在打开前确保文件存在
        LoadTips=False
        Exit Function
    End If
    Open sFile For Input As InFile             '从文本文件中读取集合
    While Not EOF(InFile)                      '读取文本直至文件尾
        Line Input #InFile, NextTip            '读取一行文本
        Tips.Add NextTip                       '将文本加入集合
    Wend
    Close InFile                               '关闭文件
    DoNextTip                                  '随机显示一行文本
    LoadTips=True
```

```
End Function

Private Sub cmdNextTip_Click()
    DoNextTip
End Sub

Private Sub cmdOK_Click()
    Unload Me
End Sub

Private Sub Form_Load()
    Randomize                                        '初始化随机数种子
    '读取提示文件并且随机显示一条提示
    If LoadTips(App.Path & "\" & TIP_FILE)=False Then
        lblTipText.Caption="文件 " & TIP_FILE & " 没有被找到吗？" & vbNewLine _
            & "创建文本文件名为 " & TIP_FILE & " 使用记事本每行写一条提示。" _
            & "然后将它存放在应用程序所在的目录 "
    End If
End Sub

Public Sub DisplayCurrentTip()
    If Tips.Count > 0 Then
        lblTipText.Caption=Tips.Item(CurrentTip)
    End If
End Sub
```

　　说明：集合是将一系列相关的项构成组的一种方法。Visual Basic 提供的 Collection 类可用来定义自己的集合。建立集合的方法与建立其他对象的方法一样。例如：

```
Dim Tips As New Collection
```

　　一旦建立集合之后，就可以用 Add 方法添加成员，用 Remove 方法删除成员，用 Item 方法从集合返回特定成员，如表 9-10 所示。

表 9-10　Collection 类常用属性和方法

名称	类型	说　　　明
Add	方法	给集合添加项
Count	属性	返回集合中项的数目。只读
Item	方法	通过索引或关键字，返回项
Remove	方法	通过索引或关键字，从集合中删除项

9.4.6　MDI 主窗体的实现

　　"多文档界面"（Multiple-Document Interface）简称 MDI 窗体，用于同时显示多个文

档,每个文档显示在各自的窗体中。MDI窗体中通常有包含子菜单的窗体菜单,用于在窗体或文档之间进行切换,如图9-24所示,VB就是典型的MDI窗体。本章的主窗体,并不是一个普通的窗体,由图9-2～图9-4可以看出,在其中可以容纳其他的子窗体,这是本书前面各章节都没有介绍过的,是MDI窗体的主要特征。本案例用到的MDI窗体非常简单,如图9-24所示,其中没有添加额外的控件,只是添加了菜单栏,并设置了一张背景图片。

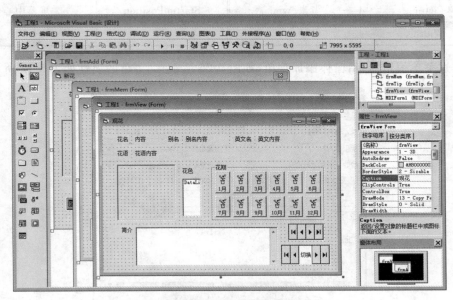

图 9-24　VB 是典型的 MDI 窗体

在 VB 中,一个工程中最多只能有一个 MDI 窗体,通过"工程"|"添加 MDI 窗体"菜单项将其增加至工程中,如图 9-25 所示。

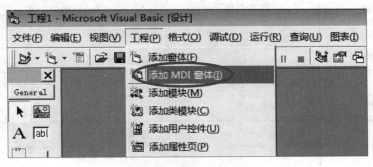

图 9-25　添加 MDI 窗体

添加后的 MDI 窗体名称为 MDIForm1,由于工程中仅此一个,就无须更名了。如表 9-11 所示设置窗体的属性值。

StartupPosition 是 VB 窗体的一个属性,用于确定其出现时在屏幕中的位置。通常而言,如果不是使用其默认值,可以将其设置为以下值:"1-所有者中心",即出现在其父窗体的中心位置;"2-屏幕中心",即出现在 Windows 屏幕的正中心。本例中即使用的是屏幕中心位置。

表 9-11　主窗体的属性设置

属性名	属性值	属性名	属性值
Caption	繁花似锦	Height	6400
Picture	背景.wmf	StartupPosition	2-屏幕中心
Width	8000		

通过菜单编辑器,给窗体添加菜单(如图 9-26 所示)。菜单的属性如表 9-12 所示。

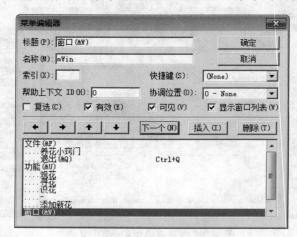

图 9-26　菜单

表 9-12　菜单属性设置

菜单标题	菜单名称	备　注
文件(&F)	mFile	一级菜单
养花小窍门	mFileTip	二级菜单
退出(&Q)	mFileQuit	二级菜单,快捷键 Ctrl+Q
功能(&U)	mFunction	一级菜单
观花	mFunView	二级菜单
寻花	mFunFind	二级菜单
识花	mFunMem	二级菜单
—	mFunSplit	二级菜单,分隔线
添加新花	mFunAdd	二级菜单
窗口(&W)	mFunWn	一级菜单,选中"显示窗口列表"复选框

主窗体功能很简单明确,即打开前面菜单的窗体。代码如下:

```
Private Sub mFileQuit_Click()
    Unload Me
End Sub

Private Sub mFileTip_Click()
    frmTip.Show vbModal
End Sub

Private Sub mFunAdd_Click()
    frmAdd.Show vbModal
End Sub
Private Sub mFunFind_Click()
    frmFind.Show
End Sub

Private Sub mFunMem_Click()
    frmMem.Show
End Sub

Private Sub mFunView_Click()
    frmView.Show
End Sub
```

说明:窗体的 Show 方法其后可以跟随一个参数用于指定窗体的模式,即 vbModal
(=1)或 vbModeless(=0,默认值)。vbModal 表示将窗体作为模式对话框显示,在这种
情况下,Show 方法后的代码要等到模式对话框关闭之后才能执行,且焦点也不能移动到
其他窗体;vbModeless 表示将窗体作为无模式对话框显示,在这种情况下,焦点能在其他
窗体之间转移。

9.4.7　子窗体与主窗体的配合

为了让 frmView、frmFind 和 frmMem 成为主窗体的子窗体,则应设置这 3 个窗体的
MDIChild 属性值为 True。当设置了 MDIChild 属性之后,可以从工程资源管理器中明显
看出其图标的差异,如图 9-27 所示。

运行程序,通过菜单分别打开"观花""寻花""识
花"窗体,如图 9-28 所示,效果并不理想。在属性框中
设置这 3 个窗体的 WindowState 属性值为 2-Maximized,
则这些窗口在被显示出来时,将铺满 MDI 主窗体内
的整个工作区,效果如图 9-2 所示。

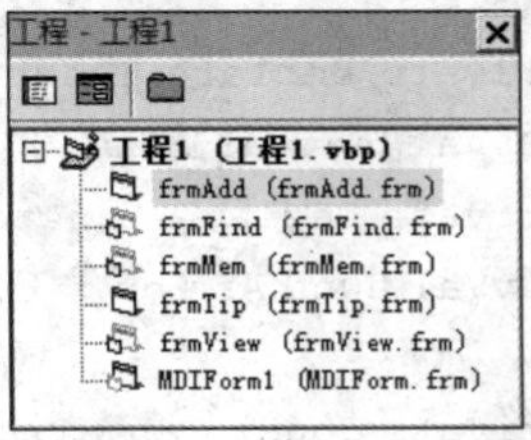

图 9-27　MDI 子窗体的图标不同

图 9-28　MDI 子窗体的一般呈现效果

9.5　改进与提高

由于本书篇幅和前面章节介绍的知识所限,前面所编写的程序,其实还存在一些细节上的不足。

比如虽然限制了 MDI 主窗体的初始尺寸,但如果用户调整了主窗体的大小,则在其内部再打开的子窗体,尺寸及比例将变得不够美观。由于主窗体并不具备 BorderStyle 属性,因而无法直接像对普通窗体那样设置其尺寸为不可调整。使用 VB 自备的方法是无法解决此问题的,必须要调用 API(Application Programming Interface,应用程序编程接口)函数来解决此问题。

Windows API 是一套用来控制 Windows 的各个部件的外观和行为的预先定义的 Windows 函数,用户的每个动作都会引发一个或几个函数的运行,以告知 Windows 发生了什么。凡是在 Windows 工作环境中执行的应用程序,都可以调用 Windows API。

由于 API 函数超出了大多数 VB 程序员的能力水平,本书不做详细介绍,这里直接列出相应的代码解决主窗体尺寸可改变的问题,读者只需将下面的代码放至 MDI 主窗体的代码中即可。

```
Private Declare Function GetWindowLong Lib "user32" Alias "GetWindowLongA"
(ByVal hwnd As Long, ByVal nIndex As Long) As Long
Private Declare Function SetWindowLong Lib "user32" Alias "SetWindowLongA"
(ByVal hwnd As Long, ByVal nIndex As Long, ByVal dwNewLong As Long) As Long

Private Const GWL_STYLE= (-16)
Private Const WS_CAPTION= &HC00000
```

```
Private Const WS_MAXIMIZEBOX=&H10000
Private Const WS_MINIMIZEBOX=&H20000
Private Const WS_SIZEBOX=&H40000

Private Sub MDIForm_Load()
    Dim lWnd As Long
    lWnd=GetWindowLong(Me.hwnd, GWL_STYLE)
    lWnd=lWnd And Not (WS_MAXIMIZEBOX)
    lWnd=lWnd And Not (WS_SIZEBOX)
    lWnd=SetWindowLong(Me.hwnd, GWL_STYLE, lWnd)
End Sub
```

再比如,Windows 下的程序在关闭时,往往会弹出一个对话框确认是否真的要关闭,其实现办法如下:

```
Private Sub MDIForm_QueryUnload(Cancel As Integer, UnloadMode As Integer)
    If MsgBox("真的要退出吗?", vbYesNo+vbQuestion, "提示")=vbNo Then
        Cancel=1
    End If
End Sub
```

还有其他可改进之处,比如添加了新的花卉信息之后,已打开的"观花""寻花"等窗体的数据可能还是没有花卉信息,其解决办法也很简单,即在其 Form_Activate 事件中,主动刷新一下 ADO 控件即可。

至于其他可以提高的部分,就请读者们发挥自己的想象力和努力,本书不再赘述。正所谓"千淘万漉虽辛苦,吹尽狂沙始到金",祝各位读者皆学有所成!

附录  常用字符与 ASCII 代码对照表

字符	ASCII 码值			字符	ASCII 码值			字符	ASCII 码值			字符	ASCII 码值		
	十进制	八进制	十六进制		十进制	八进制	十六进制		十进制	八进制	十六进制		十进制	八进制	十六进制
(space)	32	40	20	8	56	70	38	P	80	120	50	h	104	150	68
!	33	41	21	9	57	71	39	Q	81	121	51	i	105	151	69
"	34	42	22	:	58	72	3a	R	82	122	52	j	106	152	6a
#	35	43	23	;	59	73	3b	S	83	123	53	k	107	153	6b
$	36	44	24	<	60	74	3c	T	84	124	54	l	108	154	6c
%	37	45	25	=	61	75	3d	U	85	125	55	m	109	155	6d
&	38	46	26	>	62	76	3e	V	86	126	56	n	110	156	6e
'	39	47	27	?	63	77	3f	W	87	127	57	o	111	157	6f
(	40	50	28	@	64	100	40	X	88	130	58	p	112	160	70
)	41	51	29	A	65	101	41	Y	89	131	59	q	113	161	71
*	42	52	2a	B	66	102	42	Z	90	132	5a	r	114	162	72
+	43	53	2b	C	67	103	43	[	91	133	5b	s	115	163	73
·	44	54	2c	D	68	104	44	\	92	134	5c	t	116	164	74
—	45	55	2d	E	69	105	45	]	93	135	5d	u	117	165	75
。	46	56	2e	F	70	106	46	^	94	136	5e	v	118	166	76
/	47	57	2f	G	71	107	47	—	95	137	5f	w	119	167	77
0	48	60	30	H	72	110	48	'	96	140	60	x	120	170	78
1	49	61	31	I	73	111	49	a	97	141	61	y	121	171	79
2	50	62	32	J	74	112	4a	b	98	142	62	z	122	172	7a
3	51	63	33	K	75	113	4b	c	99	143	63	{	123	173	7b
4	52	64	34	L	76	114	4c	d	100	144	64	|	124	174	7c
5	53	65	35	M	77	115	4d	e	101	145	65	}	125	175	7d
6	54	66	36	N	78	116	4e	f	102	146	66	~	126	176	7e
7	55	67	37	O	79	117	4f	g	103	147	67	⌂	127	177	7f

附录 **B** 对象、基本语法索引

类型	名　　称	参考例题或章节
窗体与控件	窗体(Frm)、多窗体	例1.1、例1.2、例2.8、2.4.4节
	文本框(Txt)	例2.1、例2.9
	命令按钮(Cmd)	例1.1～1.3
	标签(Lbl)	例1.2、例1.3
	图像框(Img)	例2.4、2.3节
	图片框(Pic)	例4.14
	计时器(Tmr)	例2.7、2.4.3节
	水平滚动条(Hsb)、垂直滚动条(Vsb)	例2.10、2.5.2节
	复选框(Chk)	例3.5、3.2.1节
	单选按钮(Opt)	例3.4、3.2.1节
	框架(Fra)	例3.7、3.2.2节
	直线(Lin)	例3.4、3.2.1节
	形状(Shp)	练习5.2
	列表框(Lst)	例4.1～4.6、4.1节
	组合框(Cbo)	例4.13、4.4.1节
	驱动器列表框(Drv)、目录列表框(Dir)、文件列表框(Fil)	例7.1、7.2节
	菜单(Mnu)、弹出式菜单	例3.10、例3.11
	多文档界面	9.4.6节
	Windows Media Player	9.4.3节
	Data 控件(Dat)	例8.6
	ADO 控件(Ado)、DataGrid(Dgd)	例8.2～8.4
	通用对话框(Dlg)	例3.6

类型	名　　称	参考例题或章节
输入 输出	消息框	例 2.6、2.4.2 节
	输入框	例 2.11、2.5.3 节
语句	End	例 1.3
	Exit	例 4.8
	Dim	例 2.1
	Let	例 2.3
	If 语句	例 3.3、例 3.4
	嵌套 If 语句	例 3.7
	Select Case	例 3.8、例 3.9
	For-Next	例 4.1、例 4.2、例 4.7、例 4.8
	嵌套 For-Next 语句	例 4.11、例 4.12
	Do While-Loop	例 4.9
	Do-Loop While	例 4.10
	Call	例 6.3
	Option Base	例 5.2
	Print #、Write #、Open、Close	例 7.2、例 7.6
	Line Input #、Input #	例 7.3
	On Error	例 7.7、7.4.3 节
	Type-End Type	例 7.6
	Get #、Put #、With-End With	例 7.7
	Kill	例 7.8
方法	Print	例 1.1
	Cls	例 1.2
	SetFocus	例 2.5、2.4.1 节
	Move	例 2.7、2.4.3 节
	Show、Hide	例 2.8、2.4.4 节
	Scale、PSet、Line、Circle	例 4.14、4.4.2 节

说明：括号中的内容是该对象的建议前缀名。

第1章 Visual Basic 概述

基础部分

1. 正确的有：②、③ 错误的有：①、④

3.

```
Private Sub CmdCs_Click()
    LblShow.Caption="你好"
    CmdCs.Enabled=False
    CmdEn.Enabled=True
End Sub


Private Sub CmdEn_Click()
    LblShow.Caption="Hello"
    CmdCs.Enabled=True
    CmdEn.Enabled=False
End Sub
```

提高部分

5. 正确的有：② 错误的有：①、③

7.

```
Private Sub Cmd1_Click()
    Cmd1.Caption="我是按钮"
    Cmd1.Enabled=False
    Lbl1.Enabled=True
    Lbl1.Caption=""
End Sub


Private Sub Lbl1_Click()
```

```
        Lbl1.Caption="我是标签"
        Lbl1.Enabled=False
        Cmd1.Enabled=True
        Cmd1.Caption=""
    End Sub

    Private Sub Form_DblClick()
        End
    End Sub
```

第 2 章　顺序结构程序设计

基础部分

1. ④，⑤

3. 45678

5. 错误

7.

```
Private Sub CmdBirth_Click()
    Dim y As String
    Dim m As String
    Dim d As String
    y=Mid(TxtID.Text, 7, 4)
    m=Mid(TxtID.Text, 11, 2)
    d=Mid(TxtID.Text, 13, 2)
    LblShow.Caption="生日是" & y & "年" & m & "月" & d & "日"
End Sub
```

9.

```
Private Sub CmdStart_Click()
    TmrMove.Enabled=True
End Sub


Private Sub ImgHorse1_Click()
    TmrMove.Enabled=False
    MsgBox "程序即将结束,再见!"
    End
End Sub


Private Sub TmrMove_Timer()
    ImgHorse5.Picture=ImgHorse1.Picture        '交换图片
```

```
    ImgHorse1.Picture=ImgHorse2.Picture
    ImgHorse2.Picture=ImgHorse3.Picture
    ImgHorse3.Picture=ImgHorse4.Picture
    ImgHorse4.Picture=ImgHorse5.Picture
End Sub
```

11.

```
Private Sub TmrColor_Timer()
    Dim r As Long
    Dim g As Long
    Dim b As Long
    r=Int(Rnd * 256)
    g=Int(Rnd * 256)
    b=Int(Rnd * 256)
    LblColor.BackColor=RGB(r, g, b)
End Sub
```

13.

```
Private Sub CmdCal_Click()
    Dim n As Long
    Dim an As Double
    n=Val(TxtN.Text)
    Vsb1.Value=n
    an=n * n / (n+1)
    LblValue.Caption=Format(an, "##.##")
End Sub
```

```
Private Sub vsb1_Change()
    Dim n As Long
    Dim an As Double
    n=Vsb1.Value
    TxtN.Text=n
    an=n * n / (n+1)
    LblValue.Caption=Format(an, "##.##")
End Sub
```

提高部分

15. ① −1　② −56　③ 2003-12-26　④ 16　⑤ −1212

17. Learning BASIC Programing

19.

```
Private Sub cmdCheck_Click()
    Dim a As String
```

```
    Dim ave As Double
    ave=(Val(lbl1.Caption)+Val(lbl2.Caption)+Val(lbl3.Caption)) / 3
    a="平均值是" & Format(ave, "##.##")
    Form2.lblAns.Caption=a
    Form1.Hide
    Form2.Show
    tmrClose.Enabled=True
End Sub


Sub tmrClose_Timer()
    Form2.Hide
    Form1.Show
    tmrClose.Enabled=False
End Sub


Private Sub cmdNext_Click()
    Form_Load
    txtAve.Text=""
    txtAve.SetFocus
End Sub


Private Sub Form_Load()
    Randomize
    lbl1.Caption=Int(Rnd * 90)+10
    lbl2.Caption=Int(Rnd * 90)+10
    lbl3.Caption=Int(Rnd * 90)+10
End Sub


Private Sub cmdEnd_Click()
    End
End Sub
```

第 3 章　分支结构程序设计

基础部分

1.

```
Private Sub CmdCheck_Click()
    Dim m As Long
    Dim d As Long
    Form1.Caption=Date
```

```
    m=Val(Mid(TxtID.Text, 11, 2))
    d=Val(Mid(TxtID.Text, 13, 2))
    If m=Month(Now) And d=Day(Now) Then
        TmrBirth.Enabled=True
    Else
        MsgBox "今天不是你的生日!",,"错误信息"
    End If
End Sub

Private Sub TmrBirth_Timer()
    Form1.Width=Form1.Width+50
    If Form1.Width >=6000 Then
        TmrBirth.Enabled=False
    End If
End Sub
```

3.

```
Private Sub TxtIn_Change()
    Dim s As String
    s=Right(TxtIn.Text, 1)
    If s=" " Then
        LblSpc.Caption=Val(LblSpc.Caption)+1
    End If
    If s >="A" And s<="Z" Or s >="a" And s<="z" Then
        LblChar.Caption=Val(LblChar.Caption)+1
    End If
End Sub
```

5.

```
Private Sub Cmd1_Click()
    TxtIn.Text=""
    Randomize
    If Chk2.Value=1 And Chk3.Value=1 Then
        LblOp1.Caption=Int(Rnd * 990)+10
        LblOp2.Caption=Int(Rnd * 990)+10
    End If
    If Chk2.Value=1 And Chk3.Value=0 Then
        LblOp1.Caption=Int(Rnd * 90)+10
        LblOp2.Caption=Int(Rnd * 90)+10
    End If
    If Chk2.Value=0 And Chk3.Value=1 Then
        LblOp1.Caption=Int(Rnd * 900)+100
        LblOp2.Caption=Int(Rnd * 900)+100
    End If
```

```
        If Chk2.Value=0 And Chk3.Value=0 Then
            MsgBox "请先选择位数!"
        End If
    End Sub


    Private Sub Cmd2_Click()
        Dim an As Long
        an=Val(LblOp1.Caption)+Val(LblOp2.Caption)
        If Val(TxtIn.Text)=an Then
            MsgBox "恭喜答对了!",,"验证"
        Else
            MsgBox "正确答案是: " & an,,"验证"
            TxtIn.Text=""
        End If
    End Sub
```

7.

```
Private Sub CmdFont_Click()
    DlgFont.Flags=3
    DlgFont.ShowFont
    TxtIn.FontName=DlgFont.FontName
    TxtIn.FontSize=DlgFont.FontSize
    TxtIn.FontBold=DlgFont.FontBold
    TxtIn.FontItalic=DlgFont.FontItalic
End Sub
```

9.

```
Private Sub MnuExit_Click()
    End
End Sub


Private Sub MnuFlash_Click()
    TmrFlash.Enabled=True
End Sub


Private Sub MnuReset_Click()
    TmrFlash.Enabled=False
    ImgShow.Visible=True
    ImgShow.Picture=LoadPicture("")
    TxtIn.Text=""
    TxtIn.SetFocus
End Sub


Private Sub CmdShow_Click()
```

```
    Dim m As String
    m=TxtIn.Text
    Select Case m
        Case 2, 3, 4
            ImgShow.Picture=LoadPicture("春.jpg")
        Case 5, 6, 7
            ImgShow.Picture=LoadPicture("夏.jpg")
        Case 8, 9, 10
            ImgShow.Picture=LoadPicture("秋.jpg")
        Case 11, 12, 1
            ImgShow.Picture=LoadPicture("冬.jpg")
        Case Else
            MsgBox "输入错误,请重新输入!"
            TxtIn.Text=""
            TxtIn.SetFocus
    End Select
End Sub


Private Sub TmrFlash_Timer()
    ImgShow.Visible=Not ImgShow.Visible
End Sub
Private Sub cmdJud_Click()
    Dim firstdate As Date, firstweekday As Integer
    If Val(txtYear.Text) >=2000 And Val(txtMonth.Text) >=1 And Val(txtMonth.
    Text)<=12 Then
        firstdate=CDate(txtMonth.Text & " 1," & txtYear.Text)
        firstweekday=Weekday(firstdate)
        Select Case firstweekday
            Case 1
                lblMsg.Caption="星期日"
            Case 2
                lblMsg.Caption="星期一"
            Case 3
                lblMsg.Caption="星期二"
            Case 4
                lblMsg.Caption="星期三"
            Case 5
                lblMsg.Caption="星期四"
            Case 6
                lblMsg.Caption="星期五"
            Case 7
                lblMsg.Caption="星期六"
        End Select
    Else
```

```
        MsgBox "不合法数据!重试"
        txtYear.Text=""
        txtMonth.Text=""
        txtYear.SetFocus
    End If
End Sub


Private Sub cmdExit_Click()
    End
End Sub
```

第4章 循环结构程序设计

基础部分

1.

```
Private Sub CmdDel_Click()
    Dim i As Long
    For i=LstData.ListCount -1 To 0 Step -1
        If Val(LstData.List(i)) Mod 2=0 Then
            LstData.RemoveItem i
        End If
    Next
End Sub


Private Sub Form_Load()
    Dim i As Long
    Randomize
    For i=1 To 50
        LstData.AddItem Int(Rnd * 90)+10
    Next
End Sub
```

3.

```
Private Sub Form_Activate()
    Dim i As Long, j As Long
    Dim mul As Long
    For i=1 To 9                        '从第1行至第9行
        For j=1 To i                    '从第1列至第i列
            mul=i * j
            picShow.Print i & "*" & j & "=" & Format(mul, "@@") & " ";
        Next
        picShow.Print                   '换行
```

```
        Next
End Sub
```

5.

```
Private Sub CmdInput_Click()
    Dim n As Long, i As Long
    n=Val(InputBox("输入线条个数"))
    Cls
    For i=1 To n
        If i Mod 5=0 Then
            DrawWidth=5
        Else
            DrawWidth=1
        End If
        Line (100, i * 100)-(3000, i * 100)
    Next
End Sub
```

提高部分

7.

```
Private Sub Form_Activate()
    Dim i As Long
    Dim t As Single
    Dim x As Single, y As Single
    Scale (-15, 15)-(15, -15)       '自定义坐标系,使窗体的中心点为坐标原点
    For t=0 To 12 Step 0.01         '步长足够小,绘制的点较密集,形成线条
        x=t * Cos(t)
        y=t * Sin(t)
        PSet (x, y)
        For i=1 To 500000           '时间延迟
        Next
    Next
End Sub
```

第5章 数   组

基础部分

1.

```
Dim a(1 To 10) As Long
```

```
Private Sub Form_Load()
    Dim i As Long
    Randomize
    For i=1 To 10
        a(i)=Int(Rnd * 100)+1
        LblData1.Caption=LblData1.Caption & " " & a(i)
    Next
End Sub

Private Sub CmdMove_Click()
    Dim t1 As Long, t2 As Long
    Dim i As Long
    t1=a(10): t2=a(9)
    For i=10 To 3 Step -1
        a(i)=a(i-2)
    Next
    a(2)=t1
    a(1)=t2
    For i=1 To 10
        LblData2.Caption=LblData2.Caption & " " & a(i)
    Next
End Sub
```

3.

```
Dim a(1 To 11) As Long

Private Sub cmdInsert_Click()
    Dim pos As Long
    Dim x As Long
    Dim i As Long
    pos=Val(InputBox("请输入插入位置(1--10): ", "输入框", "1"))
    LblPos.Caption=pos
    x=Val(InputBox("请输入插入数据(10--99): ", "输入框", "10"))
    LblData.Caption=x
    For i=10 To pos Step -1
        a(i+1)=a(i)
    Next
    a(pos)=x
    For i=1 To 11
        LblData2.Caption=LblData2.Caption & a(i) & " "
    Next
End Sub

Private Sub Form_Load()
```

```
    Dim i As Long
    Randomize
    For i=1 To 10
        a(i)=Int(Rnd * 90)+10
        LblData1.Caption=LblData1.Caption & a(i) & " "
    Next
End Sub
```

5.

```
Private Sub CmdStart_Click()
    Dim i As Long
    Dim dot As Long
    Dim num(1 To 6) As Long
    LblPoint.Caption=""
    Randomize
    For i=1 To 50
        dot=Int(Rnd * 6)+1
        LblPoint.Caption=LblPoint.Caption & dot & " "
        num(dot)=num(dot)+1
    Next
    For i=1 To 6
        LblNum(i).Caption=num(i)
    Next
End Sub
```

提高部分

7.

```
Option Base 1

Private Sub CmdTG_Click()
    Dim a() As Long
    Dim i As Long, n As Long
    Dim x As Double
    For i=2 To 999
        x=i * i
        If x Mod 10=i Or x Mod 100=i Or x Mod 1000=i Then
            n=n+1
            ReDim Preserve a(n) As Long
            a(n)=i
        End If
    Next
    For i=1 To n
        LstTG.AddItem a(i)
```

```
        Next
    End Sub

    9.

    Option Base 1
    Dim a(5, 5) As Long

    Private Sub Form_Activate()
        Dim i As Long, j As Long
        Randomize
        For i=1 To 5
            LblAve(i).Caption=""
            For j=1 To 5
                a(i, j)=Int(Rnd * 100)
                Picture1.Print Format(a(i, j), "@ @ @ ");
            Next
            Picture1.Print
        Next
    End Sub

    Private Sub CmdCal_Click()
        Dim i As Long, j As Long
        Dim datasum As Long, dataave As Single
        For i=1 To 5
            datasum=0
            For j=1 To 5
                datasum=datasum+a(i, j)
            Next
            dataave=datasum / 5
            LblAve(i).Caption=Format(dataave, "##.0")
        Next
    End Sub
```

第 6 章　过　　程

基础部分

1. 错误(也可以是 Sub Main 过程)

3.

【1】Dim s As Long

【2】

```
If s=0 Then
    Image1.Picture=LoadPicture("f1.bmp")
Else
    Image1.Picture=LoadPicture("f2.bmp")
End If
```

5.

```
Private Sub cmdCal_Click()
    Dim n As Long
    Dim s As Double
    n=Val(txtIn.Text)
    s=myFun1(n)
    MsgBox "计算结果是: " & s
End Sub

Private Function myFun1(n As Integer) As Double
    Dim i As Long
    Dim sum As Double
    For i=1 To n Step 2
        sum=sum+i / (i+1)
    Next
    myFun1=sum
End Function

Private Sub cmdEnd_Click()
    End
End Sub
```

7.

```
Private Sub Form_Click()
    Dim i As Long
    Dim s As String
    Cls
    s=InputBox("输入一个字符: ", "输入框")
    s=Left(s, 1)
    If s<>"" Then
        MySub s
    End If
End Sub

Private Sub MySub(s As String)
    Dim i As Long, j As Long
    For i=1 To 8
        Print Tab(15 - i);              '将光标移至第 15-i 列
```

```
        For j=1 To i
            Print s;
        Next
        Print
    Next
End Sub
```

提高部分

9.

```
Function MySum1(n As Long) As Double
    If n=1 Then
        MySum1=1
    Else
        MySum1=n * n+MySum1(n-1)
    End If
End Function
```

```
Private Sub cmdCal_Click()
    Dim n As Long
    Dim s As Double
    n=Val(txtIn.Text)
    s=MySum1(n)
    Select Case n
        Case 1
            MsgBox "1*1" & "的值为" & s
        Case 2
            MsgBox "1*1+2*2" & "的值为" & s
        Case Is >2
            MsgBox "1*1+2*2+…+" & n & "*" & n & "的值为" & s
        Case Else
            MsgBox "不合法数据!"
            txtIn.Text=""
    End Select
End Sub
```

第7章 文   件

基础部分

1.

```
Private Sub CboFile_Click()
```

```
    Select Case CboFile.ListIndex
        Case 0
            FilFile.Pattern="*.*"
        Case 1
            FilFile.Pattern="*.doc"
        Case 2
            FilFile.Pattern="*.xls"
        Case 3
            FilFile.Pattern="*.txt"
        Case 4
            FilFile.Pattern="*.bmp"
        Case 5
            FilFile.Pattern="*.vbp"
    End Select
End Sub


Private Sub DirFile_Change()
    FilFile.Path=DirFile.Path
End Sub


Private Sub DrvFile_Change()
    DirFile.Path=DrvFile.Drive
End Sub


Private Sub FilFile_Click()
    If Right(FilFile.Path, 1)="\" Then
        MsgBox "选中的文件是" & FilFile.Path & FilFile.FileName
    Else
        MsgBox "选中的文件是" & FilFile.Path & "\" & FilFile.FileName
    End If
End Sub


Private Sub Form_Load()
    CboFile.AddItem "所有文件(*.*)"
    CboFile.AddItem "Word 文件(*.doc)"
    CboFile.AddItem "Execl 文件(*.xls)"
    CboFile.AddItem "Txt 文件(*.txt)"
    CboFile.AddItem "Bmp 文件(*.bmp)"
    CboFile.AddItem "工程文件(*.vbp)"
    CboFile.ListIndex=0
End Sub

3.

Private Sub CmdAdd_Click()
```

```
        DlgFile.DialogTitle="选择文件"
        DlgFile.ShowOpen
        TxtFile.Text=TxtFile.Text & DlgFile.FileName & Chr(13) & Chr(10)
    End Sub


    Private Sub CmdSave_Click()
        DlgFile.DialogTitle="保存文件"
        DlgFile.ShowSave
        Open DlgFile.FileName For Output As #1
        Print #1, TxtFile.Text
        Close #1
    End Sub
```

提高部分

5.

```
Option Base 1

Private Type Student                  '自定义记录类型 Student
    code As String * 8                '学号
    score As Long                     '成绩
End Type


Dim stu() As Student                  '动态记录类型数组,用于存放学生信息
Dim num As Long                       '已输入的学生人数

Private Sub CmdAdd_Click()
    Dim num As Long
    num=num+1
    ReDim Preserve stu(num) As Student
    stu(num).code=TxtCode.Text
    stu(num).score=Val(TxtScore.Text)
    LstCode.AddItem Format(stu(num).code, "00000000")
    LstScore.AddItem stu(num).score
    TxtCode.Text=""
    TxtScore.Text=""
    TxtCode.SetFocus
End Sub


Private Sub CmdSave_Click()
    Dim i As Long
    DlgSave.CancelError=True
    On Error GoTo ErrorHandler
    With DlgSave
```

```
            .DialogTitle="保存文件"
            .Filter="*.dat|*.dat"
            .Flags=3
            .Action=2
        End With
        Open DlgSave.FileName For Output As #1
        For i=1 To num
            Print #1, stu(i).code
            Print #1, stu(i).score
        Next
        Close #1
        Exit Sub
ErrorHandler:
        MsgBox "保存文件失败!", 16, "错误信息"
End Sub
```

7.

```
Private Type Student
    name As String * 8
    code As String * 8
    score As Long
End Type


Private Sub CmdAdd_Click()
    TxtName.Locked=False
    TxtCode.Locked=False
    TxtScore.Locked=False
    TxtName.Text=""
    TxtCode.Text=""
    TxtScore.Text=""
    TxtName.SetFocus
    CmdAdd.Enabled=False
    CmdDel.Enabled=False
    CmdSave.Enabled=True
End Sub

Private Sub CmdDel_Click()
    Dim i As Long, j As Long
    Dim num As Long
    Dim stu As Student
    Dim reclen As Long
    reclen=Len(stu)
    Open "Message.dat" For Random As #1 Len=reclen
```

```vb
    Open "temp.dat" For Random As #2 Len=reclen
    num=LOF(1) / reclen
    j=1
    For i=1 To num
        Get #1, i, stu
        If stu.code<>TxtCode.Text Then
            Put #2, j, stu
            j=j+1
        End If
    Next
    Close #1
    Close #2
    Kill "Message.dat"
    Name "temp.dat" As "Message.dat"
    Form_Load
End Sub


Private Sub CmdSave_Click()
    Dim num As Long                    '文件中保存的学生信息条数
    Dim stu As Student
    Dim reclen As Long                 '每条记录的长度,字节数
    stu.name=TxtName.Text
    stu.code=Format(TxtCode.Text, "00000000")
    stu.score=Val(TxtScore.Text)
    TxtName.Text=""
    TxtCode.Text=""
    TxtScore.Text=""
    TxtName.Locked=True
    TxtCode.Locked=True
    TxtScore.Locked=True
    CmdDel.Enabled=False
    CmdSave.Enabled=False
    CmdAdd.Enabled=True
    reclen=Len(stu)
    Open "Message.dat" For Random As #1 Len=reclen
    num=LOF(1) / reclen
    Put #1, num+1, stu
    LstCode.Clear
    For i=1 To num+1
        Get #1, i, stu
        LstCode.AddItem Trim(stu.code)
    Next
    Close #1
End Sub
```

```vb
Private Sub Form_Load()
    Dim i As Long
    Dim num As Long              '文件中保存的学生信息条数
    Dim stu As Student
    Dim reclen As Long           '每条记录的长度,字节数
    TxtName.Text=""
    TxtCode.Text=""
    TxtScore.Text=""
    TxtName.Locked=True
    TxtCode.Locked=True
    TxtScore.Locked=True
    CmdAdd.Enabled=True
    CmdDel.Enabled=False
    CmdSave.Enabled=False
    LstCode.Clear
    reclen=Len(stu)
    Open "Message.dat" For Random As #1 Len=reclen
    num=LOF(1) / reclen
    For i=1 To num
        Get #1, i, stu
        LstCode.AddItem Trim(stu.code)
    Next
    Close #1
End Sub


Private Sub lstCode_Click()
    Dim i As Long
    Dim num As Long
    Dim stu As Student
    Dim reclen As Long
    reclen=Len(stu)
    Open "message.dat" For Random As #1 Len=reclen
    num=LOF(1) / reclen
    For i=1 To num
        Get #1, i, stu
        If stu.code=LstCode.Text Then
            TxtName.Text=Trim(stu.name)
            TxtCode.Text=stu.code
            TxtScore.Text=stu.score
            Exit For
        End If
    Next
    Close #1
```

```
        CmdAdd.Enabled=True
        CmdDel.Enabled=True
        CmdSave.Enabled=False
        TxtName.Locked=True
        TxtCode.Locked=True
        TxtScore.Locked=True
    End Sub
```

第 8 章 访问数据库

基础部分

1.（不用编写代码）

3.

```
Private Sub CmdSearch_Click()
    Dim income As Double
    income=Val(InputBox("请输入月收入","查询"))
    AdoWork.Recordset.MoveFirst
    AdoWork.Recordset.Filter="月收入 >" & income
    If AdoWork.Recordset.EOF=True Then
        MsgBox "未找到所需信息!",,"提示"
        AdoWork.RecordSource="职工基本信息"
        AdoWork.Refresh
    End If
End Sub
```

提高部分

5.

```
Private Sub Form_Load()
    CboSalary.AddItem "1000-2000"
    CboSalary.AddItem "2000-3000"
    CboSalary.AddItem "3000-4000"
    CboSalary.AddItem "全部"
End Sub

Private Sub CboSalary_Click()
    Select Case CboSalary.ListIndex
        Case 0
            DatWork.RecordSource="select * from 职工基本信息 where 月收入 >=
            1000 And 月收入<2000"
```

```
    Case 1
        DatWork.RecordSource="select * from 职工基本信息 where 月收入 >=
    2000 And 月收入<3000"
    Case 2
        DatWork.RecordSource="select * from 职工基本信息 where 月收入 >=
    3000 And 月收入<4000"
    Case 3
        DatWork.RecordSource="select * from 职工基本信息 "
    End Select
    DatWork.Refresh
End Sub
```

（完成时间 90 分钟）

一、编程题 1（本大题共 **3** 个小题，共 **15** 分）

1. 如图 D-1 所示设计窗体界面，其中包括 1 个标签（黄色底纹，蓝色前景色，居中对齐）和 2 个命令按钮（"英文"命令按钮不可用）。要求窗体标题为本人学号和姓名。

2. 请实现如下功能：单击"中文"按钮，标签中显示"你好"，同时"英文"按钮可用，而"中文"按钮不可用，如图 D-2 所示。

图 D-1　编程题 1 的界面设计

图 D-2　运行界面

3. 请实现如下功能：单击"英文"按钮，标签中显示 Hello，同时"中文"按钮可用，而"英文"按钮不可用。

二、编程题 2（本大题共 **5** 个小题，共 **25** 分）

1. 如图 D-3 所示设计窗体 1 和窗体 2，其中窗体 1 中包括 1 个文本框和 2 个命令按钮；窗体 2 中包括 1 个标签（红色背景）、2 个单选按钮（"红色"单选按钮处于选中状态）和 1 个命令按钮。2 个窗体标题均为本人学号和姓名。

2. 请实现如下功能：在窗体 1 中，单击"产生数据"按钮，随机产生一个[1,100]的整数显示在文本框中。

3. 请实现如下功能：在窗体 1 中，单击"切换"按钮，进入窗体 2。

4. 请实现如下功能：在窗体 2 中，单击"绿色"单选按钮，标签的背景变为绿色

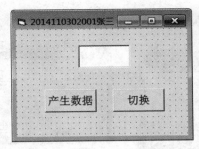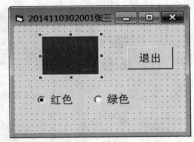

图 D-3　编程题 2 的界面设计

(vbGreen)，单击"红色"单选按钮，标签的背景变为红色(vbRed)。

5. 请实现如下功能：在窗体 2 中，单击"退出"按钮，结束整个程序。

三、编程题 3（本大题共 2 个小题，共 15 分）

1. 如图 D-4 所示设计窗体，其中包括 1 个计时器、1 个图像框和 2 个命令按钮。要求窗体标题为本人学号和姓名。

2. 请实现如下功能：单击"前进"按钮，图形缓慢向右移动；单击"停止"按钮，图形停止移动。

四、编程题 4（本大题共 5 个小题，共 20 分）

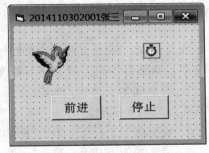

图 D-4　编程题 3 的界面设计

1. 如图 D-5 所示设计窗体，其中包括 1 个水平滚动条(取值范围是 1～100)、3 个标签和 2 个命令按钮。要求窗体的标题为本人学号和姓名。

2. 请实现如下功能：当改变滚动条的值时，在标签中显示滚动条当前值，如图 D-6 所示。

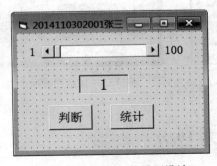

图 D-5　编程题 4 的界面设计

图 D-6　显示滚动条当前值

3. 请实现如下功能：单击"判断"按钮，判断标签中的数是奇数还是偶数，并以消息框的形式显示判断结果,如图 D-7 所示。

图 D-7　消息框显示判断结果　　　　　　图 D-8　显示统计结果

4. 请实现如下功能:编写名为 MyFun 的函数,返回 1～n 能被 3 整除的整数个数。

5. 单击"统计"按钮,调用函数 MyFun 计算 1～n 能被 3 整除的整数个数并在标签中显示结果,如图 D-8 所示(其中 n 的值为滚动条当前值)。

五、编程题 5(本大题共 3 个小题,共 15 分)

准备工作:将"给学生"文件夹中"第五题"文件夹内的所有文件复制到本人本大题文件夹中。本题窗体和工程文件不必改文件名。

1. 请实现如下功能:单击"添加"按钮,弹出图 D-9 所示的输入框接收用户输入,并将其添加到列表框中。

2. 请实现如下功能:单击"删除"按钮,将列表框中当前所选列表项删除。

3. 请实现如下功能:单击"项数"按钮,在标签中显示列表框当前项目数,如图 D-10 所示。

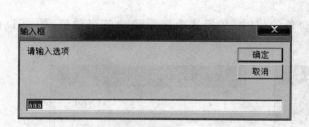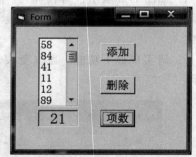

图 D-9　输入框　　　　　　　　　图 D-10　显示列表项个数

六、编程题 6(本大题共 3 个小题,共 10 分)

1. 如图 D-11 所示设计窗体,其中包括 1 个菜单(包括 4 个菜单项)、1 个框架和 2 个复选框(均放在框架内,且处于未选中状态)。要求窗体的标题为本人学号和姓名。菜单设计如图 D-12 所示。

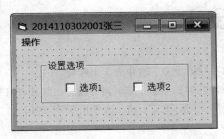 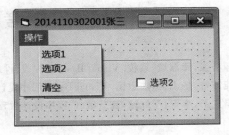

图 D-11　编程题 6 的界面设计　　　　图 D-12　菜单设计

2. 请实现如下功能：单击"选项 1"菜单项时，使"选项 1"复选框处于选中状态，如图 D-13 所示；单击"选项 2"菜单项时，使"选项 2"复选框处于选中状态。

图 D-13　单击"选项 1"菜单项时

3. 请实现如下功能：单击"清空"菜单项时，使两个复选框均处于未选中状态。

参 考 文 献

[1] 谭浩强,薛淑斌,袁枚.Visual Basic 程序设计[M].3 版.北京:清华大学出版社,2012.

[2] 龚沛曾,杨志强,陆慰民.Visual Basic 程序设计教程[M].4 版.北京:高等教育出版社,2013.

[3] 崔武子,李青,李红豫,鞠慧敏.C 程序设计教程[M].4 版.北京:清华大学出版社,2015.